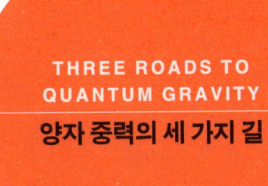
양자 중력의 세 가지 길

SCIENCE MASTERS

THREE ROADS TO QUANTUM GRAVITY
by Lee Smolin

Copyright © 2001 by Lee Smolin
All rights reserved.
First published in Great Britain by Orion Publishing Group Ltd..
The 'Science Masters' name and marks are owned and licensed by Brockman, Inc..
Korean Translation Copyright © 2007 by ScienceBooks Co., Ltd.
Korean translation edition is published by arrangement with Brockman, Inc..

이 책의 한국어판 저작권은 Brockman, Inc.과 독점 계약한
㈜사이언스북스에 있습니다.
저작권법에 의해 한국 내에서 보호를 받는 저작물이므로
무단 전재와 무단 복제를 금합니다.

**THREE ROADS TO
QUANTUM GRAVITY**

양자 중력의 세 가지 길

리 스몰린이 들려주는
물리학 혁명의 최전선

리 스몰린

김낙우 옮김

옮긴이의 말

양자 중력이라는
성배를 찾아서

과학은 지적인 존재로서 인간이 자연스럽게 품게 되는 기본적인 질문들, 즉 우주의 근원, 물질의 궁극적 구성 요소와 그 사이의 상호 작용을 이해하기 위한 노력이다. 20세기 초에 시작된 양자역학의 발달은 우리가 직접 볼 수 없는 미시 세계를 이해할 수 있게 했으며, 인류가 진화 이래 수만 년 동안 상상도 하기 어려웠을 전자공학과 원자핵 공학의 토대를 마련했다.

우리 우주는 어떻게 시작되었으며, 과연 어떤 운명이 기다리고 있을까? 인류는 문명의 여명기부터 이 질문을 붙잡고 살아 왔다. 지혜롭다고 하는 사람들은 모두 이 질문에 대하여 나름의 대답을 찾고자 했다. 수많은 창조 신화, 전승, 종교, 철학 등은 여러 대답을 들려주었다. 하지만 최근의 이론 물리학자들은 과거의 모든 대답들과는 전혀 다른 이야기를 들려주기 시작했다.

현대 우주론 연구자들의 이론과 천문학자들의 관측에 따르면 우리 우주는 현재 균일하게 팽창하고 있다. 엄청난 속도로 우리에게서 멀어지고 있는 다른 은하계들을 설명하는 가장 자연스러운 방법은 우주가 약 140억 년 전에는 작은 한 점에 불과했으며 태초에 일어난 대폭발의 결과로 우리 우주가 생성되었다는 것이다. 이것을 빅 뱅 혹은 대폭발 이론이라고 한다.

우리 우주의 모든 것을 우그러뜨려 아주 작은 한 점으로 모은다고 상상해 보자. 우주의 씨앗이 된 그 점에는 어마어마한 에너지가 집중되어 있을 것이다. 그러나 우리가 가진 과학 지식으로는 이 상황을 제대로 설명할 수 없다. 대폭발 당시의 상황이나 블랙홀 부근처럼 중력이 엄청나게 강한 영역을 제대로 이해하려면 아인슈타인의 일반 상대성 이론을 양자 역학적으로 다루어야만 한다. 현대 물리학의 두 기둥인 일반 상대성 이론과 양자 이론을 통일하는 것, 그것은 20세기 이론 물리학자들의 궁극적인 목표였고, 학문 연구의 추동력이었다. 그것이 양자 중력 이론이며 바로 이 책의 주제이다.

이 책의 원제는 '양자 중력으로 가는 세 가지 길(Three Roads to Quantum Gravity)'로서, 현재 이론 물리학자들이 고려하는 양자 중력 이론들을 일반인을 대상으로 해설한 책이다. 첫 번째 길은 고리 양자 중력이고 두 번째 길은 끈 이론이다. 둘 다 현재 이론 물리학계에서 활발하게 연구되는 분야다. 그러나 저자는 이 책에서 첫 번째 길과 두 번째 길의 한계를 극복할 수 있는 제3의 길을 제시한다. 그것은 바로 고리 양자 중력과 끈 이론을 통합하는 이론이다.

　현재 학계는 고리 양자 이론을 연구하는 학자들과 끈 이론의 지지자들이 대립하고 있는 양상을 보이고 있다. 학자들은 보통 한 가지 주제를 깊이 기술적으로 연구하고 있으며, 자신이 속한 분야에 대해서는 해박한 지식을 가지고 있더라도 상대편 분야의 최신 연구 결과에 대해서는 잘 알지 못하는 것이 보통이다. 또 이 주제 자체가 상당히 난해하기 때문에 교양 서적의 수준에서 고리 양자 중력과 끈 이론을 비교, 해설한 책은 거의 찾아보기 어렵다. 따라서 두 이론을 비교적 공평하게 소개하고 있는 이 책은 그러한 면에서 가치가 높다고 하겠다.

　저자인 리 스몰린(Lee Smolin)은 양자 중력의 여러 접근 방법을 두루 연구해 온 물리학자로 유명하다. 그리고 이론 물리학의 발전을 대중에게 알리는 데에도 많은 노력을 기울여 왔다. 특히 캐나다의 전설적인 벤처 사업가인 마이크 라자리디스(Mike Lazaridis)의 기부금 1억 달러와 정부의 지원금을 바탕으로 양자 중력 연구소인 페리미터(Perimeter) 연구소(캐나다 온타리오 주의 워털루 시 소재)를 설립하는 데 결정적인 역할을 한 것으로도 잘 알려져 있다(perimeter는 원래 군사 용어로 '최전선'이라는 뜻을 가지고 있다. 연구소의 이름에서 스몰린과 그 연구원들이 자신들의 연구에 어떤 의미를 부여하는지 짐작할 수 있을 것이다.).

내가 스몰린을 처음 만난 것은 이 책이 처음 출간될 무렵인 2000년 봄이었다. 당시 나는 런던 대학교 퀸 메리 칼리지의 연구원이었는데, 스몰린은 런던의 대학들과 케임브리지 대학교의 이론 물리학 그룹이 공동으로 개최한 공동 연수에 초청되어 그가 당시 새로 제안한 행렬 이론에 대해서 강연한 일이 있다. 내가 그때 그에게서 받은 인상은 진리 탐구에 대한 순수한 열정과 독창성이 돋보이는 이론 물리학자라는 것이었다. 그는 그 특유의 열정으로 상대성 이론과 양자 역학을 통합이라는 이론 물리학의 성배(聖杯), 즉 양자 중력 이론을 만들어 내기 위해 여전히 애쓰고 있다. 그 열정이 남긴 흔적을 성배를 찾는 모험의 길을 안내하는 이 책 곳곳에서 확인할 수 있다.

2007년 여름, 나는 끈 이론 연구진들과의 공동 연구를 위해 페리미터 연구소를 한 달간 방문했다. 페리미터는 끈 이론과 고리 양자 중력 분야 모두 상당한 규모의 연구진을 갖추고 있는 세계적으로도 몇 안 되는 연구소이다. 이론 물리학자의 천국이라고 할 만한 완벽한 환경과, 경쟁이라도 하듯 연구소 곳곳에 위치한 대형 칠판 앞에 삼삼오오 모여 열정적으로 토론하는 모습들이 부러웠다.

연구소 방문 기간 동안 나는 스몰린 교수를 만나 그의 책들에 관해서, 또한 최근 끈 이론과 고리 양자 중력 학계의 연구 동향에 대한 대화를 나눌 수 있었다. LHC 프로젝트 등으로 양자 중력을 실험적으로 검증할 가능성이 어느 때보다 높아지고 있는 이 시점에 그의 책이 한국에 소개된다는 것이 뜻 깊다는 데 의견을 같이했다. 페리미터 연구소는 첨단 학술 연구뿐만 아니라 일반 대중을 위한 프로그램들도 다양하게 추진하고 있는데, 마침 세계 각국에서 초청된 고등학생들을 위한 과학 캠프에서 강연하는 스몰린 교수의 모습을 볼 수 있었다. 약간 느릿하지만 힘 있는 목소리로 20세기 말에 일어난 현대 과학의 놀라운 발전을 차근차근 설명하는 스몰린 교수의 모습은 역시 처음 보았을 때의 모습과 다름이 없었다.

스몰린 교수도 강조하는 바이지만, 양자 중력은 그 이론적,

실험적 난점들 때문에 많은 학자들의 끈질긴 노력에도 불구하고, 아직 완성되지 못했다. 끈 이론, 고리 양자 중력 이론 등이 대안으로 제시되고 있으며, 각각 매우 놀랍고도 아름다운 결과들을 우리에게 알려 주었지만 어떤 이론도 완벽한 이론적 체계와 실험적 검증이라는 두 가지 요구 사항을 만족시키지 못한 상태이다. 그러나 완성되지 못했기 때문에 더욱 흥미진진한 주제라고 할 수 있다.

끈 이론과 고리 양자 중력은 비록 그 착안점은 완전히 다르지만 최근 들어 홀로그래피 원리, 시공간의 거품 등과 같은 흥미로운 공통 예측이 속속 등장하고 있음을 저자는 강조하고 있다. 과연 이러한 힌트를 바탕으로 양쪽의 장점만을 취합한 궁극의 양자 중력 이론을 완성하는 것이 가까운 장래에 가능할 것인가? 저자는 이 질문에 대해서 낙관적인 전망을 내놓고 있다.

끈 이론은 역사적으로 원래는 입자들 사이의 거리가 멀어질수록 그 효과가 커지는 성질이 있는 강한 핵력을 설명하기 위해서 등장했다. 그러나 계산을 하다 보면 타키온, 즉 질량이 복소수 값을 갖는 입자가 나타나는 등의 문제로 인해 강한 핵력을 설명하는 이론에서 배제되었다. 결국 강한 핵력은 양자 색역학(QCD)으로 잘 설명되는 것으로 판명되었다.

그 후 오랫동안, 대부분의 이론 물리학자들은 끈 이론을 완전히 잊고 있었는데, 1984년에 영국 런던 퀸메리 칼리지의 마이클 그린 교수와 캘리포니아 공과 대학의 슈워츠 교수가 쓴 한 논문이 상황을 완전히 바꾸어 놓았다. 그들은 끈 이론의 두 가지 문제점, 즉 타키온의 존재와 수학적 부정합성을 동시에 제거할 수 있는 방법을 찾아냈다. 끈 이론이 중력을 설명하는 동시에 양자 역학적으로 모순이 없으려면 10차원이라는 개념을 도입해야 한다는 것도 그때 밝혀졌다. 이 새로운 끈 이론은 고도의 수학적 정합성을 갖춘 것이었고, 실험이 거의 불가능한 영역을 기술하는 이론으로서는 최상의 것이었다. 끈 이론은 현재까지 전 세계 이론 물리학계의 흐름을 좌우하는 가장 중요한 주제 중 하나가 되었다.

전 세계적으로 끈 이론을 연구하는 박사급 이상의 연구자는 약 500명 이상일 것으로 생각되며, 대학원생을 포함한다면 1,000명 정도 될 것이다. 우리나라에도 현재 50명 가까운 박사급 연구자가 있고, 대학원생을 고려한다면 100명 이상이 끈 이론을 연구하고 있다. 해외의 유명 연구소에 재직 중인 한국인 연구원이 많이 있으며, 한국에서도 세계적인 유명 학자를 초청해서 수시로 여러 학회와 대학원생을 위한 여름 학교, 연구자들을 위한 겨울 학교 등의 다양한 연구 활동이 활발히 이루어지고 있다.

끈 이론이 어떤 일반 상대론적 배경의 영향 아래 있는 1차원적 물체, 즉 끈의 운동으로 중력과 나머지 근본 상호 작용을 동시에 설명하고자 하는 반면, 고리 양자 중력은 시공간의 점, 즉 사건들의 관계로 정의되는 고리, 혹은 네트워크로 양자 중력을 설명하고자 한다. 끈과 고리라는 용어가 주는 비슷한 느낌 때문에, 얼핏 들으면 둘이 같은 것이 아닐까 하는 생각이 들지도 모르지만, 사실은 기술적으로 둘은 전혀 다른 이론이다. 끈 이론은 부드러운 배경에서 운동하는 매끈한 끈으로부터 출발해서 양자 중력 영역에서의 불연속적인 특성을 도출해 내야 한다. 반면에 고리 양자 중력은 불연속적인 스핀 네트워크로에서 출발해서 결국 어떻게 현재 보이는 매끈한 시공간 구조가 나오는지를 탐구한다.

고리 양자 중력은 끈 이론에 비하면 훨씬 적은 수의 학자만이 연구하는 것이 사실이다. 세계적으로도 끈 이론 학자들의 그룹이 있는 대학의 숫자가 50개를 상회하는 반면, 일정 규모 이상의 고리 양자 중력 연구자 그룹이 있는 곳으로는 미국의 펜실베이니아 주립 대학, 캐나다의 페리미터 연구소, 그리고 독일의 포츠담의 알베르트 아인슈타인 연구소 정도를 꼽을 수 있다. 연구자의 숫자로만 본다면 끈 이론이 압도적 우위를 차지하지만, 과학은 정치와 달라서 다수결의 원칙이 적용되는 영역이 아니다. 결국 어느 것이 진실인가는 오로지 실험 결과로 판명될 것이다.

현재로서 우리는 양자 중력의 효과를 측정하기 위해서 블랙홀 근처로 우주 여행을 할 수도 없고 그렇다고 140억 년 전으로 돌아갈 수도 없다. 그렇다면 양자 중력의 실험은 영영 불가능하기만 한 것일까?

20세기 후반, 소립자 물리학의 눈부신 발전 덕분에 우리는 지구, 태양을 포함한 별들을 이루는 물질들이 쿼크로 이루어진 원자핵, 그리고 그 주위를 도는 전자들로 이루어졌다는 사실을 알게 되었다. 현재 스위스의 제네바 근교에는 2008년 봄 가동을 목표로 거대 입자 가속기인 LHC(Large Hadron Collider)가 건설 중에 있다. 둘레가 27킬로미터에 이르는 이 거대한 실험 장비는 무려 10^{-18}센티미터의 작은 길이 영역까지 탐구할 수 있도록 양성자를 엄청난 에너지로 가속시킬 수 있다. 입자 물리학자들은 LHC 실험 결과를 통해 질량의 근원, 초대칭성, 암흑 물질의 정체 등을 확인할 수 있게 되기를 기대하고 있다.

LHC 실험은 또한 양자 중력 현상을 최초로 밝혀낼 수도 있다는 기대를 모으고 있다. 끈 이론은 여분의 차원이라는 특이한 성질을 예측하는데, 그것은 우리가 사는 우주가 전후, 좌우, 상하의 세 방향 이외에 더 많은 방향을 가지고 있다는 것이다. 끈 이론에서 가능한 시나리오 중 하나에 의하면 10^{-17}센티미터 정도로 작은 공간을 비집고 들어가면 양자 역학적 효과에 의해서 작은 블랙홀이 생성될 수도 있다고 한다. 2008년, 물리학자들은 과연 인간의 힘으로 블랙홀을 만들어 내고 초기 우주와 뒤틀린 시공간의 비밀을 알아낼 수 있을까?

마지막으로 이 책의 내용이 아직 완전히 정립되지 않은 연구 분야의 발전 상황을 소개한 것이기 때문에, 아주 최근의 연구 결과에 따라 정정해야 할 몇 부분이 있음을 강조하고자 한다.

예를 들어 후기에서 저자는 우주 상수에 대해서 설명하고, 관측 결과에 의하면 그것은 아주 작지만 분명히 양수인데, 끈 이론은 우주 상수가 음수인 경우에만 제대로 정의되는 것으로 보이는 심각한 문제가 있다고 이야기한다. 이것은 물론 많은 끈 이론 학자들도 잘 알고 있던 문제였다. 그러나 이 문제는 2003년 1월, 미국 스탠퍼드 대학교의 카츠루, 캘로쉬, 린데 교수와 인도 뭄바이에 위치한 타타 연구소의 트리베디 교수가 공동으로 발표한 논문에 의해서 해결되었다. 사족을 덧붙이자면 이 논문은 끈 이론 학자들뿐만 아니라 끈 이론을 직접 연구하지 않는 우주론이나 입자 현상론 학자들의 연구에도 많이 이용되었고 2007년 여름 현재 이미 900회 이상이나 인용되었다.

나는 이 책을 통해서 과학에 관심을 가지고 있는 많은 이들이 순수 과학 연구의 최선봉이라고 할 만한 양자 중력 분야 연구 상황을 개략적이나마 이해할 수 있기를 바란다. 저자가 곳곳에서 묘사한 학문 연구 과정에서 벌어지는 여러 에피소드들을 독자들이 흥미롭게 여겨 준다면 또한 반가운 일이겠다. 양자 중력과 같은 연구가 당장 우리의 일상생활이나 경제 지표를 획기적으로 바꾸지는 않지만, 중요한 전환점이 되는 연구 결과는 보통 깊은 철학적 함의도 가지고 있다.

예를 들어 2003년 이후 양수의 우주 상수를 갖는 끈 이론의 해가 무수히 많이 발견되면서, 과연 끈 이론이 참이라면 과학은 우리 우주에 대해서 확인 가능한 예측을 줄 수 있을 것인가라는 근본적 문제가 제기되었다. 우리 우주에 인간이 존재할 수 있는 환경이 있다는 것은 과연 필연일까, 아니면 우연일까? 내가 앞에 언급한 2003년의 연구 결과는 미국의 경우 일간지인 《뉴욕 타임스》에 수 차례 보도되면서 일반 대중에게도 큰 화젯거리가 되었다.

양자 중력 분야에서 앞으로도 계속 놀라운 새 연구 결과가 나올 것을 기대하며 우리나라의 독자에게 그 흥분되는 상황을 알릴 기회가 있기를 소망한다.

2007년 가을

경희 대학교 교정에서

김낙우

감사의 말

무엇보다 먼저 양자 중력에 대한 대부분의 지식을 배울 수 있었던 학계의 구성원인 친구들과 공동 연구자들에게 감사해야겠다. 줄리안 바부어(Julian Barbour), 루이스 크레인(Louis Crane), 존 델(John Dell), 테드 제이콥슨(Ted Jacobson)과 카를로 로벨리(Carlo Rovelli)를 알지 못했다면 이 주제에 이렇게 깊이 접근할 수 없었을 것이다. 그들의 아이디어와 견해는 이 책에 분명히 드러나 있다. 포티니 마르코풀루칼라마라(Potini Markopoulou-Kalamara)는 지난 몇 년에 걸쳐 양자 중력의 중요한 여러 측면에 대한 나의 견해를 변화시켰으며, 나를 공간에서 끌어내 시공간으로 돌아가게 하였다. 그녀의 논문들을 읽으면 누구나 분명히 알 수 있듯이 2, 3, 4장 중

상당 부분은 그녀의 견해로 가득 차 있다. 또한 나는 종종 나도 미처 깨닫지 못하는 사이에 여러 가지 아이디어와, 우정과, 인생과 사상에 관한 본보기에 대하여 크리스 아이샴(Chris Isham)에게 빚지고 있다. 또한 스스로 조직화하는 계를 고려하는 방법에 대해 내가 알고 있는 것의 대부분을 가르쳐 주었고, 우정이라는 선물을 주었으며, 두 가지 주제 사이에서 나와 함께 기꺼이 같이 걸어 준 스튜어트 카우프만(Stuart Kauffman)에게도 감사한다.

또한 토론과 공동 연구와 격려의 말들에 대해 조반니 아멜리노카멜리아(Giovanni Amelino-Camelia), 아브하이 아슈테카르(Abhay Ashtekar), 퍼 백(Per Bak), 허버트 번슈타인(Herbert Bernstein), 루멘 보리소프(Roumen Borissov), 알랭 콘(Alain Connes), 마이클 더글라스(Michael Douglas), 로랑 프리델(Laurant Friedel), 로돌포 감비니(Rodolf Gambini), 머리 겔만(Murray Gell-Mann), 사미르 굽타(Sameer Gupta), 엘리 호킨스(Eli Hawkins), 게리 호로비츠(Gary Horowitz), 비콰 후세인(Viqar Husain), 야론 라니에르(Jaron Lanier), 리처드 리바인(Richard Livine), 이 링(Yi Ling), 리네이트 롤(Rente Loll), 세스 매이저(Seth Major), 후안 말데세나(Juan Maldecena), 마야 파츄스키(Maya Paczuski), 로저 펜로즈(Roger Penrose), 호르게 풀린(Jorge Pullin), 마

틴 리스(Martin Rees), 마이크 라이젠버거(Mike Reisenberger), 유르겐 렌(Jurgen Renn), 켈리 스텔(Kelle Stelle), 앤드루 스트로민저(Andrew Strominger), 토마스 티만(Thomas Thiemann)과 에드워드 위튼(Edward Witten)에게 감사한다. 여기에 피터 버그만(Piter Bergmann), 브라이스 드윗(GBryce DeWitt), 데이비드 펜켈슈타인(Daivid Finkelstein), 찰스 미즈너(Charles Misner), 존 휠러(John Wheeler)를 비롯하여 양자 중력 분야를 창시한 이들에게 특별한 감사의 마음을 전한다. 만약 그들이 이 책에서 자신의 아이디어를 보게 된다면 그것은 그들의 아이디어가 우리가 문제를 보는 방법을 지속적으로 결정해 왔기 때문이다. 우리의 연구는 국립 과학 재단의 아낌없는 후원을 받았으며, 이에 대하여 리처드 아이작슨(Richard Issacson)에게 특히 감사한다. 예기치 않게 아낌없는 지원을 해 준 제시 필립스 재단 덕분에, 자유롭게 사색하고 연구하는 것이 무엇보다도 중요했던 지난 몇 년간, 연구에 전념할 수 있었다. 또한 지난 여섯 해 동안 나에게 주어진 과학자, 교수, 그리고 저자라는 세 가지 직업의 상충되는 요구들을 이해해 주고 격려와 활기를 불어넣어 준 펜실베이니아 주립 대학교와 특히 학과장이었던 제이안스 바나바르(Jayanth Banavar)에게, 특별한 감사를 표한다. 임페리얼 대학의 이론 그룹은 이 책이 쓰여졌던 안식년 동안 대단히 활기차고 친절한 안식처가 되어 주었다.

이 책은 존 브록만(John Brockman)과 카팅카 맷슨(Katinka Matson)의 친절한 격려가 아니었다면 나오지 못했을 것이다. 또한 위덴펠드 앤드 니콜슨 사의 피터 탤랙(Peter Tallack)의 격려와 제안에 대해, 그리고 그가 전통적인 의미로 매우 훌륭한 편집자였던 데에 깊이 감사한다. 글의 명료성은 대부분 원고 편집을 맡은 존 우드러프(John Woodruff)의 예술적 기교와 지혜 덕분이다. 브라이언 이노(Brian Eno)와 마이클 스몰린(Michael Smolin)이 초고를 읽고 책의 구성에 관한 귀중한 제안을 해 준 덕분에 책은 크게 나아졌다. 내 친구들, 특히 생 클레어 세밍(Saint Clair Cemin), 제런 러니어(Jaron Lanier)와 도나 모일런(Donna Moylan)의 후원은 지속적으로 내게 활기를 주었다. 마지막으로 항상 그랬듯이 내게 생명을 주었을 뿐만 아니라, 학교에서 배운 것을 넘어서서, 있는 그대로의 우주를 이해하려는 열망을 심어 준 부모님과 가족에게 가장 큰 감사의 마음을 전한다.

리 스몰린

머리말

양자 중력에 이르는 세 가지 길

　이 책은 가장 단순한 의문, 즉 '시간과 공간이란 무엇인가?'에 대한 책이다. 이것은 또한 대답하기에 가장 어려운 질문 중 하나지만, 이 질문에 새로운 답을 제공한 변혁들을 기준으로 과학의 진보를 평가할 수 있다. 우리는 현재 그러한 변혁의 한가운데에 있으며, 공간과 시간에 대해 하나가 아니라, 여러 가지 새로운 사고방식을 검토하고 있다. 이 책은 물리학 혁명의 최전선을 다루는 보고서가 될 것이다. 나의 목표는 아주 흥미로운 이러한 발전 상황들을 이러한 주제에 관심을 가진 일반 독자들이 이해할 수 있도록 전달하는 것이다.

　공간과 시간에 대해 생각하는 것이 어려운 이유는 그것이 인간이 하고 있는 모든 인지 활동의 '배경'이기 때문이다. 존재하는 모든 것은 그것이 존재하는 지점이 있고, 사건은 그것이 발생한 특정한 순간이 있게 마련이다. 따라서 보통 사람들이 자신이 타고난 문화의 관습과 상식에 의문을 제기하지 않고 살 수 있는 것과 마찬가지로, 우리는 공간과 시간에 대해 의문을 품지 않고 살아갈 수 있다. 그러나 우리가 어린 시절 그랬던 것처럼, 누구나 살아가면서 한 번은 시간이란 무언지 궁금해지는 순간이 있다. 시간은 영원히 계속되는 것일까? 태초의 순간이 있었을까? 종말의 순간이 있을까? 첫 순간이 있었다면 우주는 어떻게 창조되었을까? 그 순간 직전에는 어떤 일이 있었을까? 공간에 대해서도 마찬가지다. 그것은 한없이 계속되는 것일까? 만약 공간에 끝이 있다면 그 너머에는 무엇이 있을까? 만약 끝이 없다면 우리는 우주에 존재하는 것들을 셀 수 있을까?

나는 인류가 지구상에 등장한 이래로 이런 질문들을 계속해왔을 것이라고 믿는다. 수만 년 전에 동굴 벽에 그림을 그렸던 사람들이, 저녁 식사 후 화톳불 주위에 둘러앉아 시간과 공간 그리고 우주에 관한 이야기를 나누지 않았을 것이라고는 생각할 수 없다.

물질이 원자들로 구성되어 있고, 이것은 다시 전자, 양성자,

중성자로 이루어졌다는 것을 알게 된 지 100여 년이 되었다. 미시 세계의 구조를 밝힌 양자 역학은 우리에게 중요한 교훈을 주었다. 그것은 인간의 지각이 경이롭기는 해도 대략적인 것만 파악할 수 있기 때문에 자연의 구성 요소들을 직접 볼 수는 없다는 것이다. 우리가 아주 작은 것들을 보기 위해서는 새로운 도구들이 필요하다. 현미경은 인간과 기타 생물을 구성하고 있는 세포를 보여 준다. 원자를 보고 싶다면 적어도 1,000배는 더 작은 세계를 볼 수 있는 장치가 필요하다. 지금은 이것을 전자 현미경으로 할 수 있다. 입자 가속기 등의 다른 도구를 사용하면 원자핵을 볼 수 있고 심지어는 양성자와 중성자를 구성하는 쿼크까지 관찰할 수 있다.

이 모든 것은 경이롭지만 여전히 많은 의문을 자아낸다. 전자와 쿼크는 과연 가장 작은 존재일까, 아니면 그것들 자체가 다시 훨씬 더 작은 어떤 것들로 구성되어 있을까? 탐구하면 언제나 더 작은 것들을 발견할 수 있지 않을까, 아니면 가장 작은 실체라는 것이 있기는 한 것일까? 우리는 물질뿐만 아니라, 공간에 대해서도 같은 방식으로 질문할 수 있다. 공간은 연속적인 것으로 보이지만 실제로 그럴까? 공간의 일부분을 택해 우리가 원하는 만큼 작게 마음대로 나누는 게 가능할까, 아니면 공간을 이루는 가장 작은 단위라는 것이 존재하지 않을까? 마찬가지로 우리는 시간이 무한하게 분할될 수 있는지, 아니면 시간의 가장 작은 단위가 존재하는지 모른다. 그리고 일어날 수 있는 사건들 중 가장 단순한 사건이 따로 있을지도 모른다.

약 100년 전까지 이러한 질문들에 대한 답변으로 일반적으로 받아들여지던 것들이 있었다. 그 답변들이 바로 뉴턴 물리학 이론의 바탕이 되었다. 20세기 초에 들어서자 사람들은 그때까지 과학과 공학 분야에서 아주 많은 진보를 성취하는 데 유용했던 뉴턴적 사고 체계가, 공간과 시간에 대해서는 근본적인 설명을 하지 못한다는 것을 깨닫게 되었다. 뉴턴 물리학을 포기하는 것과 동시에 새로운 답변들이 등장했다. 그 답변들은 새로운 이론들, 주로 알베르트 아인슈타인(Albert Einstein)의 상대성 이론과 닐스 보어(Neils Bohr), 베르너 하이젠베르크(Werner Heisenberg), 에어빈 슈뢰딩거(Erwin Schrödinger)를 비롯한 많은 사람들이 고안한 양자 역학과 함께 등장했다. 그러나 두 이론 중 어느 것도 물리학의 새로운 토대가 될 만큼 완전하지 못했다. 20세기 초의 물리학 혁명은 궁극적인 혁명의 시작에 불과했다. 이 두 이론 체계는 매우 유용하고, 많은 것들을 설명할 수 있지만, 각각 불완전하고 한계가 있다.

뉴턴 물리학의 원리는 원자의 구조가 안정한 이유를 설명할 수 없다. 양자 이론은 원자가 그렇게 안정한 이유를 설명하기 위해 고안되었다. 양자 이론은 또한 물질과 복사에 대한 여러 가지 관측 사실들을 잘 설명해 준다. 분자 규모에서나 그것보다 더 작은 규모에서 일어나는 양자 효과는 뉴턴 이론에 따른 예측과 완전히 배타적은 아니어도 근본적인 면에서 다르다. 반대로 공간과 시간 그리고 우주에 대한 이론인 일반 상대성 이론이 예측하는 바는 뉴턴의 결과와 비교할 때 주로 거시 규모에서 매우 다르다. 일반 상대성 이론이 옳다는 것이 확인되는 것은 주로 천문학적 관측 결과로부터다. 반면에 원자나 분자를 설명하는 데 일반 상대성 이론을 적용할 수 없으며, 마찬가지로 양자 이론은 아인슈타인의 일반 상대성 이론의 바탕이 되는 공간과 시간에 대한 묘사법과 양립할 수 없는 것으로 보인다. 따라서 두 이론을 통합해 원자부터 태양계 그리고 전 우주에 이르기까지 항상 성립하는 하나의 이론을 구성하는 것은 그리 단순한 문제가 아니다.

상대성 이론과 양자 이론을 접목하는 것이 왜 어려운지를 설명하는 것은 어려운 일이 아니다. 물리학 이론이란 세상에 존재하는 입자와 힘들을 정리한 단순한 목록이 아닌 것이다. 우리가 과학을 한다고 하면, 우리 주위에서 볼 수 있는 것을 기술하기 전에, 과연 우리가 하는 일은 무엇인가에 대한 몇 가지 가설을 세워야 한다. 우리는 누구나 꿈을 꾸지만, 꿈과 깨어 있을 때 경험한 사실을 구분하는 데 어려움이 없다. 우리는 모두 이야기를 하지만, 사실과 허구 사이에 차이가 있다는 것을 믿는다. 그 결과 우리는 꿈, 허구 그리고 우리의 일상 경험 각각이 현실과 맺는 관계가 다르다고 가정하고 다른 방식으로 이야기한다. 이러한 가정들은 사람마다 약간씩 다르고, 문화에 따라 다르며, 모든 예술가의 해석에 따라 달라진다. 만약 그것들이 명확히 구분되지 않는다면 그 결과는 우연이든 의도된 것이든 뒤죽박죽 되어 혼란스러울 것이다.

비슷한 이유로 관측과 현실에 대해 세운 물리학 이론들의 기초적인 가설들은 서로 다르다. 만약 우리가 세심하고 명확하게 설명하지 않는다면, 다른 이론들이 내놓은 우주에 대한 기술을 비교할 때 혼란이 생길 수 있을 것이며 실제로도 그럴 것이다.

이 책에서 우리는 이론들이 달라지는 매우 근본적인 이유 두 가지를 생각해 볼 것이다. 첫 번째 이유는 공간과 시간이 무엇인가라는 질문에 대한 답변이 다르다는 것이다. 뉴턴 이론과 일반 상대성 이론은 서로 매우 다른 대답에 근거를 두었다. 우리는 곧 이것들이 과연 무엇이었나를 알게 될 것이다. 중요한 것은 아인슈타인이 공간과 시간을 이해하는 우리의 방식을 완전히 바꾸어 놓았다는 것이다.

이론들이 서로 달라지는 두 번째 이유는 관측자와 그가 관측하는 계(系)의 연관성을 다르게 생각한다는 것이다. 본질적으로 관측자와 계 사이에는 모종의 관계가 분명히 있어야 한다. 만약 그렇지 않다면 관측자들은 계가 존재한다는 것조차 알 수 없을 것이다. 그러나 이론에 따라 관측자와 관측되는 것 사이의 관계에 대한 가설을 상당히 다르게 세울 수 있으며 실제로 다르다. 특히 양자 이론은 이러한 질문에 대해 뉴턴이 세운 것과는 급진적으로 다른 가설들을 취한다.

문제는 양자 이론이 관측자와 관측되는 것 사이의 관계에 대해서는 뉴턴과 근본적으로 다른 가정을 하는 반면, 공간과 시간이 무엇인가라는 질문에 대해서는 뉴턴의 오래된 답변을 수정 없이 받아들인다는 것이다. 아인슈타인의 일반 상대성 이론에서는 정확히 그 반대의 일이 일어났는데, 공간과 시간의 개념은 근본적으로 바뀐 반면, 관측자와 관측되는 것 사이의 관계에 대한 뉴턴의 관점은 그대로 유지되었다. 각각의 이론은 적어도 부분적으로는 참인 것으로 보이지만, 부분적으로는 각각 상대방이 폐기한 옛 물리학의 가설들을 계속 사용하고 있다.

따라서 상대성 이론과 양자 이론은 탄생 100년 후인 지금도 미완성 혁명의 첫 번째 단계로 남아 있다. 혁명을 완성하기 위해서 우리는 상대성 이론과 양자 이론으로부터 얻은 통찰력을 하나의 이론으로 결합해야만 한다. 이 새로운 이론은 어떤 방식으로든, 관측자와 관측되는 것 사이의 관계에 대해 양자 이론이 알려 준 새로운 개념과, 아인슈타인이 도입한 공간과 시간에 대한 새로운 개념을 융합해야만 한다. 만약 그것이 가능한 것으로 증명되지 않으면, 두 이론을 모두 다 폐기하고 공간과 시간은 무엇이며 관측자와 관측되는 것 사이의 관계가 무엇인가라는 질문의 답을 새롭게 찾아야 한다.

그 새로운 이론은 아직 완성되지 않았지만 이미 이름을 가지고 있다. 그것은 중력의 양자 이론, 또는 양자 중력 이론이라고 부른다. 이러한 이름이 붙은 이유는 그 이론의 주요 부분이 원자와 근본 입자에 관해 우리가 알고 있는 것의 기초가 되는 양자 이론을 중력의 이론에까지 확장한 것이기 때문이다. 중력은 현재 일반 상대성 이론으로 이해되고 있다. 일반 상대성 이론은 중력이 실제로는 공간과 시간 구조의 발현임을 우리에게 가르쳐 준다. 이것은 아인슈타인의 가장 놀랍고 가장 아름다운 통찰이었으며, 이것은 이 책에서 여러 번 논의할 주제다. 우리가 현재 직면한 문제는 아인슈타인의 일반 상대성 이론과 양자 이론을, 물리학 전문 용어로서 '통일'하는 것이다. 이 통일의 산물은 중력의 양자 이론이 될 것이다.

우리가 그것을 갖게 되었을 때, 중력의 양자 이론은 공간과 시간이 무엇인가라는 질문에 새로운 답을 줄 것이다. 그러나 그것이 전부는 아니다. 중력의 양자 이론은 물질에 대한 이론이기도 해야 한다. 그것은 지난 1세기에 걸쳐 근본 입자들과 그것들을 지배하는 힘에 대해 우리가 얻은 모든 통찰을 내포하고 있어야 할 것이다. 그것은 또한 우주의 이론이어야만 한다. 우리가 그것을 갖게 된다면, 대폭발이 최초의 순간이었는가 아니면 단지 그 전부터 존재했던 다른 세계로부터의 전이였는가 하는 식의, 현재로서는 매우 불가사의하게 여겨지는 우주의 기원에 대한 질문들을 해결하게 될 것이다. 그것은 또한 우주가 애초부터 숙명적으로 생명을 포함한 것인지, 또는 우리라는 존재가 단지 운 좋게 일어난 사건의 결과에 불과한 것인지 하는 질문에 답을 줄 것이다.

21세기의 과학에서 이 이론의 완성보다도 더 매력적인 문제는 없다. 독자는, 많은 사람이 그랬듯이, 그것이 너무 어려운 것은 아닐까, 그것은 어떤 수학적 난제나 의식의 본질에 관한 문제처럼 영원히 풀리지 않게 되지는 않을까 하고 생각할 수도 있다. 당신이 이 문제가 영향을 미치는 범위가 얼마나 넓은지 일단 이해하고 나면, 이 생각이 그리 잘못된 것이라고 생각지 않게 될 것이다. 많은 훌륭한 물리학자들이 그러했다. 25년 전, 내가 대학에서 중력의 양자 이론을 연구하기 시작했을 때, 내 스승들 중 몇 명은 그것이 바보 같은 짓이라고 말했다. 당시 양자 중력 이론에 대해 진지하게 연구하는 사람은 거의 없었다.

대학원 때 지도 교수였던 시드니 콜먼(Sidney Colman)은 무언가 다른 것을 하라고 나를 설득했다. 내가 고집을 부리자, 그는 내게 우선 1년을 주되 만약 그의 예상대로 내가 아무런 진척도 이루지 못할 경우에는 좀 더 현실적인 입자 물리학 프로젝트를 주겠다고 했다. 그리고 그는 내게 대단한 호의를 베풀었다. 그는 이 주제의 선구자 중 하나인 스탠리 데저(Stanley Deser)에게 나를 돌봐 주고 논문 지도를 분담해 달라고 요청했다. 데저는 그 전까지는 어떻게 해도 해결할 수 없었던 많은 문제를 해결할 수 있을 것으로 여겨져 수년 동안 각광을 받아 온 초중력이라는 새로운 중력 이론의 창시자 중 하나였다. 또 나는 운 좋게도 대학원 첫해에 양자 중력 이론의 연구에 중요한 기여를 한 또 다른 사람의 강의를 들을 수 있었다. 그는 바로 헤라르뒤스 토프트(Gerardus 't Hooft)였다. 내가 그들의 지시 사항을 항상 따른 것은 아니지만, 나는 그들 연구를 본보기로 중요한 교훈을 얻었다. 즉 얼핏 보기에는 불가능한 문제도 회의적인 견해를 무시하고 계속 추진하면 진보할 수 있다는 것이다. 어쨌든 원자도 낙하하므로, 중력과 양자 이론 사이의 관계는 자연에서는 문제가 되지 않는다. 그것이 우리에게 문제가 되는 것은, 우리의 사고 속에 적어도 한 가지 또는 여러 가지의 잘못된 가정이 있기 때문임에 틀림없다. 잘못된 가정들은 우리가 가진 공간과 시간에 대한 개념과 관측자와 관측되는 것 사이의 연관성 속에 포함되어 있을 것이다.

그렇다면 중력의 양자 이론을 발견하려면 그 전에 먼저 이러한 잘못된 가정들을 분리해야 한다는 것이 분명해 보였다. 이것이 연구를 추진하는 원동력이 되었는데, 그것은 잘못된 가정들을 뿌리 뽑는 명백한 전략, 즉 일단 이론을 고안하고 그것이 어디에서 잘못되는지 살펴보는 전략에 근거를 두었기 때문이다. 그때까지 추구했던 모든 길들이 얼마 지나지 않아 막다른 골목에 이르렀기 때문에 할 일은 충분히 많았다. 그것이 많은 사람들을 고무시키지는 않았지만, 필요한 일이었고 한동안은 그것으로 충분했다.

현재의 상황은 매우 다르다. 아직 목적을 달성하지는 못했지만 이 분야의 연구자들 중 우리가 목표를 향한 길에서 많은 진전을 이루었음을 의심하는 이는 거의 없다. 그 이유는 1980년대 중반부터는, 이전의 시도들과는 달리 양자 이론과 상대성 이론을 결합하는 성공적인 방법들이 발견되었기 때문이다. 결과적으로 지난 몇 년간 수수께끼의 많은 부분들이 풀렸다고 말할 수 있게 되었다.

우리가 이룬 진전의 한 결과는 갑자기 우리의 연구가 인기를 끌게 되었다는 것이다. 몇십 년 전 그 주제를 연구하던 소수의 선구자 그룹이 지금은 양자 중력의 문제 중 어떤 측면만 전문적으로 연구하는 수백 명의 큰 연구 집단으로 성장했다. 질투심 많은 영장류답게 양자 중력 연구자들은 서로 다른 접근 방법을 추구하는 여러 연구 집단으로 분리되었다. 이들은 끈, 고리, 트위스터, 비가환 기하와 토포스 등과 같은 꼬리표들을 달고 있다. 이런 지나친 전문화는 유감스러운 결과를 낳았다. 각 연구 집단에는 그들의 시도가 문제 해결의 유일한 열쇠라고 확신하는 사람들이 있다. 슬프게도 그들 대부분은 다른 접근 방법으로 연구하는 사람들을 열광시키는 중요한 결과들을 제대로 이해하지 못하고 있다. 심지어는 특정한 접근법으로 풀기 힘든 문제를 다른 접근 방법을 택한 사람이 완벽하게 풀었다는 것을 깨닫지 못한 것처럼 보이는 경우도 있다. 이것은 양자 중력이라는 분야에서 연구하는 많은 사람들이 최근에 이루어진 모든 발전을 알고 있을 만큼 충분히 넓은 시각을 가지고 있지 않음을 뜻한다.

이것은 아마 그리 놀라운 일이 아닐 것이다. 암 연구나 진화론 연구의 현재 상태도 이와 크게 다르지 않은 것으로 보인다. 처녀봉에 도전하는 등산가들처럼 연구자들도 어려운 문제는 각자 다른 접근법으로 해결하려 할 것이다. 물론 이러한 시도들 중 몇몇은 완전히 실패할 수도 있다. 그러나 양자 중력 분야에서는 최근에 이루어진 몇 가지 시도가 공간과 시간의 본성에 관한 진정한 발견을 일구어 낸 것으로 보인다.

내가 이 글을 쓰는 동안 일어나고 있는 가장 흥미로운 발전은 다른 접근법에서 얻은 여러 교훈들을 한데 모아 중력의 양자 이론이라는 단일한 이론으로 통합하는 일과 관계가 있다. 아직 이 이론의 최종 형태는 찾지 못했지만, 우리는 그것에 대해 많은 것을 알고 있으며 이것이 이 책에서 내가 설명할 것의 토대다.

내가 매우 낙관적임을 독자에게 알려야만 하겠다. 나는 완전한 중력의 양자 이론을 가지기까지 불과 몇 년만 기다리면 된다고 생각한다. 그러나 내게는 좀 더 신중하고 조심스러운 친구들과 동료들이 있다. 따라서 나는 이 책에 실린 내용들이 양자 중력의 문제를 연구하는 모든 과학자들이나 수학자들이 수긍하지는 않는 나의 개인적인 견해라는 것을 강조하고 싶다. 또한 아직 해결해야 할 몇 가지 불가사의가 있다는 것을 덧붙이겠다. 아치를 완성할 마지막 돌은 앞으로 발견되어야 한다.

게다가 아직까지 양자 중력에 관한 새로운 이론들은 단 하나도 실험적으로 검증할 수 없었음을 강조해야겠다. 심지어 아주 최근까지도 중력의 양자 이론은 현존하는 기술로는 검증할 수 없으며, 따라서 이론을 실험 과학으로부터 얻은 데이터와 비교하려면 앞으로 많은 세월이 지나야 할 것이라고 여겨졌다. 그러나 현재는 이런 비관론은 근시안적이었던 것으로 생각된다. 폴 파이어아벤트(Paul Feyerabend) 같은 과학철학자들은 새로운 이론들은 때때로 그 이론들을 검증할 수 있는 새로운 종류의 실험을 제안한다고 강조했다. 바로 이러한 일이 양자 중력 이론 분야에서 일어나고 있다. 아주 가까운 미래에 이론의 예측 중 적어도 일부는 검증할 수 있을 것으로 보이는 새로운 실험들이 아주 최근에 제안되었다. 이 새로운 실험들은 현존하는 기술을 사용할 것이지만, 낡은 이론에서는 양자 중력과 관련되었다고 전혀 생각하지 못했을 현상을 연구하는 데 놀라운 방식으로 사용될 것이다. 이것이 바로 진정한 진보의 모습이다. 그러나 우리는 새로운 이론이 아무리 아름답고 매력적으로 보일지라도, 실험을 수행할 때까지는 완전히 틀린 것일 수도 있음을 절대로 잊지 말아야 한다.

지난 몇 년 동안, 양자 중력에 대해 연구하는 이들 중 많은 사람들 사이에서 흥분과 자신감이 고조되어 왔다. 우리가 정말로 이 괴물을 향해 가까이 다가가고 있다는 느낌을 피하기 어렵다. 우리가 그것을 그물 안에 잡아 둔 것은 아닐지라도, 그것을 구석으로 몰아넣었고 손전등으로 비추어 희미하게는 언뜻 본 것처럼 느껴진다.

양자 중력으로 가는 많은 다른 길들 중에서 가장 큰 진보는 세 가지 큰 길을 따라 이루어졌다. 양자 중력이 상대성 이론과 양자 이론이라는 두 이론을 통합함으로써 이루어질 것임을 받아들인다면, 그중 두 길은 아마도 쉽게 예측할 수 있을 것이다. 양자 이론에서 나온 길이 있는데 여기 사용된 개념과 방법은 양자 이론의 다른 분야에서 먼저 발전된 것이다. 그 다음에는 상대성 이론에서 나온 길이 있는데, 그것은 아인슈타인의 일반 상대성 이론의 본질적인 원리로부터 출발했지만 양자 현상을 포함하기 위해서 그 원리들을 수정하려고 노력하는 것이다. 이 두 길은 각각 문제점들을 잘 해결하고 부분적으로 성공적인 양자 중력 이론에 이르렀다. 첫 번째 길은 끈 이론을 탄생시켰고, 두 번째 길은 이름은 유사해도 외관은 다른 고리 양자 중력 이론을 낳았다.

고리 양자 중력 이론과 끈 이론 모두 그 근본 원리에서는 일치한다. 그것들은 모두 공간과 시간의 성질이 우리가 보는 것과는 매우 달라지는 물리적 규모가 있다는 것에 의견을 같이 한다. 이 규모는 극히 작아서 가장 큰 입자 가속기로 실험할 수 있는 영역 너머에 있다. 사실은 우리가 지금껏 탐지했던 것보다 훨씬 더 작을 것으로 생각된다. 보통 그 크기는 원자핵보다 10^{20}배만큼이나 작은 것으로 생각된다. 그러나 그것이 어느 정도인지 정말로 확신할 수 있는 것은 아니다. 최근에 현재 실험할 수 있는 영역에서 양자 중력 효과를 확인할 수 있게 해 줄지도 모르는 매우 상상력이 풍부한 제안이 나왔다.

공간과 시간을 기술하기 위해서 양자 중력이 필요해지는 규모를 플랑크 규모라고 한다. 끈 이론과 고리 양자 중력 이론은 모두 공간과 시간이 이 작은 규모에서 어떻게 되는가를 설명하는 이론들이다. 내가 이제 할 이야기들 중 하나는 각 이론이 우리에게 제공하는 묘사가 어떻게 한곳으로 모이는가 하는 것이다. 아직 모든 사람이 동의하는 것은 아니지만, 서로 다른 이 접근법들이 하나의 아주 작은 세계를 들여다보는 여러 개의 다른 창문들이라는 증거가 점점 많아지고 있다.

이제는 내 자신의 상황과 편향에 대해 고백해야겠다. 나는 고리 양자 중력 이론을 최초로 연구한 사람들 중 하나였다. 내 생애에서 가장 유쾌했던 날들은 (개인사는 제외하고) 몇 달 동안 열심히 연구한 후 어느 날 갑자기 우리 이론의 기본적인 교훈들 중 하나를 이해하게 된 때였다. 그때 함께 연구했던 친구들은 일생의 친구가 되었으며 나는 우리가 이룬 발견에 애착과 희망을 느끼게 되었다. 그러나 그 전에 나는 끈 이론을 연구했고 지난 4년간은 두 이론 사이에 놓인 매우 비옥한 영역을 연구했다. 나는 끈 이론과 고리 양자 중력의 본질적인 결과들이 모두 옳다고 믿으며 내가 이 책에서 제시할 우주에 대한 묘사는 두 이론 모두를 진지하게 받아들인 결과다.

끈 이론과 고리 양자 중력과는 별개로, 항상 세 번째 길이 있었다. 이 세 번째 길은 양자 이론과 중력 이론 모두 적절한 출발점이 되기에는 너무 결함이 많고 불완전하다고 여긴 이들이 택한 것이다. 대신에 이들은 근본 원리와 씨름하고 그로부터 직접 새로운 이론을 만들려고 노력한다. 그들은 옛 이론을 참고하면서도, 완전히 새로운 개념적 세계와 수학적 형식화를 창안하기를 두려워하지 않았다. 그리하여 인간 집단 행동의 모든 모습이 나타날 만큼이나 거대해진 큰 학계가 걸어온 다른 두 길과는 달리, 이 세 번째 길은 뜻을 함께하는 구도자의 무리와, 편안한 여행보다 본질적 불확실성을 선호하는 소수의 개인들만이 밟았다. 그들은 예언자일 수도, 바보일 수도 있다.

세 번째 길을 따라가는 여행은 이를테면 '시간은 무엇인가?' 혹은 '우리는 우리가 속한 우주를 어떻게 기술할까?' 같은 심오한 철학적 질문에 의해 추진된다. 이것은 쉬운 질문들이 아니지만 우리 시대의 가장 위대한 지성 중 몇몇은 그 질문들에 정면으로 맞서고 있다. 나는 이 길에서도 위대한 진전이 있어 왔다고 믿는다 어떤 경우에는 매우 경이로운 새로운 개념들이 발견되었으며, 나는 그것들이 이러한 질문에 대한 답을 찾게 해 줄 것이라고 믿는다.

나는 이 개념들이 우리가 다음 단계, 즉 중력의 양자 이론으로 나아가도록 하는 개념적인 틀을 제공할 것이라고 믿는다.

이 세 번째 길 위에 있던 누군가가 얼핏 보기에는 다른 어떤 것들과도 연결되지 않는 것처럼 보이는 수학 구조를 발견했다. 그러한 결과들은 흔히 그 연구 분야의 보수적인 구성원들에 의해 현실과 연관성을 가질 수 없는 것으로 여겨져 폐기되기도 한다. 그러나 이 비평가들은 때로는 앞에서 이야기한 두 길에서도 어려운 문제를 풀다가 동일한 구조를 발견하게 된다면 자신의 잘못을 인정해야 한다. 이것은 물론 근본적인 문제들이 우연히 풀리는 일은 거의 없음을 증명할 뿐이다. 이 이야기의 진정한 영웅들 중에는 이러한 구조를 발견한 이들이 있다. 그들은 알랭 콘(Alain Connes), 데이비드 핀켈슈타인(David Finkelstein), 크리스토퍼 아이샴(Christopher Isham), 로저 펜로즈(Roger Penrose)와 라파엘 소킨(Raphael Sorkin) 등이다.

이 책에서 우리는 세 가지 길을 모두 걸어갈 것이다. 우리는 그것들이 생각보다 더 가까이 있음을, 거의 사용되지 않았고 약간은 잡초가 무성하지만 그럼에도 불구하고 통과할 수 있는 길들로 연결되어 있음을 발견하게 될 것이다. 나는 우리가 모든 길들로부터 얻은 주요 아이디어들과 발견들을 합친다면 플랑크 규모의 우주가 어떤 것인지 명확한 상(像)을 얻을 수 있을 것이라고 주장할 것이다. 여기에서 내 의도는 이 상을 보여 주고, 또한 그렇게 함으로써 우리가 양자 중력 문제의 해답에 얼마나 가까이 있는지를 보여 주는 것이다.

나는 이 책을 물리학의 최첨단 분야에서 어떤 일이 벌어지고 있는지를 알고 싶어 하는 지적인 비전문가를 대상으로 썼다. 상대성 이론이나 양자 이론에 대한 어떠한 예비 지식도 가정하지 않았다. 따라서 이러한 주제에 대해서 이전에 아무것도 읽은 적이 없는 독자라도 이 책을 따라올 수 있을 것이라고 믿는다. 또한 상대성 이론과 양자 이론의 여러 아이디어들은 그것들이 다른 무언가를 설명하기 위해 필요할 때에만 소개했다. 주제들 대부분에 대해 입문 수준에서라도 훨씬 더 많이 이야기할 수 있었을 것이다. 그렇지만 이러한 주제들에 대한 완벽한 입문서를 포함했다면 매우 긴 책이 되었을 것이고, 이것은 본래 목적에 어긋났을 것이다. 다행히도 이 주제들에 대한 훌륭한 입문서들이 많이 있다. 이 책의 끝에 더 많이 알기를 원하는 사람들을 위한 참고 문헌을 실어 두었다.

또 내가 이 책을 쓰면서 책에 소개된 아이디어와 발견을 고안해 낸 사람들에게 적절한 공을 돌리지 못했음을 미리 말해 두고 싶다. 우리가 양자 중력에 대해 가지고 있는 지식은 두세 명의 새로운 아인슈타인의 머리에서 나온 것이 아니다. 오히려 그것은 점점 성장해 가는 학계의 수십 년에 걸친 열띤 연구의 결과다. 대부분의 경우 단지 소수의 이름만 언급하는 것은, 과학이 격리된 소수의 개인 연구자에 의해서 수행된다는 잘못된 신화를 강화하는 것으로 학계와 독자 모두에게 부당한 처사가 될 것이다. 양자 중력 같은 소규모의 연구 분야에서조차 진리에 가까이 가기 위해서는 수십 명의 공헌자를 이야기해야 한다. 이런 개념들을 처음으로 접하는 독자가 기억할 수 있는 한도보다도 훨씬 많은 사람들이 있다.

나 자신이 긴밀하게 관련되어 있어 어떤 일이 일어났는지 확실하게 아는 몇 사건에 대해서는 그 발견들이 어떻게 이루어졌는지 이야기할 것이다. 사람이란 자기 자신에 관해 진솔한 이야기를 할 때 가장 흥미로우므로, 이런 경우에는 과학이 실제로 어떻게 수행되는지를 구체적으로 보여 주는 매우 인간미 넘치는 이야기들을 기꺼이 소개할 것이다. 그렇지 않은 경우에는 누가 무엇을 했는가에 대한 이야기는 되도록 삼갔다. 그렇지 않으면 지난 20여 년간 이 주제를 깊이 연구했음에도 불구하고 그 일부분을 잘못 전달하는 오류를 피할 수 없을 것이기 때문이다.

이런 몇 가지 이야기를 하는 데 있어서 나는 한 가지 위험을 무릅써야 하는데, 그것은 내가 나의 연구가 다른 연구자의 업적보다 더 중요하다고 믿는다는 인상을 독자에게 줄 수도 있다는 것이다. 이것은 사실이 아니다. 물론 나는 내 연구에서 내가 추구하는 접근 방식에 확신을 가지고 있다. 그렇지 않다면 책 한 권을 구성할 만한 가치 있는 관점을 갖지 못했을 것이다. 그러나 나는 나와 내가 공헌한 분야뿐만 아니라 다른 접근 방법에 대해서도 그 장단점을 공정하게 평가할 자격이 있다고 믿는다. 다른 무엇보다도 나는 양자 중력 이론에 대해 연구하는 사람들 중 한 사람이 되었다는 사실을 대단히 명예롭게 생각한다. 만약 내가 인물 묘사에 숙달된 진정한 작가라면, 내가 이 세상에서 가장 존경하고, 기회가 있을 때마다 계속 가르침을 주는 몇몇 이들을 기꺼이 묘사할 것이다. 그러나 내 짧은 재주를 생각해서 나는 내가 잘 아는 사람들과 사건들에 관한 몇몇 이야기에만 충실하도록 하겠다.

우리의 임무가 완수되면 누군가 양자 중력의 탐구에 관한 좋은 역사책을 쓸 것이다. 이 일이 내가 믿는 대로 몇 년 안에 이루어지든, 또는 좀 더 비관적인 동료가 예상하듯이 수십 년이 걸리든,

그 이야기에는 인간의 가장 큰 장점인 용기, 지혜, 선견지명과 학계의 정치적 관계로 표현된 가장 일상적 형태의 영장류 행동이 혼합되어 있을 것이다. 나는 그 이야기에 우리 직업이 가진 매우 인간적인 면모가 잘 표현되기를 바란다.

이 책의 각 장은 중력의 양자 이론에 대한 우리의 탐구 활동의 한 단계를 설명하고 있다. 우선 공간, 시간과 우주의 본성에 대한 우리의 질문에 접근하는 방법을 결정하는 네 가지 기본 원리로부터 시작한다. 이것이 1부 「출발점」의 내용이다. 이 준비 과정을 거쳐 우리는 2부 「우리가 알아낸 것들」로 넘어가는데, 여기서는 양자 중력으로 가는 세 가지 길에서 지금까지 도달한 결론들을 설명할 것이다. 이것들이 함께 최소 규모의 공간과 시간에서 우주가 어떻게 보이는지 묘사해 줄 것이다. 그러고 나서 우리는 3부 「현대의 미개척 영역」을 통해 이 연구 분야의 현재 미개척 분야를 둘러볼 것이다. 우리는 양자 중력의 근본 원리일 가능성이 높은 새 원리, 이른바 홀로그래피 원리를 소개할 것이다. 그 다음 장에서는 양자 중력에 대한 다른 접근법들이 어떻게 공간과 시간에 대한 우리의 질문에 대답할 하나의 이론에 들어올 수 있는지 이야기할 것이다. 그리고 마지막으로 우주가 자연의 법칙을 어떻게 선택했는지의 문제를 사색하며 글을 마치려 한다.

첫 번째 원리부터 시작해 보자.

THREE ROADS TO QUANTUM GRAVITY

양자 중력의 세 가지 길

차례

옮긴이의 말	양자 중력이라는 성배를 찾아서	4
감사의 말		16
머리말	양자 중력에 이르는 세 가지 길	20

1부 출발점

1 | 우주 바깥에는 아무것도 없다 ⋯ 47
2 | 미래에는 더 많은 것을 알게 될 것이다 ⋯ 61
3 | 많은 관측자, 그리 많지 않은 우주 ⋯ 73
4 | 우주는 사물이 아니라 과정들이다 ⋯ 103

2부 우리가 알아낸 것들

5 | 블랙홀과 숨겨진 영역 ⋯ 133
6 | 가속도와 열 ⋯ 147
7 | 블랙홀은 뜨겁다 ⋯ 165
8 | 넓이와 정보 ⋯ 177
9 | 공간을 세는 방법 ⋯ 197
10 | 매듭, 연결과 꼬임 ⋯ 231
11 | 공간의 소리는 끈이다 ⋯ 265

3부 현대의 미개척 영역

12 | 홀로그래피 원리 ⋯ 303
13 | 끈과 고리를 엮어 ⋯ 321
14 | 무엇이 자연 법칙을 선택하는가 ⋯ 347

맺음말	한 가지 가능한 미래	370
후기	세 가지 길이 만나는 곳에서	379
용어 해설		403
참고 문헌		410
찾아보기		416

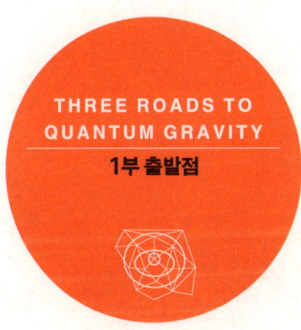

THREE ROADS TO
QUANTUM GRAVITY
1부 출발점

1
우주 바깥에는 아무것도 없다

인간은 무언가를 만들어 내는 종족이다. 따라서 아름답고 복잡하게 구성된 무언가를 보면 인간은 대부분 '누가 그것을 만들었나?'라고 묻는다. 그것이 인간의 본능적인 반응이다. 그러나 우주에 과학적으로 접근하기 위해 배워야 할 가장 중요한 교훈은 그러한 질문이 옳지 않다는 것이다. 우주가 복잡하게 구성되어 있으며 아름다운 것은 사실이다. 그러나 우주는, 그 정의에 따라, 존재하는 모든 것을 포함하기 때문에 우주 외부에는 아무것도 존재할 수 없다. 따라서 우주는 외부에 있는 어떤 것이 만든 것이 아니다. 또한 존재했던 것은 어느 것이나 우주의 일부임에 틀림없으므로, 우주가 존재하기 전에 우주의 원인이 되었던 것도 존재할 수 없다. 그러므로 우주론의 제1원리는 '우주 바깥에는 아무것도 없다.'여야 한다.

이것이 종교나 신비주의를 배제하는 것은 아니다. 그것들을 추구하는 사람들에게는 영감을 제공할 여지가 항상 있기 때문이다. 그러나 지식을 얻고자 한다면, 그리고 우주란 무엇이며 어떻게 그렇게 되었는지 이해하고 싶다면, 주위를 둘러볼 때 보이는 것들에 대한 질문에 답하고자 노력할 필요가 있다. 그리고 그 답변에는 우주 안에 존재하는 것만이 포함될 수 있다.

이 제1원리 때문에 우리는 우주가 닫힌 계라는 생각을 택할 수밖에 없다. 그것은 우주에 있는 무언가에 대한 설명 역시 우주 안에 존재하는 다른 것들만을 가지고 해야 한다는 것을 의미한다. 이것은 매우 중요한 결론들을 제공하는데 우리는 그 결론들 하나하나에 대하여 앞으로 여러 번 생각해 보게 될 것이다. 가장 중요한 것은 우주 안에 있는 어떤 존재에 대한 '정의'나 '묘사'는 오로지 우주 내부의 다른 것들을 참조해서 할 수밖에 없다는 것이다. 어떤 것이 위치를 가지고 있다면 그 위치는 우주에 있는 다른 것들에 대해서만 정의될 수 있다. 만약 어떤 것이 운동을 한다면 그 운동은 우주 안의 다른 것들에 대한 위치 변화를 확인해 봄으로써만 식별할 수 있다.

그러므로 우주에 실재하는 것과 무관한 공간은 의미가 없다. 공간은 비어 있거나 꽉 차 있으며, 어떤 것들이 그저 오고 가는 무대가 아니다. 공간은 존재하는 것들을 제외하면 아무 의미도 없다. 즉 우주는 사물들 사이에 성립하는 관계들의 한 측면일 뿐이다. 그렇다면 공간은 문장과 비슷한 것이다. 단어가 하나도 없는 문장에 대해 이야기한다는 것은 터무니없는 일이다. 각 문장은 주어-목적어 또는 형용사-명사와 같이 단어들 사이에 성립하는 관계들로 정의되는 문법 구조를 가지고 있다. 모든 단어들을 끄집어내면 빈 문장이 남는 것이 아니라 아무것도 남지 않는 것이다. 게다가 단어들의 배열과 그것들 사이의 다양한 관계에 따라 수많은 문법 구조가 만들어진다. 한 문장에서만 의미를 갖는 단어나 의미에 무관하게 모든 문장에 대해 성립하는 절대적인 문장 구조는 존재하지 않는다.

우주의 기하학은 문장의 문법 구조와 무척 흡사하다. 단어 사이의 관계를 제외하면 문장 자체는 어떤 구조나 존재성도 갖지 않는 것처럼, 공간도 우주에 있는 것들 사이에 성립하는 관계를 제외하면 아무런 존재성이 없다. 단어 몇 개를 제거하거나 순서를 바꾸는 방법으로 문장을 변화시키면 문장의 문법 구조가 변화한다. 마찬가지로 우주의 기하학도 그 안에 있는 것들의 관계가 바뀜에 따라 변화한다.

지금 이해했듯이 아무것도 없는 우주에 대해 이야기하는 것은 완전히 터무니없는 일이다. 그것은 단어가 없는 문장만큼이나 터무니없다. 또한 오로지 한 물체만 있는 우주를 이야기하는 것도 터무니없는 일이다. 왜냐하면 한 물체만 있다면 정의할 관계도 없을 것이기 때문이다. (하나의 단어로만 이루어진 문장은 존재하기 때문에 문장과의 유사성은 더 이상 성립하지 않는다. 그러나 그런 문장들의 의미도 대개 문맥에서 생기는 것이다.)

공간을 어떤 관계들과도 무관하게 존재하는 것으로 보는 것을 절대적 관점이라고 한다. 그것은 뉴턴의 관점이었는데, 아인슈타인의 일반 상대성 이론을 입증한 실험으로 완전히 부정되었다. 이것은 급진적인 생각을 함축하는데, 여기에 익숙해지려면 깊은 성찰이 필요하다. 아직도 공간과 시간이 절대적 의미를 갖는다고 잘못 알고 있는 훌륭한 직업 물리학자들이 꽤 있다.

물론 공간의 기하학적 성질은 이동하는 것의 영향을 받지 않는 것처럼 보인다. 즉 내가 방의 한쪽에서 다른 쪽으로 걸어갈 때, 방의 기하학적 성질은 변하지 않는 것처럼 보인다. 내가 방을 가로

질러 간 후에도, 내가 움직이기 전과 마찬가지로 방의 공간은 여전히 우리가 학교에서 배운 그대로 유클리드 기하학 법칙들을 만족시키는 것처럼 보인다. 유클리드 기하학이 우리가 우리 주위에서 보는 것을 근사적으로 기술하지 못했다면, 뉴턴에게는 기회가 없었을 것이다. 하지만 우주가 유클리드 기하학을 따른다는 이 분명해 보이는 사실도, 지구가 얼핏 보기에 평평하게 보이는 것과 마찬가지로 착각에 불과한 것이다. 지구가 평평해 보이는 것은 우리가 수평선을 볼 수 없을 때뿐이다. 비행기에서 보거나 수평선을 넓게 볼 수 있는 경우에는 이것이 잘못된 것임을 쉽게 알 수 있다. 마찬가지로 당신이 있는 방의 기하학이 유클리드 기하학을 따르는 것처럼 보이는 것은 오로지 그 규칙에 어긋나는 정도가 매우 적기 때문이다. 그러나 만약 당신이 매우 정확하게 측정할 수만 있다면 방 안에 있는 삼각형의 내각의 합이 정확히 180도가 아님을 알게 될 것이다. 게다가 그 합은 실제로 그 삼각형과 방 안의 물건들의 관계에 의해 결정된다. 만약 충분히 정확하게 측정할 수만 있다면 당신이 방 한쪽에서 다른 쪽으로 움직일 때 방 안에 있는 모든 삼각형의 기하학적 성질이 변한다는 것을 알게 될 것이다.

    모든 과학은 인류에게 우리가 누구며 여기서 무엇을 하고 있는지 알려 주는 교훈을 갖고 있는 것 같다. 생물학의 교훈은, 뛰어난 학자이자 저술가인 리처드 도킨스(Richard Dawkins)와 린 마굴리스(Lynn Margulis) 같은 이들이 설득력 있게 가르쳐 준 바와 같이, 자연선택이다. 나는 상대성 이론과 양자 이론이 주는 교훈은 우주가 진화하는 관계들의 네트워크임을 알려 주는 것이라고 생각한다. 내가 상대성 이론의 도킨스나 마굴리스가 될 만큼 뛰어난 문장가는 아니지만, 이 책을 읽은 후 여러분이, 공간과 시간에 관한 관계론적 묘사가 우리가 누구고 이 진화하는 관계의 우주에 어떻게 존재하게 되었는지를 설명하는 데 있어 자연선택 개념만큼이나 혁명적인 함의를 갖는다는 사실을 이해하게 되기 바란다.

찰스 다윈의 이론은 우리의 존재가 필연적인 것이 아니었음을, 우주에 우리를 필연적으로 존재하게 할 만한 불멸의 이치는 없음을 말해 준다. 우리는 우리가 어느 정도 통제할 수 있는 삶과 사회의 소규모 양상들보다 훨씬 더 복잡하고 예측 불가능한 과정의 결과다. 우주가 근본적으로 진화하는 관계들의 네트워크라는 교훈은, 이것이 모든 것에 대해 어느 정도까지는 사실이라는 것을 말해 준다. 존재할 수 있는 것과 존재할 수 없는 것을 규정하는, 우주에 대해 고정되고 영원히 변치 않는 틀은 없다. 우리가 보는 것들

외에는 우주 너머에 아무것도 없으며, 우주의 특정한 역사 외에는 아무 배경도 없는 것이다.

공간에 대한 이런 관계론적인 관점은 오래전부터 알려져 왔다. 18세기 초 철학자 고트프리트 빌헬름 라이프니츠(Gottfried Wilhelm Leibniz)는 뉴턴의 물리학이 논리적으로 불완전한 절대 공간과 절대 시간에 기초하기 때문에 결정적으로 잘못되었다고 강력하게 주장했다. 19세기 말 빈에서 연구하던 에른스트 마흐(Ernst Mach) 같은 다른 철학자들과 과학자들이 라이프니츠의 의견을 옹호했다. 아인슈타인의 일반 상대성 이론은 바로 이런 견해를 계승한 것이다.

그런데 혼동되는 측면이 하나 있다. 그것은 아인슈타인의 일반 상대성 이론이 물질을 전혀 포함하지 않은 우주를 모순 없이 기술할 수 있다는 점이다. 관계론적 관점은 물질이 없으면 물질 사이의 관계로 공간을 정의할 수 없다고 여긴다. 따라서 공간은 존재하지만 물질은 없을 수 있음을 인정하는 일반 상대성 이론은 관계론적이지 않다고 생각할 수도 있을 것이다. 그러나 이것은 잘못된 생각이다. 즉 공간을 정의하는 관계들은 물질을 이루는 입자들 사이에만 존재하는 것이라는 사고가 잘못된 것이다. 우리는 이미 19세

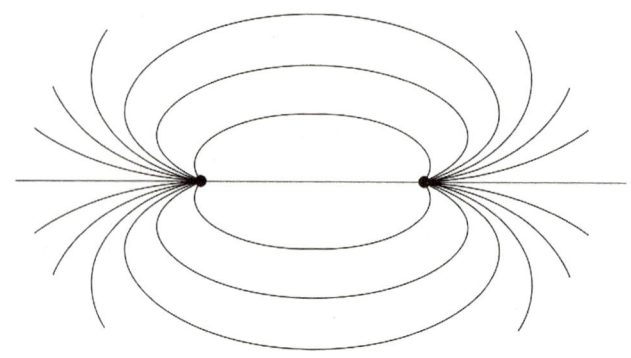

그림 1
양과 음의 전하를 띤 입자 사이의 전기장 곡선들.

기 중반부터 우주가 단지 입자들로만 이루어지지 않았음을 알고 있었다. 우주가 입자로만 이루어졌다는 관점과 반대의 관점이 20세기 물리학의 기본 틀을 결정했다. 반대의 관점이란 우주가 '장(場)'으로 이루어져 있다는 것이다.

장이란 공간 전체에 걸쳐 연속적으로 변화하는 양들로, 이를테면 전기장과 자기장 같은 것이다. 전기장은 보통 그림 1에서처럼 장을 발생시키는 물체를 둘러싼 힘 곡선의 네트워크로 구상화된다. 장의 중요한 성질은 힘의 곡선이 모든 점을 지나간다는 것이다. (그림을 그릴 때는 등고선과 마찬가지로 특정한 간격의 선들만 그린다.) 만약 장 내부의 어떤 점에 전하를 띤 입자를 놓으려고 하면, 그 점을 지나가는 장의 선을 따라 밀쳐지는 힘을 받게 될 것이다.

일반 상대성 이론은 장의 이론이며, 이 이론과 연관된 장을 중력장이라고 부른다. 중력장은 전기장보다 더 복잡하며, 한층 더 복잡한 장 곡선의 집합으로 시각화된다. 그것은 그림 2와 같이 세 종류의 선들을 필요로 한다. 그 선들이 각 종류별로 빨강, 파랑, 초록과 같이 다른 색을 띤 것처럼 생각해도 무관하다. 세 종류의 장

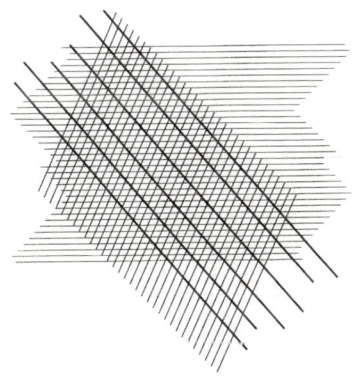

그림 2
중력장은 전기장과 유사하지만 그것을 기술하기 위해서는 세 종류의 장이 필요하다.

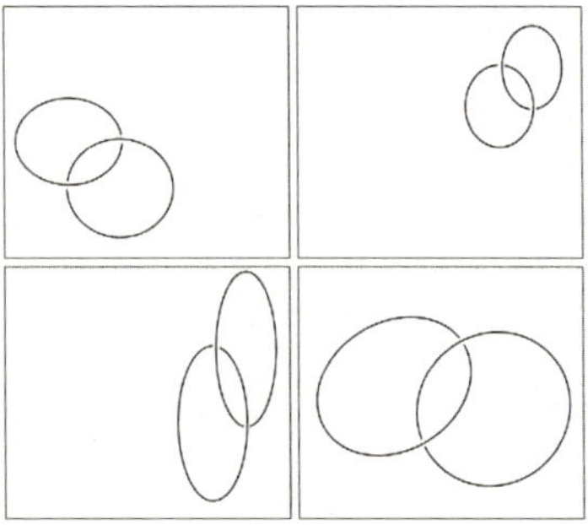

그림 3
관계론적인 이론에서는 장의 곡선 사이의 관계가 중요하다. 그림의 네 가지 배열은 모두 두 곡선이 같은 방식으로 연결되어 있으므로 서로 동등하다.

곡선들이 있기 때문에, 중력장은 세 종류의 선들이 서로 연결된 방식에 의해 결정되는 관계 네트워크를 정의한다. 이 관계들은, 예를 들면 세 종류의 선들 중 하나가 다른 종류의 선 주위에서 몇 번이나 매듭을 짓는가로 기술된다.

사실 이 관계들이 중력장의 전부다. 같은 방식으로 연결되고 매듭지어진 두 종류의 장 곡선은 같은 관계를 정의하며, 또한 정확하게 같은 물리학적 상태를 정의한다 그림 3. 이것이 우리가 일반 상대성 이론을 '관계의 이론'이라고 부르는 이유다. 공간의 점들은 그 자체로는 존재하지 않는다. 점이 가질 수 있는 유일한 의미는 세 종류의 장 곡선들로 이루어진 특정 형태의 관계 네트워크의 이름이라는 것이다.

이것이 일반 상대성 이론과 전자기학 같은 다른 이론들 사이의 중요한 차이점들 중 하나다. 전기장 이론에서는 점들이 의미를 가진다고 가정한다. 주어진 지점에서 장의 곡선이 어느 방향으로 지나가는지를 묻는 것이 의미가 있다. 결과적으로 그림 4에서와 같이, 원래 자리에 그대로 있는 전기장 곡선과 1미터 왼쪽으로 이동한 전기장 곡선은 물리적으로 다른 상황을 기술하는 것으로 간주한다. 일반 상대성 이론을 사용하는 물리학자들은 그 반대의 방식으로 연구해야 한다. 그들은 한 점을 유일하게 식별할 수 있는 장 곡선들의 어떤 양태에 이름을 붙이는 경우가 아니라면 한 점에 대해서 말할 수 없다. 일반 상대성 이론의 모든 논의는 장 곡선들 사이의 관계에 대한 것들이다.

어떤 사람은 우리가 왜 장 곡선들의 네트워크를 고정시키고, 모든 것을 그것에 관해 정의하지 않는지 물어볼지도 모른다. 그 이유는 관계 네트워크가 시간의 흐름에 따라 변화하기 때문이다. 실제 우주와 무관한 이상화된 소수의 예들을 제외하면, 일반 상대성

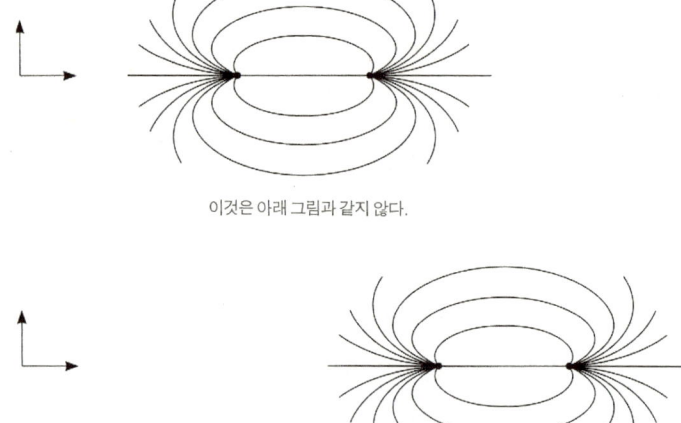

이것은 아래 그림과 같지 않다.

그림 4

비관계적 이론에서는 장 곡선들이 절대 공간의 어디에 있는지 또한 중요하다.

이론이 기술하는 모든 우주에서 장 곡선들의 네트워크는 끊임없이 변화한다.

공간에 대해서는 이 정도면 충분하다. 이제 시간에 대해 생각해 보자. 시간에서도 같은 원칙이 성립한다. 뉴턴의 이론에서는 시간이 절대적인 의미를 갖는 것으로 가정한다. 시간은 우주의 모든 곳에서 동일하게, 실제 일어나는 일들과는 아무 상관없이, 무한히 먼 과거에서부터 무한히 먼 미래로 흐른다. 변화는 시간의 단위로 측정되지만, 시간은 우주의 어떤 특정 변화 과정도 초월하는 의미를 가지고 존재하는 것으로 가정한다.

20세기에 우리는, 시간에 대한 이런 관점이 뉴턴의 절대 공간 개념만큼이나 부정확하다는 것을 알게 되었다. 우리는 이제 시간 또한 절대적 의미를 갖지 못한다는 것을 알고 있다. 변화 없이는 시간이란 존재하지 않는다. 변화하는 관계들의 네트워크 외부에 있는 시계라는 것은 존재하지 않는다. 따라서 어떤 것이 절대적인 의미에서 얼마나 빨리 변화하고 있는가와 같은 질문은 할 수 없다. 한 사건이 얼마나 빠르게 일어나는지는 다른 과정의 속도와 비교해야지만 알 수 있다. 시간은 공간을 기술하는 관계들의 네트워크의 변화를 통해서만 기술할 수 있다.

이것은 일반 상대성 이론에서는 아무 일도 일어나지 않는 우주에 대해 이야기하는 것이 의미 없는 일임을 뜻한다. 시간은 다만 변화의 분량일 뿐이며 다른 의미는 없다. 공간과 시간 어떤 것도 우주를 구성하는, 변화하는 관계들로 이루어진 계 외부에는 존재하지 않는다. 물리학자들은 일반 상대성 이론의 이런 특성을 '배경 독립성'이라고 한다. 이것은 언제나 고정되어 있는 배경이나 무대는 존재하지 않는다는 의미다. 반면에 뉴턴 역학이나 전자기학 같은 이론에서는 시간과 장소에 관한 모든 질문에 궁극적인 답을 줄 수 있는 고정되고 변하지 않는 배경이 존재한다고 가정하기 때문에 '배경 의존적'이다.

중력의 양자 이론을 세우는 데 그토록 오래 걸린 이유 한 가지는 이전의 모든 양자 이론이 배경 의존적이었기 때문이다. 배경 독립적인 양자 이론을 고안하는 것은 꽤나 어려운 일로 판명되었다. 그러나 공간과 시간이 단지 관계들의 네트워크일 뿐인 세계를 어떻게 양자 역학적으로 기술할 것인가 하는 문제는 20세기의 마지막 15년 동안에 해결되었다. 그 결과가 '고리 양자 중력 이론'이며 우리의 세 가지 길 가운데 하나다. 고리 양자 중력 이론이 우리에게 가르쳐 주는 것은 10장에서 서술할 것이다. 거기까지 가기 전에, 우리는 우주 바깥에는 아무것도 없다는 원칙의 다른 함의들을 탐구해야 한다.

2
미래에는 더 많은 것을 알게 될 것이다

우주 바깥에서는 존재할 수 없는 것들 중 하나는 바로 우리 자신이다. 이 것은 분명한 사실이지만, 그 결과들을 생각해 보도록 하자. 과학에서 우리는 연구하는 계에서 관측자를 배제해야 한다는 생각에 익숙해져 있다. 만약 그렇지 않으면 그는 그 계의 일부가 되어 완전히 객관적인 시각을 가질 수 없을 것이다. 또한 관측자의 행위와 선택이 계 자체에 영향을 미칠 가능성이 높고, 이것은 그의 존재가 계에 대한 이해를 흐리게 할 수도 있음을 의미한다.

이러한 이유로 우리는 될 수 있는 한 연구하는 계와 관측자 사이에 분명한 경계선을 긋기 위해 노력한다. 물리학과 천문학에서는 이렇게 하는 것이 가능하고, 이것이 이 학문들을 '더 딱딱하다.'고 말하는 이유 중 하나다. 물리학과 천문학에서는 관측자를 그 계에서 배제하는 것이 어렵지 않아 보인다. 따라서 사회 과학보다 더 객관적이고 더 신뢰할 수 있는 학문으로 여겨진다. '더 부드러운' 사회 과학에서 과학자는 그가 연구하는 사회의 구성원임을 회피할 수 없다. 물론 영향을 최소화하려고 노력할 수는 있다. 사회 과학 방법론의 대부분은 관측자를 계에서 더 철저하게 분리할수록 더 과학적이라는 믿음에 근거하고 있다.

이것은 해당 계가 진공 실험실이나 시험관처럼 격리할 수 있는 것일 때에는 아무 문제가 없다. 그러나 만약 우리가 이해하려는 계가 우주 전체라면 어떨까? 우리는 우주 안에 살고 있다. 따라서 우주론 학자들은 그들이 연구하는 계의 일부라는 사실이 문제가 될 것인지의 여부를 따져볼 필요가 있다. 이것은 실제로 문제가 된다고 밝혀졌으며, 이것이 중력의 양자 이론에서 가장 난해하고 혼돈스럽다고 말할 수 있는 측면의 원인이 된다.

실제로 일부 문제는 양자 이론과 관계가 없지만 20세기 초반의 가장 중요한 두 가지 발견이 합쳐지면서 생겼다. 첫 번째는 빛보다 더 빨리 여행하는 것은 없다는 것이다. 두 번째는 우주가 일정한 시간 전에 생겨난 것으로 보인다는 것이다. 현재의 추측은 이 시간을 약 140억 년 전으로 보지만 정확한 숫자는 중요하지 않다. 이 두 가지 발견은 모두 우리가 우주 전체를 볼 수는 없다는 것을 의미한다. 우리는 단지 약 140억 광년, 즉 빛이 그 시간 동안 여행해 도달할 수 있는 영역만큼만 볼 수 있다. 이것은 과학이 원칙적으로 우리가 제기할 수 있는 모든 질문에 답을 줄 수 없음을 의미한다. 예를 들면 우주에 고양이가 얼마나 많이 있는지, 혹은 심지어 얼마나 많은 은하계가 있는지조차 알아낼 방법이 없다. 왜 그러냐고? 우주 안에 있는 어떤 관측자도 우주 안에 존재하는 모든 것을 볼 수 없기 때문이다. 지구 위의 우리는 우리로부터 140억 년 또는 140억 광년 이상 떨어진 시공간에 있는 은하나 고양이로부터 빛을 절대로 받을 수 없다. 따라서 누군가 우주에는 지구의 고양이보다 정확히 212,400,000,043마리 더 많은 고양이가 있다고 주장한다고 해도, 우리는 어떤 방법으로도 그것이 참인지 거짓인지 확인할 수 없다.

그러나 우주는 그 지름이 140억 광년보다 훨씬 더 클 것으로 생각된다. 그 이유를 간단히 설명하기는 어렵다. 여기서는 단순히 우주가 끝이 있다거나 닫혀 있다는 어떠한 증거도 아직 찾지 못했다는 것만 언급하겠다. 우리가 관측할 수 있는 것이 존재하는 것의 극히 일부분에 불과하지 않다고 생각할 만한 징후는 없다. 그러나 극히 일부분이 아니라고 해도, 완벽한 망원경으로도 우리는 존재하는 모든 것의 일부분만 볼 수 있을 것이다.

아리스토텔레스 시대 이후로, 수학자들과 철학자들은 논리학을 연구해 왔다. 그 목표는 추론의 규칙들을 세우는 것이었다. 논리학에서는 모든 명제는 참 아니면 거짓이라고 가정한다. 일단 이렇게 가정하면 참인 명제로부터 다른 참인 명제를 추론할 수 있다. 하지만 불행히도 이런 종류의 논리학은 우주 전체에 대해 추론할 때에는 사용할 수 없다. 우리가 볼 수 있는 우주의 영역 안에 있는 모든 고양이의 숫자를 세었더니 그 수가 1조 마리였다고 가정해 보자. 이것은 우리가 진위 여부를 판단할 수 있는 명제다. 그렇지만 "대폭발 이후 140억 년이 지났을 때 우주 전체에는 100조 마리의 고양이가 있다."라는 진술은 어떨까? 이것은 참 아니면 거짓이겠지만, 지구 위의 관측자인 우리는 그중 어느 쪽인지 판단을 내릴 방법이 전혀 없다. 우리로부터 140억 광년보다 멀리 떨어진 곳에는 고양이가 한 마리도 없을지도 모르고, 99조 마리가 있을 수도 있고, 심지어 무한히 많은 고양이가 있을 수도 있다. 이런 주장들을 이야기할 수는 있어도, 그것이 참인지 거짓인지는 결정할 수 없다. 어떤 관측자도 우주에 존재하는 전체 고양이 수의 진위 여부를 결정할 수 없다. 고양이가 지구에서 진화하는 데 단지 40억 년밖에 걸리지 않았으므로, 어떠한 관측자도, 고양이의 신비로운 눈에서 반사된 빛이 그에게 미처 닿을 수 없는 매우 멀리 떨어진 공간의 어떤 작은 영역에서 고양이가 진화했는지 아닌지 알 수 없는 것이다.

그러나 고전적인 논리학은 모든 명제가 참이거나 거짓이어야 한다고 주장한다. 따라서 고전적인 논리학은 우리가 사용할 수 있는 추론 방법이 아닌 것이다. 고전적인 논리학은 우주 바깥에 있는 누군가, 즉 우주 전체를 볼 수 있고 그 안의 고양이들을 모두 셀 수 있는 존재만이 사용할 수 있기 때문이다. 그러나 만약 우리가 우주 바깥에는 아무것도 존재하지 않는다는 우리의 원칙을 고집한다면, 그러한 존재는 있을 수 없다. 그렇다면 우주론을 연구하기 위해서는 다른 형태의 논리학이 필요하다. 즉 모든 명제를 참이나 거짓이라고 가정하지 않는 논리학이 필요하다. 이런 종류의 논리학에서는 관측자가 우주에 대해 세우는 명제가 적어도 세 그룹으로 나뉜다. 참이라고 판정할 수 있는 것, 거짓이라고 판정할 수 있는 것, 그리고 현재는 진위를 판정할 수 없는 것이다.

논리학의 고전적 관점에 따르면, 명제를 참 또는 거짓으로 판정할 수 있는가의 문제는 절대적인 것이다. 즉 그것은 오직 명제에만 의존하며 판단을 내리는 관측자와는 무관하다. 그러나 우리의 우주에서는 이것이 참이 아니라는 것을 쉽게 알 수 있으며, 그 이유는 우리가 방금 언급한 것과 긴밀한 관련이 있다. 관측자 각각은 우주의 일부에서 나오는 빛만 볼 수 있으며, 그들이 볼 수 있는 부분은 우주의 역사 속에서 그들이 차지하는 위치에 따라 달라진다. 우리는 스파이스 걸스(1990년 대에 영국에서 활약한 인기 여성 댄스 그룹―옮긴이)에 대한 명제의 참이나 거짓은 판단할 수 있다. 그렇지만 우리로부터 140억 년 이상 떨어진 곳에 있는 관측자는 그럴 수 없다. 그는 스파이스 걸스라는 존재에 대한 어떤 정보도 받지 못할 것이기 때문이다. 따라서 우리는 명제가 참인지 거짓인지를 판정할 수 있는 능력은 어느 정도 명제의 관측자와 주체 사이의 관계에 달려 있다고 결론지어야 한다.

더구나 현재로부터 10억 년 이후의 지구에 사는 관측자는 우리가 볼 수 있는 140억 광년이 아니라 150억 광년까지 볼 수 있기 때문에 우주의 더 많은 영역을 볼 것이다. 그들은 우리가 볼 수 있는 모든 것을 볼 뿐만 아니라, 그림 5에서처럼 훨씬 멀리, 더욱 많이 볼 수 있을 것이다. 그들은 아마도 훨씬 많은 고양이들을 볼 수 있을 것이다. 따라서 그들이 참인지 거짓인지 판정할 수 있는 명제

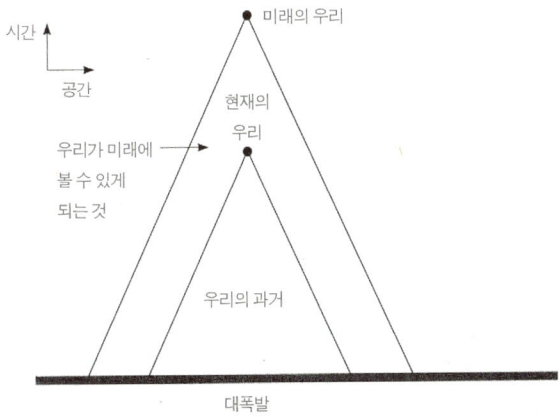

그림 5
미래의 관측자는 우리가 현재 보는 것보다 우주의 더 많은 부분을 볼 수 있게 될 것이다. 비스듬하게 그려진 줄들은 과거로부터 우리에게로 여행하는 광선의 경로를 나타낸다. 어떤 것도 빛보다 빨리 달릴 수 없으므로, 우리가 효과를 보거나 경험할 수 있는 모든 것은 두 사선으로 만들어지는 삼각형 내부에 있어야 한다. 미래에 우리는 더 먼 곳에서 오는 빛을 볼 수 있을 것이므로 더 멀리 볼 것이다.

의 목록은 우리가 판정할 수 있는 모든 것을 포함하면서 더 길 것이다. 혹은 우리와 마찬가지로 대폭발 이후 140억 년 이후에 살고 있지만 우리로부터 1000억 광년 떨어져 있는 관측자를 고려해 보자. 많은 우주론 학자들은 우주의 지름이 최소한 1000억 광년 이상이

라고 주장한다. 만약 그들이 옳다면 우리에게서 그만큼 떨어진 곳에 지성을 가진 관측자가 존재하지 않을 이유는 없다. 그러나 그들이 보는 우주의 일부분은 우리가 보는 우주의 일부분과 전혀 겹치지 않는다. 그들이 참인지 거짓인지를 판정할 수 있는 명제의 목록은 우리가 여기 지구에서 참인지 거짓인지 판정할 수 있는 명제의 목록과는 완전히 다르다. 따라서 만약 우주론에 적용할 수 있는 논리학이 있다면, 그것은 주어진 명제들을 참인지 거짓인지 판정하는 것이 관측자에 따라 달라지는 것이어야 한다. 모든 관측자가 모든 명제의 참과 거짓을 결정할 수 있다고 가정하는 고전적인 논리학과 달리, 이 논리학은 관측자 의존적이어야 한다.

물리학의 역사를 보면, 물리학자들이 새로운 수학이 필요하다고 느낄 때, 수학자들이 이미 그 수학을 만들어 놓았음을 발견하게 되는 경우가 종종 있다. 이것은 지난 세기 초 양자 이론과 상대성 이론이 만들어질 때도 그러했고 양자 중력 이론도 마찬가지였다. 20세기에 수학자들은 그들 자신의 필요에서 우리가 학교에서 배웠던 표준 논리학의 대안을 조사했다. 그중에는 우리가 지금까지 이야기한 모든 특성을 다 포함하기에 우리가 '우주론 연구자들을 위한 논리학'이라고 부를 수 있는 것이 있다. '우주론 연구자들을 위한 논리학'은 세계에 대한 추론은 그 세계 안에 있는 관측자에 의해 행해지는 것으로, 관측자 각각은 세계에 대해 제한되고 부분적인 정보만을 가지고 있으며, 세계에 대한 추론은 그들이 관측할 수 있는 그들 주위의 것으로부터 얻어진다는 사실을 인정한다. 그 결과는 명제들을 단순히 참 또는 거짓으로 분류할 수 없다는 것이다. 그것들에 "우리가 그것이 참인지 아닌지 지금은 말할 수 없지만 미래에는 말할 수 있을지도 모른다."라는 내용의 쪽지를 붙이는 것도 가능하다. 이런 우주론적인 논리학은 세계의 각 관측자가 다른 부분을 본다는 것을 인정하기 때문에 본질적으로 관측자 의존적이다.

수학자들은 그들이 고안한 것이 우주론 연구자들을 위한 논리학이었다는 것을 몰랐는지 다른 이름들을 붙였다. 처음에는 '직관주의적 논리학'이라는 이름으로 불리고는 했다. 최근에 더 많이 연구되고 있는 좀 더 정교한 변형판들은 공통적으로 '토포스 이론(topos theory)'으로 알려져 있다. 토포스 이론을 수학적으로 형식화하는 것은 쉽지 않다. 그것은 내가 지금까지 접해 본 것 중에서 가장 어려운 수학 분야라고 생각된다. 나는 그것에 대한 모든 것을 포티니 마르코폴루칼라마라(Fotini Markopoulou-Kalamara)로부터 배웠다. 그녀는 우주론이 비통상적인 논리학을 필요로 한다는 것을 발견했으며 토포스 이론이 거기에 적합하다는 것을 알아냈다. 그러나 그 기본 주제들은 우주론뿐만 아니라 세상에 있는 우리의 실제 상황을 기술하기 때문에 명료하다. 실제 세계에서 우리는 거의 언제나 불완전한 정보를 가지고 추론한다. 우리는 매일 우리가 알고 있는 것만 가지고는 참인지 거짓인지를 판정할 수 없는 명제들을 접하게 된다. 그리고 우리의 사회적·정치적 삶을 통해, 종종 분명하게, 다른 관측자들은 다른 정보를 가지고 있다는 것을 인식하고 있다. 또한 우리는 미래에 대한 명제들의 참과 거짓이 우리 선택의 영향을 받을 수 있음을 알고 있다.

이것은 수없이 많은 논쟁점에 매우 의미심장한 암시를 준다. 그것은 우리 결정의 합리성을 판단하기 위해서, 모든 것을 알고 있는 초자연적인 관측자의 존재를 가정할 필요가 없다는 것을 의미한다. 다시 말해 다른 관측자들이 각자 그들이 본 것을 정직하게 보고하기만 해도 충분하다. 이 규칙을 따른다면 우리와 다른 사람이 어떤 것이 참인지 거짓인지를 결정하는 데 충분한 정보를 가지고 있다면 둘 다 항상 같은 결정을 내린다는 것을 알 수 있다.

따라서 모든 것을 아는 존재의 궁극적인 판단이라는 기초 위에 윤리와 과학을 건설하려 했던 철학자들은 틀렸다. 우리는 모든 것을 아는 존재를 믿을 필요 없이 이성적으로 살 수 있다. 모든 관측자들이 그들이 본 바를 정직하게 알려 주어야 한다는 윤리적 원칙만 믿으면 된다. 우리가 이 관점을 고수한다면, 우리가 답변할 수 없는 질문이 있다고 해도, 우리가 공유하는 우주의 특성들을 이해하는 방법에 대해 합의를 도출할 수 있을 것이다.

그러므로 토포스, 혹은 우주론적 논리학은 인간 사회를 이해하기에 적절한 논리학이기도 하다. 경제학, 사회학 그리고 정치 과학에서도 아리스토텔레스의 논리학이 아니라 바로 토포스가 적절한 기초임에 틀림없다. 나는 토포스 이론을 이용해 그 분야의 기초를 닦으려는 사람이 누군지는 잘 모른다. 그러나 조지 소로스(Georg Soros)가 반사성 이론(theory of reflexivity, 주식 시장은 항상 불확실하며 시장 참가자들은 불완전한 정보만을 갖고 있기 때문에 상품의 내재 가치와 시장 가격에는 항상 불균형과 불균형을 극복하기 위한 대규모의 가격 등락이 발생한다는 투자 이론. 재귀성 이론이라고도 불린다.—옮긴이)이라고 부른 경제학 접근법은 분명 올바른 방향으로 가는 시작이라고 본다. 그러나 우주론과 사회 과학 모두 같은 방향을 가리킨다고 해도 놀라운 일은 아니다. 그것들은 모두, 모든 관측자들이 그들이 연구하는 계 안에 있다는 단순한 사실을 그 토대에 포함시키지 않으면 제대로 형식화될 수 없는 과학 분야이기 때문이다.

3
많은 관측자, 그리 많지 않은 우주

지금까지 나는 양자 이론에 대해 전혀 언급하지 않았다. 양자 이론을 고려하지 않더라도, 우리는 앞에서 우주론의 연구에 과학 방법론의 급진적인 개혁, 심지어 논리학의 근본에 대한 수정까지도 필요하다는 것을 알게 되었다. 관측자가 우주 내부에 존재한다는 사실을 고려한다면, 우주론은 우리가 사용하는 논리학의 근본적인 변화를 필요로 한다. 이것은 우리가 이론을 세울 때, 처음부터 어떤 형태로든 관측자 의존성이 고려되는 형식을 취하기를 요구한다. 우리는 각 관측자가 우주에 대해 단지 제한된 양의 정보만 가질 수 있으며, 다른 관측자는 다른 정보에 접근할 수 있음을 인정해야만 한다.

이 중요한 원칙을 기억하면서 양자 이론을 어떻게 우주론에 접목시킬 것인가 하는 문제로 돌아가야 한다. 독자들이 "잠깐!"이라고 불평하는 소리가 들리는 것만 같다. "양자 이론만 해도 충분히 혼란스러운데, 어떻게 양자 이론을 우주 전체에 적용하는 방법을 생각하란 말입니까? 이제는 그만두고 싶어요!" 이해할 만한 반응이다. 하지만 이 장에서 내가 설명할 것같이, 양자 이론을 우주 전체에 적용하는 방법을 생각하는 것은, 사실 양자 물리학 이해를 더 어렵게 만드는 것이 아니라 더 쉽게 만들어 준다. 우리가 앞의 두 장에서 보았던 원칙들은 양자 이론을 이해하게 해 주는 좋은 열쇠가 될 것이다.

양자 이론은 이론과 관측자의 관계에 대한 우리의 통상적 사고방식과 상충하기 때문에 우리를 어리둥절하게 한다. 양자 이론은 정말 당혹스러워서 보편적으로 수용된 물리적 해석이 없다. 양자 이론이 실재와 관측자의 관계에서 진정으로 의미하는 것이 무엇인가에 대해서는 여러 가지 다른 관점들이 있다. 아인슈타인, 보어, 하이젠베르크나 슈뢰딩거와 같은 양자 이론의 창시자들은 이러한 질문에 동일한 답을 주지 못했다. 현재의 상황도 더 나아지지는 않았다. 그것은 총명한 그들도 예상하지 못했던 더 많은 관점들을 우리가 가지고 있기 때문이다. 양자 이론이 무엇을 의미하는가 하는 문제에 대해서 아인슈타인과 보어가 처음 토론했던 1920년대와 비교해서, 서로 경합하는 해석들 사이에 더 많은 동의가 이루어진 것은 아니다.

양자 이론의 수학적 형식이 한 가지밖에 없다는 것은 사실이다. 따라서 물리학자들이 그 의미를 다 다르게 생각하고 있음에도 불구하고, 그 이론을 발전시키고 사용하는 데에는 아무 문제도 없다. 이상해 보일지도 모르지만 이런 일은 실제로 일어나고 있다. 나는 어느 날 저녁 식사 자리에서 팀원들이 양자 이론의 의미에 대해 철저하게 다른 입장을 가지고 있다는 것을 서로 알게 되기까지, 모든 것이 부드럽게 진행된 연구 프로젝트를 수행한 경험이 있다. 우리가 마음을 가라앉히고, 그 이론에 대해 생각하는 방식이 달라도 우리가 진행하던 계산에는 아무런 영향도 주지 않는다는 사실을 깨닫고 나서, 일은 다시 순조롭게 진행되었다.

그러나 이것은 수학에 의지할 수 없는 비전문가에게는 위안이 될 수 없다. 그들은 개념과 원리만 가지고 나아가기 때문에, 물리학자들이 각자 그들의 책에서 양자 이론의 기초를 매우 다르게 해석한 것을 본다면 매우 당황스러울 것임에 틀림없다.

곧 알게 되겠지만 양자 우주론은 양자 이론이 설명할 수 있는 영역을 제한하기 때문에, 방해한다기보다는 오히려 도움이 된다. 만약 우리가 처음 두 장에서 소개했던 원칙들을 고수한다면, 양자역학의 해석에 관한 접근 방법 중 몇 가지는 폐기되어야만 한다. 그렇지 않으면 우리는 양자 이론을 공간과 시간에 적용할 수 있다는 생각 자체를 포기할 수밖에 없다. 우주 바깥에는 아무것도 존재하지 않는다는 원칙과, 미래에는 우리가 더욱 많은 것을 보게 될 것이라는 원칙은 옛 사고방식들보다 더 간단하고 더 합리적으로 양자 이론을 바라볼 수 있는 새로운 길을 제시한다. 지난 몇년간 양자 이론을 우주론에 적용한 결과, 양자 이론의 의미라는 문제에 새롭게 접근할 수 있는 방법이 등장했다. 이것이 바로 내가 이 장에서 이야기하고 싶은 것이다.

양자 이론은 통상 원자와 분자에 대한 이론에 적용된다. 보어와 하이젠베르크가 처음 개발한 버전에서는, 세계를 두 부분으로 나눌 필요가 있었다. 양자 이론을 이용해서 기술하는 부분과, 관측자가 그 계를 연구하는 데 필요한 계측 기기들과 관측자가 살고 있는 부분이 그것이다. 세계를 이렇게 둘로 분리하는 것은 양자 역학의 구조상 필수 불가결한 것이다. 이 구조의 한가운데 '중첩 원리(superposition principle)'가 있으며 이것은 양자 이론의 기본 공리들 중 하나다.

중첩 원리는 추상적으로 보이는 용어들로 표현되기 때문에 이해하기 어렵다. 주의하지 않으면 그 의미가 증거들 이상으로 과도하게 해석되어 일종의 신비주의에 이르게 된다. 따라서 우리는 신중해야 하며, 이 중요한 원리가 의미하는 것을 이해하는 데 시간을 들여야 한다.

먼저 중첩 원리가 무엇인지 서술해 보겠다. 중첩 원리는 만약 양자계가 다른 성질을 가지는 A와 B라는 두 가지 상태 중 하나를 가질 수 있다면, 또한 그들이 조합된 상태, 즉 aA + bB(여기서 a와 b는 임의의 숫자다.)의 상태를 가질 수도 있다는 것이다. 그러한 각 조합을 '중첩'이라고 부르며 각각은 물리학적으로 다르다.

그렇지만 이것이 실제로 의미하는 것은 무엇인가? 문제를 분리해서 생각해 보자. 먼저 이해할 것은 물리학자들이 사용하는 '상태'라는 단어가 무엇을 의미하는가 하는 것이다. 이 하나의 단어에 양자 이론의 거의 모든 비밀이 숨겨져 있다. 물리계에서의 상태란 대략 어떤 특정 순간에서의 배치 또는 형태라고 할 수 있다. 예를 들어 방 안의 공기를 계라고 한다면, 그 상태는 모든 분자들의 속도, 운동 방향, 위치로 주어질 것이다. 만약 그 계가 주식 시장이라면 그 상태는 특정 순간 모든 주식의 주가의 목록이 된다. 말하자면 상태는 어느 순간에 계를 완전히 기술하는 데 필요한 모든 정보로 구성된다.

그러나 우리가 입자의 위치와 운동을 모두 정확하게 측정할 수는 없기 때문에, 이 상태 개념을 양자 이론에 적용하는 것은 문제가 있다. 하이젠베르크의 불확정성 원리는 우리가 입자의 위치 또는 운동의 방향과 속도 중 하나만을 정확히 측정할 수 있다고 주장한다. 당장은 이것이 도대체 왜 그런 것인지는 고민하지 말기 바란다. 그것이 양자 역학의 불가사의함의 일부며, 사실은 누구도 왜 그런지 알지 못한다. 우리는 단지 그것이 의미하는 결과를 살펴보기로 하자.

만약 우리가 입자의 위치와 운동을 모두 결정할 수 없다면, 앞에서 정의한 '상태'는 우리에게 쓸모가 없다. 위치와 운동이 모두 포함된 정확한 상태에 해당하는 것이 실재하는지는 알 수 없지만, 불확정성 원리에 따르면, 그것이 어떤 이상적인 의미로 존재한다고 해도 우리가 관찰할 수 있는 양은 아닐 것이다. 따라서 우리는 양자 이론을 바탕으로 상태 개념을 수정해야 한다. 상태는 불확정성 원리의 제한을 받으면서 계를 가능한 한 완전하게 묘사하는 것일 수밖에 없다. 우리가 위치와 운동 모두를 측정할 수는 없으므로, 계의 가능한 상태들은 그것의 정확한 위치나 정확한 운동 중 하나하고만 연관되어 있으며, 양쪽을 모두 포함할 수는 없다.

아마도 이것은 좀 추상적으로 보일 것이다. 정신적 저항 때문에 아마 생각하기 어려울 수도 있다. 믿기조차 힘든 불확정성 원리와 같은 원리의 논리적 귀결에 대해 계속 생각하는 것은 어려운 일이다. 나 자신도 그것을 완전히 믿는 것은 아니며, 이렇게 느끼는 물리학자가 나만은 아닐 것이다. 그러나 그것이 원자, 분자와 기본 입자에 관한 주요 관측 사항을 설명하는, 내가 아는 유일한 이론의 핵심이기 때문에 나는 그것을 계속해서 사용할 것이다.

따라서 만약 내가 불확정성 원리를 위배하지 않고 원자들에 대해서 말하고자 한다면, 나는 상태 개념을 내가 원래 원했던 정보의 일부만을 기술하는 것으로 생각해야 한다. 이것이 상태에 대해 생각할 때 겪는 첫 번째 어려움이다. 상태가 계에 대한 정보의 일부분만 포함하기 때문에, 우리가 계를 제대로 이해하기 위해서는 어떤 정보가 포함되고 어떤 정보는 포함되지 않는지, 그리고 그렇게 되는 이유는 무엇인지 알아야 한다. 즉 어떤 정보가 선택되는가에 대한 근본적 설명이 있어야 한다. 그러나 불확정성 원리는 상태가 가질 수 있는 정보의 양을 제한하기는 해도, 어떤 정보가 포함되고 어떤 것이 남는지에 대해서는 말해 주지 않는다.

이 정보 선택에 관해서는 몇 가지 설명이 가능하다. 그것은 그 계의 역사와 관계가 있을 수 있다. 그것은 그 계가 우주에 있는 다른 사물들과 어떻게 연결되어 있는가, 또는 어떤 연관성이 있는가와 관련되어 있을 수 있다. 또는 그것은 관측자인 우리가 취하는 어떤 선택과 관계가 있을 수 있다. 만약 우리가 다른 양들을 측정하기로 선택하는 것이나 어떤 상황에서 다른 질문을 던지는 것이 상태에 영향을 줄 수 있다. 이런 모든 경우에 계의 상태는 주어진 순간에서의 그 계의 성질만이 아니라, 외부의 어떤 요소를 수반하며, 그것의 과거 혹은 현재 환경과 관련이 있다.

우리는 이제 중첩 원리에 대해 말할 준비가 되었다. 어떤 계가 상태 A나 B를 가질 수 있을 때, 계가 $aA + bB$라는 어떤 조합 상태에 있을 수도 있다는 것은 도대체 무엇을 의미하는가?(여기에서 a와 b는 임의의 숫자이다.)

예를 드는 것이 가장 좋을 것이다. 쥐를 생각해 보자. 고양이의 관점에서 보면 세상에는 맛있거나 맛없는 두 종류의 쥐가 있다.

우리는 그 차이를 알기 어렵지만, 고양이는 그 차이를 분명히 알 수 있을 것이다. 문제는 그 차이를 알기 위해서는 맛을 봐야만 한다는 것이다. 평범한 고양이의 경험에 따르면 쥐는 맛있거나 맛없다. 그러나 양자 이론에 따르면 이것은 실제 우주가 존재하는 방식에 대한 매우 조악한 근사다. 현실에서의 쥐는, 뉴턴 물리학의 이상적인 상황과는 반대로, 단순히 맛있는 상태거나 맛없는 상태라고 할 수 없다. 그 대신 맛을 볼 때 이렇거나 저렇거나 할 어떤 확률, 예를 들어 80퍼센트의 맛있을 확률을 가지고 있을 것이다. 맛있는 상태와 맛없는 상태 사이에서 보류되어 있는 이 상태는, 양자 이론에 따르면 우리가 미치는 영향과는 상관없으며, 진실로 이것도 저것도 아닌 상황인 것이다. 그 상태는 양자 역학적으로 가능한 상태의 연속체 어디엔가 위치하고 있다. 그러한 상태는 어느 정도의 맛있을 경향과 맛없을 경향으로 설명된다. 다시 말하면 그것은 두 상태, 즉 순수하게 맛있는 상태와 순수하게 맛없는 상태의 중첩인 것이다. 이렇게 겹쳐진 상태는 수학적으로 전자의 일정 성분을 후자에 더하는 것으로 표현된다. 각 성분비는 깨물었을 때 그 불쌍한 쥐가 맛있는 것으로 판명될지 또는 반대일지의 확률과 관련이 있다.

어쩌면 정신 나간 소리로 들릴지도 모르겠다. 이것을 배운 지 30년이 되었지만 나는 아직도 이것을 설명할 때 일말의 불안감을 떨칠 수 없다. 분명 더 잘 설명할 수 있는 방법이 있을 것이다. 그러나 인정하기는 거북한 일이지만, 아직 아무도 이것을 더 알기 쉽고 세련되게 설명하는 방법을 찾아내지 못했다. (다른 방법들이 있지만, 그것들은 더 이해하기 쉬운 대신 세련되지 않거나, 세련된 대신 이해하기 어렵다.) 하지만 중첩 원리에 대해서는 이중 슬릿 실험과 아인슈타인-포돌스키-로젠 실험 등 많은 실험적 증거들이 있다. 흥미가 있는 독자는 많은 대중 과학 서적에서 이것들에 대한 논의를 찾을 수 있을 것이다. 이 책의 참고 문헌에도 몇 가지 추천 도서가 실려 있다.

양자 이론이 어려운 것은 우리의 체험이 그 이론의 설명과 다르다는 것이다. 우리의 모든 인식은 둘 중 하나, 즉 A 또는 B, 맛있거나 맛없거나다. 우리는 절대로, '$a \times$ 맛있다 $+ b \times$ 맛없다' 같은 결합을 인식하지 않는다. 그런데 양자 이론은 이것을 고려한다. 그것은 우리가 관찰하는 것이 일정 비율의 시간 동안에는 '맛있다'가 되고, 나머지 시간 동안에는 '맛없다'가 될 것이라고 말한다. 우리가 이 두 가능성을 관측하게 될 상대적 확률은 a^2과 b^2의 상대적 크기로 주어진다. 그러나 명심해야 할 가장 중요한 것은 계가

aA + bB 상태에 있다는 것은 계가 A일 확률 얼마와 B일 확률 얼마로 A 또는 B가 아니라는 것이다. 그것은 우리가 관측할 때 알게 되는 것이며, 실제 그런 것은 아니다. 우리가 그것을 아는 것은, aA + bB라는 중첩 상태가, 맛있는 상태 또는 맛없는 상태가 그 자체로는 갖지 않는 성질을 가질 수 있기 때문이다.

여기에는 역설이 있다. 만약 내 고양이를 양자 이론의 언어로 기술한다면, 고양이는 쥐를 맛 본 후에 맛있음 혹은 맛없음을 경험하게 될 것이다. 그러나 양자 역학에 따르면 그것은 행복한 상태 혹은 불행한 상태 등으로 딱 나눠 떨어지지 않는다. 고양이는 쥐의 가능한 상태(맛)에 따라 이 두 상태의 중첩에 위치하게 될 것이다. 그것은 행복한 상태와, 맛없는 쥐를 먹게 되어 화가 난 상태의 중첩 상태에 보류되어 있을 것이다.

따라서 고양이가 느낀 특정 상태를 양자 이론의 관점에서는 중첩 상태로 보아야 한다. 이제 내가 그 고양이를 관찰하면 어떤 일이 벌어질 것인가? 고양이는 행복해서 가르랑거리거나 아니면 화가 나서 나를 할퀼 것이다. 그렇다면 나는 어떻게 될까? 나는 내가 이쪽 아니면 저쪽 중 하나를 경험하지 않으리라고는 상상도 할 수 없다. 나는 둘 중 하나가 아닌 어떤 것을 경험한다는 것이 어떤 뜻인지 상상하기조차 어렵다. 그러나 만약 나를 양자 이론으로 표현한다면, 나도 쥐나 고양이처럼, 두 가능한 상태가 중첩된 상태에 있게 될 것이다. 그것들 중 하나에서 쥐는 맛있었고, 고양이는 행복했으며, 나는 고양이가 기분이 좋아서 내는 가르랑거리는 소리를 들을 것이다. 다른 쪽에서는 쥐가 맛없었고, 고양이는 화가 났으며, 나는 고양이가 할퀸 상처를 치료해야 할 것이다.

다른 상태들이 연관되어 있다는 사실 때문에 이 이론은 모순이 없다. 내가 행복한 것은 고양이의 행복과 쥐가 맛있다는 것에 따른다. 만약 관측자가 나와 고양이 둘 다에 대해 질문한다면 우리의 답은 일치할 것이고, 그 관측자가 쥐의 맛을 본 후에 알게 되는 것과도 일치할 것이다. 그러나 우리 중 누구도 확정된 상태에 있지 않다. 양자 이론에 따르면, 우리는 모두 가능하고 서로 관련된 두 가지 상태가 중첩되어 있는 상태에 있다. 겉으로 보이는 역설의 근원은 내가 이것 아니면 저것만 경험할 수 있다는 것이다. 그러나 양자 이론적으로 볼 때 다른 관측자는 내가 실제로 겪는 일을 중첩 상태에 있는 경우로 설명할 것이다.

이 불가사의함을 해결하는 몇 가지 방법이 있다. 하나는 정신적 상태는 중첩될 수 없다는 생각이 완전히 잘못되었다고 보는 것이다. 실제로 만약 통상적인 양자 역학을 일종의 물리학적 계인 나에게 적용할 수 있다면 이것은 사실일 것이다. 그러나 만약 인간이 양자 이론적 중첩 상태로 있을 수 있다면, 지구 전체에 대해서도 그것은 사실일 수 있지 않을까? 태양계도, 은하도 마찬가지가 아닐까? 진실로 우주 전체가 양자적 중첩 상태로 존재하는 것이 물리학적으로 가능하지 않을까? 1960년대 이후로 전체 우주를 원자의 양자 상태를 다루는 것과 같은 방식으로 다루려는 노력들이 있었다. 우주를 이렇게 양자 상태로 설명할 때, 우리는 광자나 전자와 마찬가지로 우주도 양자 역학적 중첩 상태에 놓일 수 있다고 쉽사리 가정한다. 따라서 이 주제는 우리가 앞으로 다루게 될 양자 이론과 우주론을 결합하는 다른 방법과 구분하기 위해서 '통상적 양자 우주론'이라고 부를 것이다.

내 생각에는 통상적 양자 우주론은 성공하지 못했다. 이것은 너무 가혹한 평결로 들릴 수도 있다. 이 분야에서 활동하는, 내가 가장 존경하는 몇몇 사람들은 이에 동의하지 않는다. 여기에 대한 나의 관점은 사색뿐만 아니라 경험에 의해 형성되었다. 나는 우연히 우주론의 양자 역학적 이론을 정의하는 방정식의 첫 번째 실질적 해를 발견하는 데 참여하게 되었다. 이것은 휠러-드윗 방정식

(Wheeler-Dewitt equations) 또는 양자 구속 방정식(quantum constraints equations)이라고 불리는 것이다. 이 방정식들의 해는 전체 우주를 기술한다고 믿어지는 양자 상태를 정의한다.

처음에는 테드 제이콥슨(Ted Jacobson), 그리고 나중에는 카를로 로벨리(Carlo Rovelli)와 함께 일하며, 나는 1980년대 말에 이 방정식의 무한히 많은 수의 해를 발견했다. 이론 물리학의 방정식이 정확히 풀리는 경우는 매우 드물기 때문에 이것은 매우 놀라운 일이었다. 1986년 2월의 어느 날, 당시 샌타바버라 소속이던 테드와 나는, 그때까지 아미타바 센(Amitaba Sen)과 아브하이 아슈테카르(Abhay Ashtekar)라는 두 친구가 얻은 아름다운 결과 덕분에 우리가 단순화시킬 수 있었던 양자 우주론 방정식의 근사적인 해를 구하기로 마음먹었다. 우리는 갑자기 칠판에 적어 놓은 두 번째나 세 번째의 추측으로 그 방정식들을 정확히 풀 수 있다는 것을 깨달았다. 우리는 우리 결과의 오차가 얼마나 되는지 볼 수 있는 항을 하나 계산했는데, 오차 항은 없었다. 처음에는 우리가 어디선가 실수했을 거라고 생각했다. 그러나 우리는 돌연 우리가 칠판에 적어 놓은 식이 꼭 들어맞는 것임을 알게 되었다. 그것은 바로 완전한 양자 중력 방정식의 정확한 해였던 것이다. 나는 지금도 그 칠판과, 그날의 화창한 날씨와, 테드가 티셔츠를 입고 있었던 것을 생생하게 기억한다. (하긴 샌타바버라는 항상 날씨가 화창하고 테드는 항상 티셔츠 차림이었다.) 이 몇 분간은 바로, 우리가 발견한 것이 진정 무엇이었는지를 이해하기까지의 10년, 때로는 유쾌하기도 했고 때로는 분통 터지기도 했던 10년에 걸친 여행의 첫 걸음이었다.

우리가 씨름하던 주제 중 하나는 양자 우주론의 관측자가 우주 내부에 있다는 사실이 무엇을 의미하냐는 것이었다. 그런데 문제는 양자 이론의 통상적 해석이 모두 관측자가 계의 외부에 있다고 가정한다는 것이었다. 이 가정은 우주론에는 적용될 수 없다. 이것은 우리의 원칙이며, 앞에서 강조했듯이 이것이 가장 중요한 핵심이다. 만약 이것을 고려하지 않는다면 우리가 무엇을 하든지 그것은 진정한 우주론과는 관련될 수 없다.

프랜시스 에버렛(Francis Everett)과 찰스 미즈너(Charles Misner) 같은 선구자들이 전체 우주의 양자 이론을 이해하기 위한 몇 가지 다른 제안들을 내놓았다. 우리는 분명히 그것들을 알고 있었다. 수년간 젊은 이론 물리학자들은 양자 우주론에 대한 다른 제안들이 가진 장점과 불합리성에 대해 토론하기를 즐겼다. 과학의 근본 문제와 씨름하는 것이므로 처음에는 이것이 굉장히 멋지게 느껴진다. 나는 나이 많은 연구자들을 보면서 그들이 왜 이런 문제를 고민하는 데 시간을 쏟지 않는지 의아하게 생각하고는 했다. 그러나 얼마 후 나는 깨달았다. 대여섯 가지 가능한 위치를 수십 번 반복해서 돌고 나면 그 게임이 매우 따분해진다는 것을. 무언가 빠진 것이 분명했다.

따라서 우리는 이 문제에 도전했다는 것을 즐거워할 수만은 없었다. 나는 근본 문제를 고민하는 것보다는 방정식을 푸는 것을 선택했다. 이것은 진실로 진정한 발전을 위해서 신중하게 택한 전략이었다. 나는 대학 시절의 많은 날들을, 내 방의 구석을 노려보며 양자 세계의 진실은 무엇일까를 고민하며 보냈다. 그때는 그걸로도 괜찮았지만, 이제는 무언가 더 긍정적인 일을 하고 싶었다. 그러나 이번에는 달랐다. 왜냐하면 우리는 갑자기 진정한 양자 중력 방정식에 대해 무한히 많은 수의 완전히 새로운 해를 찾았기 때문이었다. 매우 간단한 것도 몇 개 있었지만, 대부분은 사람이 상상할 수 있는 가장 복잡한 매듭마냥 아주 복잡했다. (실제로 이 해들은 매듭짓기와 관련되어 있다. 하지만 이것은 나중에 다루게 될 것이다.)

어느 누구도 극단적인 근사가 아니고서는 이 방정식들의 의미를 심사숙고할 수도 없었고 그럴 필요도 없었다. 일단 우주를 근사적으로 단순화시키면 우주의 복잡성과 경이로움은 우주의 크기 또는 팽창 속도 같은 한두 개의 변수로 기술된다. 우주의 역사를 요요처럼 간단한 게임으로 단순화하고 나면, 자신의 위치를 잊어버리고 우주 바깥에 있는 것처럼 착각하기 쉽다. 사실 실제 요요의 물리학은 우리가 다루기에는 아주 복잡한 것이기 때문에 이것은 요요를 생각하는 것보다도 쉽다. 우리가 낙관적으로 '양자 우주론'이라고 부르는 것을 모형화하는 방정식들은 올라가고 내려올 수만 있고 전후좌우로는 움직일 수 없는, 정말 단순한 요요를 기술하는 것과 비슷하다.

필요한 것은 관측자를 양자계에 포함시키는 양자 상태의 해석 방법이다. 알려진 아이디어 중 하나는 매우 큰 영향을 미치게 된 휴 에버렛(Hugh Everett)의 1957년 박사 학위 논문에서 제시한 것이다. 그는 상대 상태 해석(relative state interpretation)이라는 방법을 개발했는데 이것으로 매우 흥미로운 일을 할 수 있다. 만약 당신이, 당신이 묻고자 하는 질문이 무엇인가 정확히 알고 있다면, 계측 기기가 양자계의 일부라고 해도 다른 답들이 갖는 확률을 연역할 수 있다. 이것은 분명히 한 단계 진전한 것이지만, 여전히 이론에서 관측이 갖는 특별한 역할은 완전히 제거하지 못했다. 특히 이것은 이론적 관점에서 수학적으로 동등한 질문들에 동등하게 적용될 수 있다. 그리고 이러한 질문은 무한히 많다.

위치와 운동을 명확하게 규정할 수 있는 것처럼 보이는 큰 물체들을 다룰 때, 이론은 우리가 행하는 관측들이 특별하다고 말하지 않는다. 우리가 경험하는 세계와, 우리 세상에 있는 것들의 복잡한 중첩으로 이루어진 무한히 많은 수의 다른 세계를 분리할 수 있는 것은 아무것도 없다.

우리는 물리학적 이론은 무한히 많은 다른 세계를 기술할 수 있어야 한다는 생각에 익숙해져 있다. 물리학 이론의 응용 가능성이 무한하다고 여기는 것이다. 뉴턴의 물리학은 입자들이 움직이고 상호 작용하는 법칙을 제공하지만, 그 입자들의 형상을 말해 주지는 않는다. 우주를 구성하는 입자들의 초기 배열과 그것들의 초기 움직임이 주어지면, 뉴턴의 법칙을 이용해 미래를 예측할 수 있다. 따라서 뉴턴의 물리학은 입자들로 구성되어 있고 그것들이 뉴턴 법칙에 따라 운동하는 모든 가능한 우주에 적용될 수 있다. 뉴턴의 이론은 출발점(입자들의 초기 배열과 초기 위치)이 다른 무한히 많은 우주들을 기술한다. 그러나 뉴턴 이론의 각 해는 결국 한 가지 우주를 기술한 것이다. 이것은 통상적 양자 우주론의 접근 방법이 주는 방정식에서 얻을 수 있는 것과는 매우 다르다. 양자 우주론에서 각 해는 그 안에 무한히 많은 수의 우주에 대한 묘사를 포함하는 것으로 보인다. 이 우주들은 그 이론이 질문들에 주는 답들뿐만 아니라, 질문들 자체부터가 서로 다르다.

따라서 에버렛의 상대적 상태 이론에는 우리가 관측하는 것이 어떤 질문에는 답이 되고 무한히 많은 수의 다른 질문에는 답이 되지 않는 이유를 설명하는 보충 이론이 있어야 한다. 몇몇 사람들이 이것을 해결하려고 했고, '비통일성(decoherence)'이라고 부르는 개념을 사용해 어느 정도 진전이 이루어졌다. 우리는 일련의 질문들에 대하여, 그중 한 질문에 대한 명확한 답이 다른 질문에는 명확한 답이 되지 못할 때 이것을 비통일성을 가진다고 말한다. 몇몇 이들은 이 개념을 '정합적 역사의 형식화(consistent histories formulation)'라고 부르는 양자 우주론에 도입했다. 이 접근 방식은 우선 우주의 역사에 대해 일련의 질문들을 쭉 적도록 한다. 그 질문들이 서로 모순되지 않는다면, 즉 한 질문에 대한 답이 다른 질문 자체를 불가능하게 하지 않는다면, 이 접근 방법은 다른 가능한 답의 확률을 계산하는 방법을 알려 준다. 이것은 분명 진전이지만 많은 것을 얻을 수는 없었다. 우리가 경험하는 우주는 비통일적이지만, 페이 도우커(Fay Dowker)와 에이드리언 켄트(Adrian Kent)라는 두 영국인 물리학자가 설득력 있게 제시한 대로, 무한히 많은 다른 우주도 마찬가지다.

    나의 학계 인생에서 가장 극적인 순간은 이 연구가 1995년 여름, 영국 더럼(Durham)에서 열린 양자 중력 학회에서 발표되었을 때였다. 페이 도우커가 정합적 역사의 형식화에 대한 발표를 시작했는데, 당시 그 접근 방법은 양자 우주론의 문제를 해결하는 최선의 희망으로 널리 인식되고 있었다. 그녀는 양자 우주론에 대한 정합적 역사 접근 방법을 개척한 제임스 하틀(James Hartle)의 박사 후 연구원이었다. 그녀가 개론적 설명을 하는 동안에는 우리가 무엇을 듣게 될지에 대해서 별다른 암시를 하지 않았다. 능란한 발표 솜씨로 그녀는 그 이론을 세우는 방법을 설명했으며, 가장 혼동하기 쉬운 측면들을 명확히 설명했다. 그 이론은 어느 때보다 더 훌륭해 보였다. 다음에 그녀는 그 해석이 우리가 생각한 것과 같은 답을 주지 않는다는 사실을 보여 주는 두 정리를 증명하는 것으로 나아갔다. 입자가 특정 위치를 점하는 우리가 보는 '고전적' 우주가 이론의 해로 기술되는 서로 정합적 우주 중 하나일 수도 있지만, 도우커와 켄트의 결과는 무한히 많은 수의 다른 우주도 역시 존재해야만 한다는 것을 보여 주고 있었다. 더구나 현시점까지는 고전적이지만 5분만 지나면 우리의 우주와 전혀 다른 것이 될 무한히 많은 수의 모순 없는 우주가 존재했다. 더욱 혼란스러운 것은, 과거의 임의의 시점에서는 고전적인 우주의 제멋대로 혼합된 중첩 상태였지만 현재는 고전적인 우주도 존재한다는 것이다. 도우커는 만약 정합적 역사의 해석 방법이 옳다면, 그것은, 예를 들어, 화석의 존재로부터 1억 년 전 지구에 공룡들이 돌아다녔다는 것을 추론할 수 없음을 의미한다고 결론내렸다.

그 발표장에 있었던 모든 사람을 대표해서 이야기할 수는 없지만, 내 주위에 앉아 있던 사람들은 분명 나만큼이나 큰 충격을 받았다. 나중에 대화를 나누었을 때, 제임스 하틀은 정합적 역사 접근 방법에 대해 그와 머리 겔만(Murray Gell-Mann)이 한 연구가 페이 도우커의 이야기와 상충되지 않는다고 주장했다. 그들은 그들의 제안이 실재하는 것에 급진적인 맥락 의존성을 부과함을 잘 알고 있었다. 먼저 질문을 완전하게 상술하지 않고서는, 어떤 대상의 존재 여부도, 어떤 진술의 참과 거짓에 대해서도 의미 있게 말하는 것이 불가능하다. 그것은 마치 질문들이 존재하는 것을 실재하게 만드는 것과 같다. 만약 1억 년 전 지구에 공룡들이 있었는가

하는 질문이 포함된 우주의 역사를 전제하지 않는다면, 공룡이라는 개념이나 어떤 큰 '고전적 사물'도 의미 있게 묘사할 수 없다.

나는 확인해 보았고 하틀이 옳다는 것을 알게 되었다. 그와 겔만이 말한 것은 여전히 유효했다. 돌이켜 보면 그리 놀라운 일이 아니지만, 흥미로운 일이 일어났던 것으로 생각된다. 이 문제를 연구하던 이들 중 많은 사람이, 겔만과 하틀이 말한 것을 그들이 실제로 제안했던 것보다 훨씬 덜 급진적이고 우리의 고전적이고 전통적인 직관으로 보아 더 편안한 어떤 것으로 오해하고 있었던 것이다. 겔만과 하틀에 따르면, 양자 역학적 언어로 표현되는 우주의 역사가 하나 있다. 그러나 이 하나의 우주는 서로 다르지만 동등하고 정합적인 역사들을 포함하고 있다. 그리고 이 역사들 각각은 올바른 질문들의 집합에서 유도해 낼 수 있다. 각 역사는 우리 같은 관측자가 동시에 경험할 수는 없다는 면에서 다른 것들과는 양립할 수 없다. 그러나 그 형식화에 따르면 각각은 모두 현실, 즉 실재이다.

독자도 짐작할 수 있겠지만, 이것을 어떻게 받아들인 것인가를 둘러싼 우호적이지만 큰 논쟁이 있었다. 어떤 이들은 이렇게 '실재' 개념을 무한히 확장하는 것은 받아들일 수 없다는 페이 도우커와 애드리언 켄트의 확신을 따랐다. 그들은, 양자 역학을 전체 우주에 적용하는 것이 잘못된 것이든지, 아니면 양자 역학이 불완전해서 어떤 질문이 실재에 해당되는가를 일러 주는 이론으로 보충되어야 한다고 생각했다. 다른 이들은 제임스 하틀과 머리 겔만을 따라 그 형식화의 결과인 극단적 맥락 연관성을 받아들였다. 크리스 아이샴이 말했듯이 문제는 '~이다'라는 단어가 무엇을 뜻하는가에 있었다.

이것이 큰 문제가 아니라고 해도 양자 우주론의 통상적 형식화에는 또 다른 난점이 있었다. 우리는 임의의 질문을 할 수 없는 것으로 판명되었다. 대신 이것은 어떤 방정식의 해가 되어야 한다는 것으로 제한된다. 그리고 비록 우리가 우주의 양자 상태를 결정하는 방정식을 풀기는 했지만, 그 이론에 대해서 물어볼 수 있는 질문들을 결정하는 것은 훨씬 더 어려운 것으로 드러났다. 우주를 작은 요요로 보는 장난감 모델들과는 달리, 사실적인 이론에서는 이것이 가능한 일로 생각되지 않는다. 우리가 그 상태에 대한 해를 찾은 것이 완전히 우연이었다는 사실을 생각하면, 적절한 방정식을 발견할 가능성에 대해 언급하지 말아야 할 것이다. 그럼에도 불구하고 우리는 노력했고 결국 이것은 움직일 수 있는 바위가 아니라는 결론에 도달했다. 따라서 통상적 양자 우주론은 해답을 줄 수는 있어도 질문들을 세울 수는 없는 이론인 것으로 생각된다.

물론 앞 장의 관점에서 보면 이것은 놀라운 일이 아니다. 우리는 앞에서 우주론의 이론을 세우기 위해서는, 각각 다른 관측자는 우주에 대해 부분적으로 상이한 불완전한 시야를 가진다는 사실을 인정해야만 한다는 것을 보았다. 이것을 출발점으로 하면, 전체 우주를 실험실의 양자계처럼 일반 양자 이론이 응용될 수 있는 어떤 것으로 다루는 것은 말이 되지 않는다. 양자 상태들이 어떤 관측자가 보는 영역에 명확하게 관련되어 있는, 다른 종류의 양자 이론이 가능할까? 그런 이론은 통상적 양자 이론과 다를 것이다. 그것은 양자 이론을 우주 안에 있는 관측자의 위치에 더 분명하게 의존하도록 한다는 의미에서, 그 이론을 '상대화'시킬 것이다. 그것은 많은, 심지어 무한히 많은 양자 우주를 기술할 것이며, 각각의 양자 우주는 우주의 역사 속에서 특정 관측자가 특정 위치와 시간에서 볼 수 있는 우주의 부분에 해당할 것이다.

지난 수년간 이러한 특성을 가진 새로운 양자 우주론이 몇 가지 제안되었다. 그중 하나는 일치하는 역사 접근 방법에서 생겨났다. 그것은 크리스 아이샴과 그의 공동 연구자인 제러미 버터필드

(Jeremy Butterfield)에 의한 일종의 재형식화로서, 맥락 의존성을 이론의 수학적 형식화의 중요한 특징으로 택했다. 그들은 이것을 토포스 이론을 사용해서 할 수 있다는 것을 발견했는데, 거기서는 맥락의 선택에 따라 달라지는 서로 관련된 양자 역학적 묘사를 하나의 수학적 형식으로 기술할 수 있다. 그들의 연구 결과는 아름답지만, 헤겔이나 하이데거 같은 철학자를 이해하기 어려운 것과 비슷하게 이해하기 어렵다. 실재라는 개념이 정말로 말하는 이가 처해 있는 맥락에 따라 달라진다고 믿는다면, 우주를 기술하는 올바른 언어를 찾아내는 것은 쉬운 일이 아니다.

양자 중력 분야에 있는 많은 이들에게, 크리스 아이샴은 일종의 '이론가 중의 이론가'에 해당한다. 대다수의 이론 물리학자들은 사례들을 통해 생각하고, 그들이 알게 된 것을 최대한 널리 일반화하기 위해 노력한다. 크리스 아이샴은 그 반대 방향으로 일해서 좋은 성과를 낼 수 있는 몇 안 되는 사람들 중 하나인 것 같다. 그는 몇 번이나 중요한 개념을 매우 일반적인 형태로 도입하고 그 교훈을 특정 사례에 적용하는 것을 다른 이들의 몫으로 남겨 두었다. 그중 하나가 고리 양자 중력 이론이다. 카를로 로벨리가 매우 개략적이었던 아이샴의 아이디어로부터 매우 구체적인 형태로 성과를 낼 수 있는 방법을 알아낸 것이다. 이것과 비슷한 일이 지금 일어나고 있다. 사람들이 양자 우주론의 맥락 의존성에 대하여 생각한 지 10년 정도 되었다. 우리는 크리스 아이샴 덕분에 맥락 의존성을 연구하는 데 어떤 종류의 수학이 필요한지 알게 되었다.

아이샴과 그의 공동 연구자들에 앞서 루이스 크레인, 카를로 로벨리와 나는 그들과는 조금 다른 아이디어를 가지고 관계적 양자 이론(relational quantum theory)을 개발했다. 앞에서 생각했던 고양이 예로 돌아가 보자. 우리의 기본적인 아이디어는 모든 등장인물들이, 그들이 기술하는 우주의 일부와 양립할 수 있는 맥락을 가지고 있다는 것이다. 어떤 양자적 묘사가 옳은 것인지, 쥐의 것인지, 고양이의 것인지, 나의 것인지, 나의 친구의 것인지 묻는 대신에, 우리는 그것 모두를 받아들여야 한다. 이 아이디어에 따르면 무수히 많은 관측자마다 다 다른 양자 이론을 가지고 있다. 그러나 그것들은 두 관측자가 같은 질문을 할 수 있을 때 같은 답을 내놓아야 하므로 모두 서로 연결되어 있다. 크리스 아이샴과 그의 공동 연구자들이 개발한 토포스 이론의 수학은 일어날 수 있는 모든 경우에 대해 우리의 아이디어를 이론으로 정립하는 방법을 알려 주었다.

세 번째 맥락 의존적 이론은 포티니 마르코풀루칼라마라에 의해 형식화되었다. 그녀는 자신이 제안한 우주론적 논리학을 양자 이론으로 확장함으로써 그것을 해 냈다. 그녀의 연구 결과에 따르면 맥락은 주어진 바로 그 순간 어떤 관측자의 과거에 해당한다는 것이다. 이것은 정보가 전달되는 방식과 가능한 맥락을 결정하는 광선의 기하학을 바탕으로 한 상대성 이론과 양자 이론의 아름다운 통합이었다.

이 이론들은 모두 같은 우주를 여러 가지 양자 이론적 기술로 다르게 묘사하는 것을 허용한다. 이 이론들은 각각 그 우주를 관측자를 포함하는 부분과 관측자가 묘사하려는 것을 포함하는 나머지 부분으로 분할하는 방법에 따라서 결정된다. 이러한 각각의 분할은 우주의 일부분에 대한 한 가지 양자 이론적 기술, 즉 특정 관측자가 보는 것을 기술한다. 이 기술들은 모두 다르지만 그것들은 서로 모순이 없어야 한다. 이것이 각자의 관점에 의한 결과로 중첩의 역설을 해소한다. 양자 이론적 기술은 기술되고 있는 우주의 일부의 밖에 있는 관측자의 것이다. 어떠한 양자계도 중첩 상태에 있을 수 있다. 만약 누군가 나를 포함하는 계를 관찰한다면, 내가 중첩 상태에 있는 것을 볼 수 있다. 그러나 나는 스스로를 그렇게 기술할 수는 없다. 그것은 이런 종류의 이론에서는 어떤 관측자도 자기 자신을 기술할 수 없기 때문이다.

우리 중 많은 수는 이것이 올바른 방향으로의 진전임이 분명하다고 믿는다. 양자 우주론의 한 가지 해인 우주가 여럿 존재한다는 것이나 많은 실재가 있다는 것에 대한 형이상학적 진술을 이해하려고 애쓰는 대신에, 우리는 우주는 하나이지만 양자 우주론은 여러 개일 수 있는 이론을 고안해 나가고 있다. 그러나 그 우주는, 관측자마다 볼 수 있는 것도 다르고 그가 관측한 것을 기술하는 수학적 기술도 서로 다르다. 어떤 관측자도 전체 우주를 볼 수는 없기 때문에 각 관측자의 수학적 기술은 불완전하다. 각 관측자는, 예를 들어 그들이 기술하는 우주(우주의 일부)로부터 자기 자신을 제외시킨다. 그러나 두 관측자가 같은 질문을 할 때, 그들은 같은 답을 얻어야 한다. 그리고 내일 주위를 둘러볼 때 과거가 변하는 일은 없어야 한다. 만약 내가 1억 광년 떨어진 행성에서 공룡들이 돌아다니는 것을 오늘 보았다면, 내가 그 행성으로부터 오는 신호를 내년에 받을 때에도 여전히 그곳에는 공룡들이 돌아다니고 있어야 한다.

새로운 아이디어의 옹호자가 모두 그렇듯이, 우리는 우리의 의견을 결과뿐만 아니라 표어로 지지하려고 한다. 우리의 표어는 "미래에 우리는 더 많은 것을 알게 될 것이다." 그리고 "많은 우주를 보는 하나의 신비로운 외부 관측자가 아니라, 하나의 우주를 보는 많은 관측자들"이다.

4
우주는 사물이 아니라 과정들이다

누군가에게 당신이 새 애인에게 완전히 반한 이유를 설명하거나 그를 묘사하려 한다고 해 보자. 그러한 경우에 우리의 노력은 항상 불충분한 것처럼 느껴질 것이다. 어째서 불충분해 보이는 것일까? 당신의 직관은 그 사람에게 무엇인가 아주 중요한 것이 있다고 말해 주지만 그것을 말로 옮기기는 매우 어렵다. 당신은 그들의 직업이 무엇이고, 취미는 무엇이며, 그들이 어떻게 생겼는지, 그리고 어떻게 행동하는지를 묘사하지만, 어떤 이유인지 이것은 그들이 정말로 어떤 사람인지 알려 주지는 못하는 것처럼 보인다.

또는 문화와 국민성에 대한 논쟁을 시작했다고 해 보자(이것은 보통 영원히 결판나지 않는다.). 영국인들이 그리스 인들과는 다르다는 것은 분명하며, 그리스 인들은 영국인과 다르다는 점을 제외하면 이탈리아 인들과도 전혀 다르다. 한편 문화가 완전히 다르고 역사가 훨씬 오래된 중국인이 어떤 면에서는 미국인과 성품이 비슷하다는 것은 어떻게 된 일인가? 이 경우에도 차이와 공통점을 만드는 실재하는 무언가가 있는 것 같지만, 그것을 말로 표현하기는 어렵다.

이런 곤경을 해결할 간단한 방법이 있다. 이야기(story, 여기에서 이야기는 단순한 말이나 글이 아니라 일정한 줄거리를 가지고 있는 말과 글을 가리킨다. 내력, 역사 같은 어감을 갖고 있다고 보면 좋을 것 같다.—옮긴이)를 하면 되는 것이다. 만약 우리가 새 친구의 삶에 대해 이야기한다면, 즉 그들이 어디에서 어떻게 자랐는지, 그들의 부모는 누구고 그들을 어떻게 양육했는지, 어느 학교를 다녔는지, 과거에 어떤 인간 관계를 맺었는지 이야기한다면, 우리가 그들의 현재 모습을 묘사하는 것보다 더 많은 것을 전달할 수 있다. 문화에 대해서도 마찬가지다. 우리는 고대부터 근세까지의 역사를 이해하고 나서야, 인간이라는 존재가 각각 다른 지역에서 왜 조금씩 다르게 표현되는지에 대한 통찰력을 얻게 된다. 그 이유는 무엇일까? 어떤 사람이나 어떤 문화에 대해서 이야기를 하지 않고 기술하는 것이 이토록 어려운 이유는 무엇일까? 대답은 우리가 돌멩이나 깡통 따개와 같은 물건을 다루는 것이 아니기 때문이라는 것이다. 돌멩이나 깡통 따개는 수십 년이 지나도 형태가 거의 변하지 않는 사물들이다. 그것들은 대부분의 경우에 정적인 사물들로, 일련의 변치 않는 성질들로 기술할 수 있다. 그러나 우리가 어떤 사람이나 문화를 다룰 때에는, 그 역사와 밀접하게 연관된 동적인 과정으로서 다룬다. 어떤 사물의 현재 모습은 그것이 어떻게 그렇게 되었는지를 알지 못하고서는 이해할 수 없다.

우리에게 그토록 많은 것을 알려 주는 '이야기'에는 무엇이 담겨 있는 것일까? 우리가 이야기할 때 우리는 어떤 정보를 추가로 전달하는가? 우리가 한 사람에 대해 이야기할 때 우리는 그들이 겪은 삶의 여러 일화들을 이야기한다. 그런 일화들이 그 사람에 대해 무엇인가를 말해 줄 수 있는 것은 사람의 성장 과정에서 일어났던 일들이 그의 현재 모습에 영향을 미치기 때문이다. 우리는 이것을 경험을 통해 알 수 있다. 또한 우리는 인간의 성격은 일이 순조롭거나 불운할 때 그들이 각각 어떻게 반응하는지, 그리고 그들이 어떤 일을 추구했으며, 어떤 사람이 되고자 했는지를 볼 때 가장 잘 드러난다고 믿는다.

그러나 이야기를 통해 정보를 전달하는 것은 사건 그 자체가 아니다. 사건들의 단순한 목록은 따분할 뿐이며 이야기가 아니다. 이것이 아마도 앤디 워홀(Andy Warhol)이 「이발(Haircuts)」, 「엠파이어(Empire)」 같은 영화에서 시사하려던 바일 것이다(「이발」은 한 사람의 이발 장면을 단조롭게 보여 주는 1963년도의 무성 영화이고 「엠파이어」는 아침부터 밤까지 밝기에 따라 달라지는 엠파이어 스테이트 빌딩의 외관을 찍은 8시간짜리 흑백 무성 영화다(1964년). 두 영화 모두 지루한 장면이 끊임없이 반복된다.—옮긴이). 이야기를 이야기답게 만드는 것은 사건들 사이의 연결성이다. 이것이 뚜렷하게 나타날 수도 있지만, 보통은 그럴 필요가 없다. 우리가 그것을 거의 무의식적으로 채우기 때문이다. 그것은 우리 모두가 과거의 사건들이 어느 정도는 미래 사건들의 원인이 된다고 믿기 때문에 가능하다. 개인의 인간성 형성에서 어디까지가 그에게 일어난 일의 결과인가 하는 것은 논쟁의 여지가 있지만, 인과율의 중요성을 실용적으로, 그리고 거의 본능적으로 이해하는 것은 열렬한 결정론자가 아니어도 가능하다. 이야기를 유용하게 하는 것이 바로 이 인과성에 대한 이해다. 누가 누구에게, 무엇을, 언제, 그리고 왜 했는가 하는 것이 흥미로운 것은 우리가 행위와 사건의 관계에 대해서 알고 있기 때문이다.

인과율이 없다면 삶이 어떨지 상상해 보라. 세계의 역사가 무작위로 택한 사건들의 집합이라고, 그것들 사이에 아무런 인과적인 연결이 없는 사건들의 집합이라고 상상해 보자. 일들이 그냥 일어나고 아무것도 제자리에 머물러 있지 않을 것이다. 가구, 집, 기타 모든 것이 저절로 생겨나고 사라질 것이다. 당신은 그것이 실제로 어떨지 상상할 수 있는가? 나는 우리가 살고 있는 세계와는 너무나 다른 그런 세상을 상상하기조차 어렵다. 인과율이 우리의 세계에 체계를 부여하며, 어째서 오늘 아침 우리의 의자와 식탁이 어젯밤 우리가 그것들을 놓아둔 자리에 있는지를 설명해 준다. 이야기가 기술보다 훨씬 더 유용한 것은 우리의 세계를 형상화하는 데에 인과 관계가 압도적으로 중요한 역할을 하기 때문이다.

따라서 세계에는 두 가지 종류의 사물이 있는 것으로 보인다. 하나는 돌멩이나 깡통 따개처럼 그 성질들을 나열하기만 해도 완전히 설명할 수 있는 사물들이다. 그리고 또 하나는 과정으로서만 이해할 수 있는, 이야기를 전달함으로써만 설명할 수 있는 것들이다. 이 두 번째 종류의 사물을 표현하는 데에는 단순한 묘사만으로는 결코 충분하지 않다. 사람이나 문화 같은 존재는 단순한 사물이 아니라 시간에 따라 전개되는 과정들이기 때문에, 이야기만이 그들을 적절하게 기술할 수 있다.

여기에 예술 작품에 대한 아이디어가 하나 있다. 모든 사람이 관람했고 좋아하는 영화를 하나 골라서, 10초마다 한 장씩 정지 화면을 순서대로 뽑아내자. 그리고 이것들을 커다란 미술관에 순차적으로 배열해서 전시해 보자. 사람들을 초대해서 그림을 하나씩 감상하게 해 보자. 사람들이 즐거워할까? 천만에. 사람들은 아마도 처음에는 잠깐 웃을지 모르지만 대부분 금방 지루해 할 것이다. 영화 전체를 보고 나서 영화를 만든 트릭을 알아낼 수 있는 사람들은 영화 제작자나 평론가 정도의 소수의 사람들이다. 나머지 대부분의 사람에게는 정지 화면으로 보는 영화란 그 영화의 실제 상영 시간만큼 들여다보더라도 상당히 재미없는 일일 것이다. 물론 우리가 영화를 볼 때 우리가 보는 것은, 실제 움직임을 보는 것과 같은 속도로 보여지는 일련의 정지 영상의 배열이다. 보통 정지 영상의 배열이 운동하는 것 같은 환상을 만들어 낸다고 하지만 그것은 완전히 옳은 것은 아니다. 오히려 정지 영상이라는 것 자체가 환상이다. 세계는 결코 정지해 있지 않으며 항상 움직이고 있다. 사진은 시간이 얼어붙은 순간이라는 환상을 만들어 낸다. 사진은 실재하는 어떤 것에도 해당하지 않고 그 자체도 진짜가 아니다. 사진도 하나의 과정이기 때문이다. 몇 년이 지나면 이 정지 영상처럼 보이는 것도, 그것을 이루는 분자들 사이에 일어나는 화학 반응의 결과로 희미해질 것이다. 따라서 영화를 상영할 때 일어나는 일은 운동하고 변화하는 실제 우주가 환상들의 배열로부터 재창출되는 것이며 그 역이 아니다.

인간들은 변화를 오랫동안 멈추게 할 수 있는 우리의 능력에 황홀해 하는 것 같다. 이것이 아마도 시간이 정지한 듯한 환상을 주는 회화나 조각을 우리가 소중하게 여기는 이유일 것이다. 하지만 시간은 멈춰질 수 없다. 대리석 조각은 항상 똑같아 보일지 모르지만 사실은 그렇지 않다. 대리석과 공기의 상호 작용으로 표면이 조금씩 달라진다. 피렌체 사람들이 대기 오염이 그들의 문화 유산에 입힌 손상을 통해 뼈저리게 깨달았듯이, 대리석은 영원 불변의 물질이 아니라 하나의 과정이다. 예술가의 제아무리 교묘한 솜씨도 과정을 '어떤 것'으로 바꾸어 놓을 수 없다. 그것은 '어떤 것'이란 존재하지 않으며 단지 인간의 일생에 비추어 볼 때 서서히 변화하는 것으로 보이는 과정들이 있을 뿐이기 때문이다. 돌멩이나 깡통 따개와 같이 변하지 않는 것처럼 보이는 물체들조차도 이야기를 가지고 있다. 단지 그것들이 변화하는 시간이 대부분의 다른 물건들보다 길 뿐이다. 지질학자들과 문화 역사가들은 돌멩이와 깡통 따개의 이야기에 매우 관심이 많다.

따라서 우주에는 두 범주의 것들, 즉 사물과 과정이 존재하는 것이 아니다. 단지 상대적으로 빠른 과정과 상대적으로 느린 과정이 있을 뿐이다. 그리고 짧거나 길다는 차이가 있을 뿐, 과정을 설명하는 적절한 방법은 오로지 이야기뿐이다.

우주가 사물로 구성되어 있다는 환상은 많은 고전 과학을 구성하는 바탕이 되었다. 누군가 기본 입자 한 가지, 이를테면 양성자를 기술하고 싶어 한다고 하자. 뉴턴의 기술 방식이라면 그것이 특정 순간에 어떤 상태인가를 기술할 것이다. 공간에서 어디에 위치해 있는가, 그것의 질량과 전하량이 얼마인가 등을 묘사하는 것이다. 이런 기술 방법에서 시간은 어디에도 없다. 시간은 사실 뉴턴의 우주에서는 부수적인 것이다. 일단 무엇인가가 어떤 상태인가 적절하게 묘사하고 나서, 우리는 시간을 '켜고' 시간에 따른 변화를 기술한다. 각각의 실험은 어떤 순간에 고정된 그 입자의 상태를 보여 주는 것으로 여긴다. 일련의 측정은 각각의 정지된 순간을 촬영한 영화의 정지 영상과 흡사하다.

상태에 관한 뉴턴 물리학의 아이디어는 고정된 순간이라는 환상을 바탕으로 한다는 면에서 고전 조각이나 회화와 비슷하다. 이것은 우주가 사물로 구성되어 있다는 착각을 만들어 낸다. 만약 이것이 세계가 존재하는 진정한 방식이라면, 세계를 기술하는 가장 좋은 방법은 그것이 어떤 것인가 하는 것이며, 그 변화는 부차적인 것이 될 것이다. 변화는 어떤 것이 존재하는 방식의 변경에 불과할 것이다. 그러나 상대성 이론과 양자 이론은 모두 우리에게 이것은 우리 우주가 존재하는 방식이 아니라고 말하고 있다. 그 이론들은 우리 우주가 과정들의 역사라는 사실을 소리쳐 말하고 있다. 운동과 변화가 주된 것이다. 매우 근사적이고 임시적인 뜻으로 말하는 것이 아니라면, 사실 세상에는 존재하는 것은 아무것도 없다. 무엇인가가 어떤 상태에 있다는 것은 환상이다. 경우에 따라서 유용한 착각일 수도 있지만, 근본적으로 생각하려 한다면 우리는 '존재한다.'는 것 자체가 환상이라는 중요한 사실을 간과해서는 안 된다. 따라서 새 물리학의 언어로 말하고자 한다면, 우리는 과정이 상태보다 중요한 어휘 체계를 배워야만 한다. 실제로 독자들이 어려움 없이 이해할 수 있는 적절하고 매우 간단한 용어들이 이미 있다.

이런 새로운 관점으로 보면, 우주는 많은 '사건'들로 구성된다. 한 사건은 과정의 가장 작은 부분 또는 변화의 가장 작은 단위로 간주될 수 있다. 그러나 사건을 어떤 정지해 있던 물체에 일어나는 변화로 생각해서는 안 된다. 그것은 단지 변화일 뿐 그 이상 아무것도 아니다.

사건들의 우주는 '관계론적인 우주'다. 즉 모든 성질들은 사건들 사이의 관련성을 통해서 기술된다. 두 사건이 가질 수 있는 가장 중요한 관계는 '인과 관계'다. 이것은 이야기에 의미를 주는 데 결정적이라고 했던 인과율과 같은 개념이다. 만약 A라고 부르

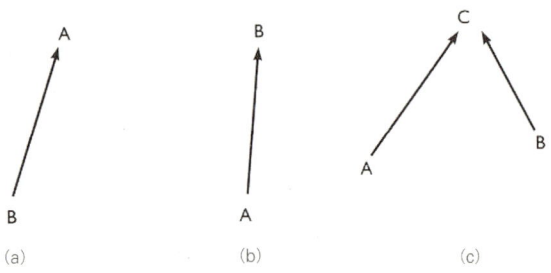

그림 6
두 사건 A와 B 사이에 가능한 세 가지의 인과 관계들. (a) A는 B의 미래에 대응된다, (b) B는 A의 미래에 대응된다, (c) A와 B 모두 서로의 과거나 미래로 대응되지 않는다. (그것들이 가령 사건 C의 과거에 함께 있어서 다른 인과 관계를 가지더라도 말이다.)

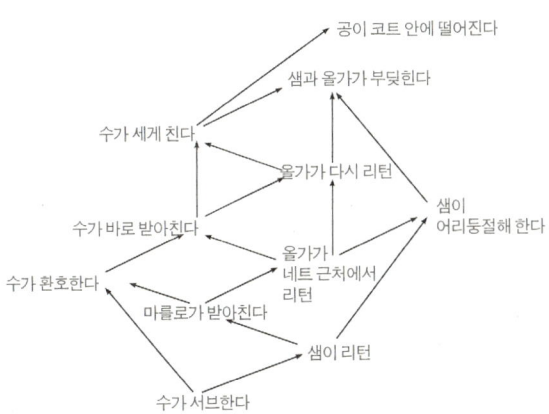

그림 7
테니스 경기에서의 하나의 발리 샷은 여러 사건들의 인과 관계로 표현된다.

는 한 사건이 다른 사건 B를 일으키기 위해 필요했다면, A를 사건 B의 부분적인 원인이라고 말한다. A가 일어나지 않았다면 B 자체가 아예 일어날 수 없는 경우에는 A가 사건 B에 '기여적 원인(contributing cause)'이라고 말한다. 사건 하나에는 하나 이상의 기여적 원인이 있을 수 있으며, 사건 하나가 미래 사건 여러 개를 일으키는 데 기여할 수 있다.

주어진 두 사건 A와 B에 대해 세 가지 가능성이 있다. 첫째 A

가 B의 원인이거나, 둘째 B가 A의 원인이거나, 셋째 어느 것도 다른 것의 원인이 아닌 경우가 있다. 첫 번째 경우에는 A가 B의 '인과적 과거(causal past)' 안에 있다고 하고, 두 번째 경우에는 B가 A의 인과적인 과거 안에 있다고 하며, 세 번째 경우에는 어느 것도 다른 것의 인과적 과거 안에 있지 않다고 말할 수 있다. 그림 6에 이것이 각 사건을 점으로, 인과 관계를 화살표로 해서 표현되어 있다. 이러한 그림은 하나의 과정으로서의 우주를 나타내는 그림이다. 그림 7은 많은 사건들로 이루어진 더욱 복잡한 우주를 일련의 복잡한 인과 관계 화살표를 통해 나타냈다. 이 그림들은 우주 역사의 이야기를 그림들을 통해 시각적으로 표현하고 있다.

그러한 우주에는 처음부터 시간이 주어져 있다. 우주가 과정들로 이루어진 이야기이기 때문에 시간과 변화는 선택할 수 있는 것이 아니다. 그러한 세계에서 시간과 인과율은 동의어다. 어떤 사건을 일으킨 사건들의 집합을 제외하면 어떤 사건의 과거란 아무 의미가 없다. 그리고 그것이 영향을 줄 사건들의 집합을 제외하고는 어떤 사건의 미래라는 것에도 아무 의미가 없다. 따라서 인과적인 우주를 다룰 때 우리는 '인과적 과거'와 '인과적 미래'를 단순하게 '과거'와 '미래'라고 줄여 말할 수 있다. 그림 8은 그림 7에서

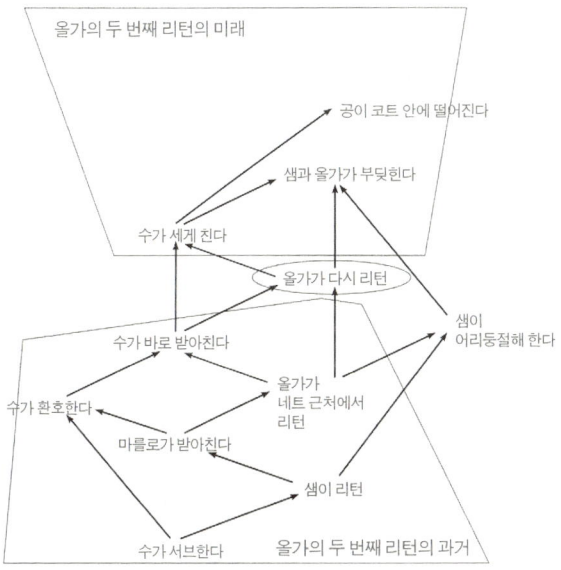

그림 8
올가의 두 번째 리턴의 미래와 과거. 어리둥절해 하는 샘은 이중 어디에도 속하지 않는 것에 주목하라.

보여 준 사건의 인과적 과거와 미래를 보여 준다. 인과적 우주는 하나하나 연속해서 나타나는 정지 영상들이 아니다. 인과적 우주에는 시간은 있지만 순간은 없다. 거기에는 단지 인과적인 필연성

에 따라 일어나는 사건들이 있을 뿐이다. 그러한 우주가 무엇인지를 말하는 것은 의미가 없다. 그것에 대해서 말하고 싶다면 그것의 '이야기'를 말하는 것 말고는 다른 선택이 없다.

그러한 인과적인 우주를 생각하는 한 가지 방식은 정보의 전달을 통해서다. 우리는 그림 6~그림 8에 나타난 각 화살표의 내용을 몇 비트의 정보로 생각할 수 있다. 각 사건은 과거의 사건들로부터 정보를 받아서 간단한 계산을 수행하고 그 결과를 미래의 사건에 보내는 트랜지스터 같은 것이라고 할 수 있다. 그렇다면 우리가 이제껏 이야기해 온 '이야기'는 다른 트랜지스터로부터 들어온 정보를 또 다른 트랜지스터로 보내고, 때때로 이 정보를 출력 장치로 보내는 이 '계산' 과정과 같은 것이라고 할 수 있다. 만약 컴퓨터에서 입력과 출력을 제거하면 이 계산은 대부분 무한히 실행될 것이다. 컴퓨터 회로를 흐르는 정보의 흐름은 이야기를 만들어 낸다. 이 이야기 안에서 사건은 계산이고 인과적 과정은 한 계산에서 다음 계산으로 흘러가는 정보의 흐름이다. 우주가 일종의 컴퓨터라는 것은 매우 유용한 비유다. 하지만 우주의 회로도는 고정되어 있지 않다. 흘러가는 정보의 결과로 시간이 지남에 따라 진화할 수 있는 컴퓨터다.

우리 우주는 과연 그러한 인과적인 우주인가? 일반 상대성 이론은 우리에게 그렇다고 말하고 있다. 일반 상대성 이론에서 기술하는 우주는 그 무엇도 빛보다 빨리 움직일 수 없다는 상대성 이론의 기본적인 교훈 때문에 정확히 인과적인 우주다. 특히 어떠한 인과적인 결과와 정보도 빛보다 빨리 진행할 수 없다. 이것을 명심하면서 그림 9에 그려진 대로 역사상 있었던 두 사건을 생각해 보자. 첫 번째 사건은 1950년대에 미국 내슈빌의 어딘가에서 일어난 로큰롤의 발명이다. 두 번째 사건은 1989년에 있었던 베를린 장벽의 붕괴다. 앞장서서 의기양양하게 벽을 기어오른 사람들은 로큰롤

그림 9
두 사건들 사이의 정보 전달이 가능하기 때문에 로큰롤의 발명은 베를린 장벽 붕괴의 인과적 과거에 해당한다.

을 알고 있었고 독일의 재통일로 이어진 결정을 내린 관료들도 그랬을 것이다. 따라서 1950년대 내슈빌에서 1989년 베를린으로 정보가 전달된 것은 분명하다.

따라서 우리는 우리 우주에서 일어난 어떤 사건의 인과적 미래를 빛이나 다른 매개체를 이용해서 정보를 보낼 수 있는 모든 사건들로 정의한다. 어느 것도 빛보다 빨리 진행할 수 없기 때문에 한 사건을 떠나는 광선의 경로들이 그 사건의 인과적 미래의 외부 경계를 정의한다. 그것들이 사건의 '미래 빛 원뿔(future light cone)'을 구성한다. 우리가 그것을 '원뿔'이라고 부르는 이유는 그림 10과 같이 공간이 2차원만 있는 것처럼 그림을 그렸을 때 광선의 경로들이 이루는 경계가 원뿔처럼 보이기 때문이다. 한 사건의 인과적 과거는 그것에 영향을 미칠 수 있었던 모든 사건으로 이루어져 있다. 과거의 사건이 주는 영향은 광속 이하의 속도로 전달된다. 따라서 한 사건에 도착하는 광선들은 그 사건의 과거의 바깥쪽 경계를 이루며, 사건의 '과거 빛 원뿔(past light cone)'을 만든다. 우리는 어떤 사건을 둘러싼 인과적인 관계들의 구조를 과거 빛 원뿔과 미래 빛 원뿔로 그릴 수 있음을 볼 수 있다. 그림 10에서 특정한 사건의 미래와 과거 빛 원뿔 밖에 많은 사건들이 있음을 볼 수 있다.

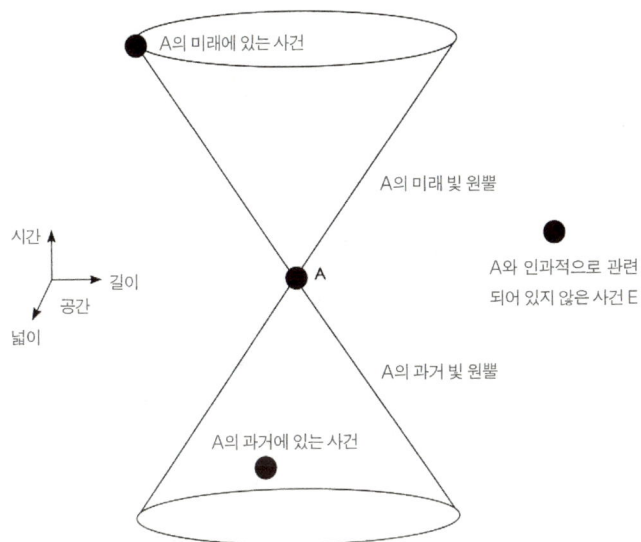

그림 10

사건 A의 과거 빛 원뿔과 미래 빛 원뿔. 미래 빛 원뿔은 A로부터 출발하여 A의 미래에 있는 임의의 사건으로 향해 가는 빛의 경로로 만들어진다. 미래 빛 원뿔 내부의 임의의 사건은 A 사건의 영향을 빛의 속도보다 늦게 받기 때문에 인과적으로 A의 미래에 있다. 우리는 A의 과거 빛 원뿔도 볼 수 있는데, 그것은 A에 영향을 줄 수 있었던 모든 사건들을 포함하고 있다. 우리는 또한 다른 사건 E를 볼 수 있는데 그것은 A의 과거도 미래도 아니다. 그림은 공간을 2차원인 것으로 생각하고 그렸다.

이 사건들은 A라는 사건으로부터 너무 멀리 떨어진 곳에서 일어났기에 빛이 도달할 수 없었던 사건들이다. 예를 들어 300억 광년 떨어진 은하계의 한 행성에서 일어난, 우주에서 가장 형편없는 시인의 탄생은 다행히도 우리의 미래와 과거 빛 원뿔 밖에 놓여 있다. 따라서 우리 우주에서는, 모든 광선들의 경로를 상술하거나, 또는 같은 뜻이지만 모든 사건의 주위에서 빛 원뿔을 그리는 것이 모든 가능한 인과적 관계들의 구조를 기술하는 방법이다. 이러한 관계들을 통틀어서 우주의 '인과적 구조(causal structure)'라고 한다.

일반 상대성 이론을 소개하는 대부분의 대중 서적은 '시공의 기하학'에 대해 언급한다. 그러나 실제로 이 시공의 기하학은 대부분은 인과적인 구조와 관련이 있다. 시공의 기하를 구성하는 데 필요한 거의 모든 정보는 인과적 구조의 이야기로 구성된다. 따라서 우리는 인과적 우주 안에서 살 뿐만 아니라, 우리 우주의 대부분의 이야기가 사건들 사이의 인과적 관계들의 이야기가 된다. 공간과 시간이 기하를 가진다는, 소위 시공간 기하라는 비유는 일반 상대성 이론의 물리적 의미를 이해하는 데 실제적으로 그렇게 유용한 것은 아니다. 그 비유는 수학을 이용할 수 있을 만큼 수학을 충분히 잘 알고 있는 사람들에게만 유용한 수학적 이론 체계에 기초를 두고 있다. 일반 상대성 이론에서 근본 아이디어는 사건들의 인과적 구조 그 자체가 그 사건들의 영향을 받을 수 있다는 것이다. 인과적 구조는 모든 시간에 대해서 고정되어 있지 않다. 그것은 동적이며 법칙에 따라 진화한다. 우주의 인과적 구조가 시간에 따라 어떻게 변해 가는가를 결정하는 법칙을 '아인슈타인 방정식'이라고 부른다. 그것들은 매우 복잡하지만 별이나 행성처럼 천천히 움직이는 물체 덩어리 주위에서 일어나는 일을 기술하는 경우에는 아주 간단해진다. 기본적으로 그때 일어나는 현상은 그림 11처럼 빛 원뿔들이 물질을 향해서 기울어진다는 것이다(이것을 보통 시공간 기하의 곡률 또는 휨이라고 부른다.). 결과적으로 물질은 무거운 물체 쪽으로 떨어지는 경향을 보인다. 이것은 중력을 설명하는 또 하나의 방식이다. 만약 물질이 움직인다면 그림 12에서 보듯 파동들이 인과적 구조를 따라 진행하고 빛 원뿔이 앞뒤로 진동한다. 이것들이 바로 '중력파'다.

그러므로 아인슈타인의 중력 이론은 인과적 구조의 이론이다. 그것은 시공간의 핵심은 인과적 구조며 물질의 운동은 인과적 관계들의 네트워크가 변형된 결과임을 말해 준다. 인과적 구조의 개념으로부터 떨어져 남은 것은 양이나 크기의 단위다. 우리가 전화 통화할 때 여러분이 나에게 보내는 신호의 경로에 얼마나 많은 사건들이 포함되어 있는가? 여러분이 이 문장을 다 읽은 바로 이 순간의 과거에는 우주 전체에서 일어난 사건들이 얼마나 많이 포

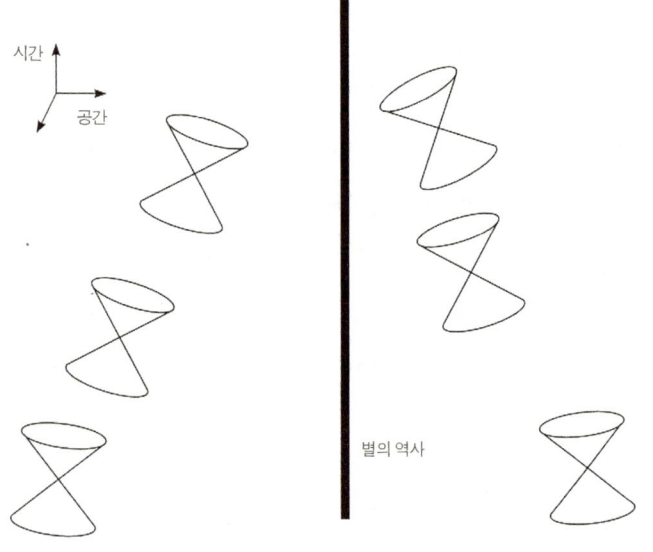

그림 11
별과 같은 무거운 물체는 근처의 빛 원뿔을 물체 쪽으로 기울인다. 이것은 자유 낙하하는 입자가 가속하는 것처럼 보이는 효과를 낳는다.

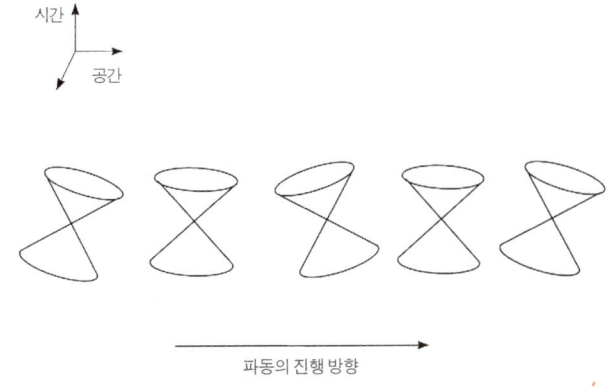

그림 12
중력파는 시공간에서 빛 원뿔이 가리키는 방향의 진동이다. 중력파는 광속으로 진행한다.

함되게 될까? 만약 우리가 이러한 질문에 답할 수 있다면, 그리고 우리가 우주의 역사 속에서 발생한 사건들 사이의 인과 관계의 구조를 알고 있다면, 우리는 우주의 역사에 대해서 알아야 할 모든 것을 알게 될 것이다.

특정한 과정 속에 얼마나 많은 사건들이 있는가에 대한 질문에 우리는 두 가지로 답할 수 있다. 한 가지 답변은 공간과 시간이 연속적이라고 가정한다. 이 경우 시간은 임의로 작게 나눌 수 있고 가장 작은 시간의 단위는 없다. 우리가 아무리 짧은 시간을 고려해도, 예를 들어 전자가 원자를 가로질러 통과하는 데 걸리는 시간을 생각해도, 우리는 그것보다 100배 더 빠르게 일어나는 일들을 고려할 수 있다. 뉴턴의 물리학은 공간과 시간이 연속적이라고 가정한다. 그러나 우주가 반드시 그럴 필요는 없다. 다른 가능성은 시간이 셀 수 있는 불연속적인 조각으로 존재한다는 것이다. 그렇다면 전화선을 통해 1비트의 정보를 전달하기 위해 얼마나 많은 사건이 필요한가 하는 질문에 대한 답변은 유한한 숫자가 될 것이다. 아마도 매우 큰 숫자가 되겠지만 여전히 유한한 숫자다. 그러나 공간과 시간이 사건들로 구성되고 사건들이 셀 수 있는 불연속적인 양이라면, 공간과 시간 역시 불연속적인 것이다. 이것이 진실이라면 우리는 시간을 무한히 쪼갤 수 없다. 결과적으로 우리는 더 이상 나뉠 수 없으며, 따라서 일어날 수 있는 가장 간단한 최소 사건들에 이르게 될 것이다. 물질이 유한한 원자들로 구성되는 것처럼 우주의 역사도 아주 많은 근본 사건들로 구성되어 있는 것이다.

우리가 이미 양자 중력에 대하여 알고 있는 사실들은 두 번째 가능성이 옳다는 것을 시사하고 있다. 공간과 시간의 외관상의 연속성은 환상이다. 그 배후에는 하나하나 셀 수 있는 불연속적 사건들의 집합으로 구성된 세계가 있다. 다른 접근법들은 우리에게 이 결론과 관련해 다른 증거를 보여 준다. 그러나 그 접근법들 모두 우리가 우리의 세계를 충분히 세밀하게 들여다보면, 물질의 반질반질한 성질이 분자와 원자의 불연속적인 세계에 길을 비켜 준 것처럼 공간과 시간의 연속성이 사라지게 된다는 것에 동의한다.

이 접근법들은 또한 우리가 기본적인 사건들에 도달하기 위해 얼마나 세밀하게 우주를 조사해야 하는가에 대해서도 일치하는 견해를 갖고 있다. 세계의 불연속 구조가 명백해지는 시간과 공간의 규모를 '플랑크 규모(Plank scale)'라고 부른다. 그것은 중력과 양자 현상의 효과가 동등해지는 규모로 정의된다. 커다란 것들에 대해서는 양자 이론과 상대성 이론을 잊어도 된다. 그러나 플랑크 규모로 내려가면 두 이론을 모두 고려해야만 한다. 우주를 이 규모에서 기술하기 위해서는 우리에게 중력의 양자 이론이 필요하다.

플랑크 규모는 이미 알려진 근본 원리들을 이용해서 결정할 수 있다. 그것은 물리학의 기본 법칙들에 나타나는 상수들을 적절하게 소합힘으로써 계산할 수 있다. 이때 사용되는 상수들이 양자 이론의 플랑크 상수, 특수 상대성 이론의 광속, 뉴턴의 중력 법칙의 중력 상수다. 플랑크 규모를 기준으로 하면 우리는 정말로 거대하다. 플랑크 길이는 10^{-33}센티미터인데, 이것은 원자핵보다 10^{20}배나 작은 것이다. 시간의 최소 단위인 '플랑크 시간'을 기준으로 하면, 우리가 경험하는 모든 것은 믿을 수 없을 만큼 느리게 일어난다. 무엇인가 가장 근본적인 사건이 일어나는 데 걸리는 시간인 '플랑크 시간'은 대략 10^{-43}초이다. 즉 우리가 경험할 수 있는 가장 빠른 것도 근본 순간들보다 10^{40}배나 더 걸린다는 것이다. 눈을 한 번 깜박이는 것은 에베레스트 산을 이루는 원자들보다 더 많은 근본 순간들을 포함한다. 심지어 두 기본 입자들 사이에서 지금까지 관측된 가장 빠른 충돌이 일어나는 시간조차도, 현재 살아 있는 모든 사람들의 뇌에 있는 뉴런(신경 세포)들보다도 더 많은 근본 순간들을 포함하고 있다. 우리가 관측하는 모든 것은 플랑크 규모로 생각하면 믿을 수 없을 만큼 복잡한 과정이라는 결론을 피할 수 없다.

우리는 이런 방식으로 논의를 계속할 수 있다. 다른 근본적인 양으로 가장 뜨거워질 수 있는 한계인 '플랑크 온도'가 있을 수 있다. 그것과 비교하면 우리가 경험하는 모든 것은, 심지어 별의 내부 온도조차도, 절대 영도에서 크게 벗어나지 못한 것이 된다. 이것은 근본적인 양의 관점에서 보면, 우리가 관측하는 우주는 실질적으로 얼어붙어 있다는 것을 의미한다. 이쯤 되면 우리가 자연과 그 현상들에 대해 알고 있는 것은 흡사 펭귄이 산불이나 핵융합의 효력에 대해 알고 있는 것만큼이나 볼품없는 것임을 느끼게 된다. 이것은 단순한 비유가 아니라 우리의 현실이다. 우리는 모든 물질들이 충분히 높은 온도까지 올라가면 녹는다는 것을 알고 있다. 만약 우주의 한 영역이 플랑크 온도까지 올라간다면, 공간의 기하학적 구조 자체가 녹을 것이다. 그러한 사건을 경험해 볼 수 있는 유일한 방법은 우리의 과거를 들여다보는 것이다. 흔히 대폭발이라고 부르는 것은 근본적으로 말해서 우주 규모의 동결 과정이기 때문이다. 우리의 세계를 존재하게 해 준 것은 아마도 폭발이라기보다는 우주의 한 지역을 완전히 식혀서 얼게 만든 사건이라고 말하는 편이 더 정확할 것이다. 공간과 시간의 본질을 이해하기 위해서, 우리는 우리 주위의 모든 것이 얼어 버리기 전에 무엇이 있었을까를 상상해 봐야 한다.

따라서 우리 세계는 근본적인 세계와 비교해 보면 어마어마하게 크고, 느리며, 차갑다. 우리의 임무는 우리의 편협한 입장에 따른 편견과 눈가리개를 없애고 공간과 시간을 그 자신의 용어로, 그들이 가진 본질적인 규모에서 상상해 보는 것이다. 우리는 이것을 가능하게 할, 강력한 도구들을 가지고 있다. 이것은 지금까지 우리가 발전시켜 온 이론들로 구성되어 있다. 우리는 가장 신뢰할 만한 이론들을 택해 최선을 다해 조정함으로써 플랑크 규모에서 우주를 기술해야 한다. 내가 이 책에서 이야기할 것은 바로 그 노력을 통해서 알아낸 것들에 기초하고 있다.

앞에서 나는 우리의 세계를 고정되고 정적인 공간과 시간의 배경 속에서 살고 있는 독립적 실재들의 집합으로는 이해할 수 없다고 주장했다. 대신 우리 세계는 각 부분의 특성이 다른 부분들과의 관계에 의해서 결정되는, 관계들의 네트워크다. 이 장에서 우리는 세계를 구성하는 관계들이 인과적이라는 것을 배웠다. 이것은 우주가 물질들로 이루어진 게 아니라, 그것들을 생기게 하는 과정으로 이루어졌음을 뜻한다. 근본 입자들은 그저 그곳에 위치한 정적인 대상이 아니라, 상호 작용하는 사건들 사이에서 적은 양의 정보를 전달함으로써 새로운 과정을 발생시키는 과정들이다. 영원 불멸의 원자에 대한 관습적 묘사보다는 컴퓨터의 기본적인 작동 방식에 대한 묘사가 이 근본 입자를 기술하는 데 훨씬 적합하다.

우리는 주위를 볼 때 3차원을 본다고 생각하는 데 매우 익숙해져 있다. 그러나 이것이 정말 진리일까? 우리가 보는 것이 우리

눈에 들어오는 광자들의 결과라는 것을 유심히 생각한다면, 우주를 상당히 다른 관점에서 보는 것이 가능하다. 여러분이 주위의 물체를 보는 것이 그것으로부터 여러분에게 막 도달한 광자들의 결과라고 생각해 보라. 당신이 보는 각 물체는 정보가 한 무더기의 광자라는 형태로 당신에게 도달하는 과정의 결과다. 물체가 멀리 있을수록, 광자들이 여러분에게 올 때까지 더 오래 걸릴 것이다. 따라서 주위를 둘러볼 때, 여러분은 공간을 보는 것이 아니라 우주의 역사를 거슬러 올라간다. 당신이 보는 모든 것은 우주의 역사의 일부인 과정을 통해 여러분에게 도달한 작은 정보다.

그렇다면 우주의 전체 역사는, 그 사이의 관계들이 끊임없이 변화하는 수많은 과정들로 이루어진 이야기다. 우리는 우리 주위에서 보는 우주를 정적인 어떤 것으로 보아서는 안 된다. 우리는 그것을, 동시에 작용하는 어마어마한 수의 과정을 통해 끊임없이 재창조되는 어떤 것으로 보아야만 한다. 우리 주변에서 보는 세계는 그러한 모든 과정들의 집합적인 결과다. 나는 이것이 너무 신비롭게 보이지 않기를 바란다. 내가 이 책을 잘 썼다면, 여러분은 결국 우주의 역사를 컴퓨터의 정보의 흐름에 빗댄 것이 가능한 한 가장 합리적이고 과학적인 비유라는 것을 알게 될 것이다. 정작 신비로운 것은 영원한 3차원 공간으로서 존재하고, 모든 방향으로, 상상할 수 있는 한 무한히 멀리 뻗어 있는 세계라는 기존의 우주관이다. 무한히 계속되는 공간이라는 생각은 우리가 관측하는 것과는 아무런 관계가 없다. 우주를 관측할 때 우리는 우주의 역사를 시간에 거슬러서 보고 있는 것이며, 우리는 곧 대폭발과 맞부딪히게 된다. 그 전에는 아무것도 관측할 만한 것이 없거나, 무엇인가 존재한다고 해도 그것은 절대로 정적인 3차원 공간에 매달려 있는 우주는 아닐 것이다. 우리가 무한한 3차원 공간을 들여다보고 있다고 생각하는 것은, 머릿속에서 만들어진 지적 구조물을 우리가 실제로 보는 것이라고 믿는 오류를 범하는 것이다. 이것은 신비주의적인 관점일 뿐만 아니라 그릇된 것이다.

**THREE ROADS TO
QUANTUM GRAVITY**

2부 우리가 알아낸 것들

5
블랙홀과 숨겨진 영역

우리 시대의 문화 아이콘 중에서 블랙홀은 신화적 대상이다. 공상 과학 소설과 영화에서, 블랙홀은 되돌아올 수 없는 통로나 새로운 우주로 이어진 문으로 표현되면서 종종 죽음과 초월의 이미지를 불러일으킨다. 나는 썩 훌륭한 배우는 아니지만 영화 감독인 친구 매들린 슈워츠만(Madeline Schwartzman)의 부탁을 받고 그녀의 영화들 중 한 편에 출연한 적이 있다. 다행히 내가 맡은 역할은 블랙홀에 대해서 강의하는 물리학 교수였다. 제목이 「소마 세마(Soma Sema)」인 그 영화에서 서구 문학의 오래된 모티프인 오르페우스의 이야기가 이 시대의 두 가지 중요한 과학 기술적 주제인 전면 핵전쟁과 블랙홀의 이야기와 합쳐진다. 나의 학생인 오르페우스는 돌이킬 수 없는 세 가지 재앙에서 빠져나올 수 있는 방법을 찾기 위해 음악을 추구한다.

공간과 시간에 대해 전문적으로 연구하는 이들 사이에서, 블랙홀은 중추적인 역할을 한다. 천문학자들 중에는 블랙홀이 어떻게 형성되고 그것을 어떻게 발견할 수 있는지를 이해하는 데에만 전념하는 연구 집단이 형성되어 있을 정도다. 지금까지 블랙홀일 가능성이 있는 천체가 수십 개 관측되었다. 그러나 가장 흥미로운 것은 우주에 엄청난 수의 블랙홀이 존재할 수 있다는 가능성이다. 대다수는 아닐지라도, 우리 은하를 포함해서 많은 은하계가 그 중심에 태양보다 수백만 배나 무거운 거대한 블랙홀을 가지고 있는 것으로 보인다. 그리고 어떤 별들은 일정한 수명이 다하면 블랙홀이 된다는 관측과 이론의 증거가 있다. 우리 은하와 같은 전형적인 은하계는 블랙홀이 될 수 있는 별들을 수천만 혹은 수억 개도 충분히 가질 수 있다. 따라서 블랙홀들은 저 멀리에 분명히 있으며, 먼 훗날 우주 공간의 여행자들은 블랙홀과 맞닥뜨리지 않도록 조심해야 할 것이다. 그러나 천문학자들을 매혹하는 것 이상으로 블랙홀이 과학적으로 중요한 다른 이유들이 있다. 그것들은 양자 중력 이론을 연구하는 우리에게도 주요 연구 대상이다. 어떤 의미에서 블랙홀들은 플랑크 규모에서 작동하는 물리학이 어떤 것인지 볼 수 있게 해 주는, 무한대의 분해능을 가진 현미경이다.

대중문화에 자주 등장한 덕분에 거의 모든 사람이 블랙홀이 무엇인지 대충은 알고 있다. 블랙홀은 중력이 너무 강해서 그것으로부터 탈출하기 위해 필요한 속도가 빛의 속도보다도 큰 곳이다. 따라서 그 어떤 것도 블랙홀로부터 나올 수 없다. 심지어 빛조차도 그렇다. 우리는 이것을 앞에서 소개한 '인과적 구조'를 통해서 이해할 수 있다. 블랙홀에 집중되어 있는 거대한 질량은 빛 원뿔을 기울여서 블랙홀에서 나온 빛이 더 멀리 가지 못하도록 한다 그림 13. 따라서 블랙홀의 표면은 일종의 일방 거울과 같아서, 그곳으로 향하는 빛은 그 안으로 들어갈 수 있지만 어떠한 빛도 그로부터 빠져나올 수는 없다. 이런 이유로 블랙홀의 표면은 '지평선'이라고 불린다. 이 지평선은 블랙홀 밖의 관측자들이 볼 수 있는 한계다.

여기서 강조해야 할 것은, 이 지평선이 블랙홀을 형성하는 물체의 표면이 아니라는 것이다. 그것은 우주 밖으로 빛을 내보낼 수 있는 영역의 경계면이다. 지평선 안쪽에서 방출된 빛은 모두 그 안에 갇히게 되며 지평선을 넘을 수 없다. 블랙홀을 형성하는 물체는 빠르게 압축되고, 일반 상대성 이론에 따르면 그것은 곧 무한대의

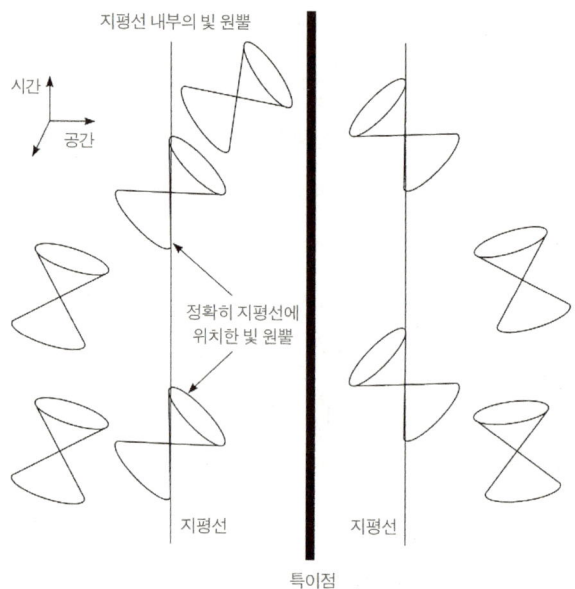

그림 13

블랙홀 근처의 빛 원뿔들. 검은색 굵은 직선은 중력장이 무한히 강해지는 특이점을 나타낸다. 가는 직선은 특이점과 일정한 거리를 유지하는 광선들로 이루어진 지평선들이다. 지평선에 있는 빛 원뿔들은 블랙홀로부터 멀어지려는 광선이 일정한 거리를 유지하며 지평선을 따라 여행한다는 것을 나타내도록 기울어졌다. 지평선 내부 빛 원뿔의 기울어짐은 미래에 일어나는 어떤 움직임도 특이점에 더 가까워지도록 한다는 것을 나타낸다.

밀도에 다다르게 된다.

우리는 블랙홀의 지평선 뒤로부터 어떠한 정보도 받을 수 없지만 그곳에도 계속 진행되는 인과적 과정으로 이루어진 우주의 일부분이 존재한다. 그러한 영역을 '숨겨진 영역(hidden region)'이라고 부른다. 우주에는 적어도 10억×10억 개의 블랙홀들이 존재하기 때문에 우리 또는 그 누구도 볼 수 없는 숨겨진 영역들 역시 상당히 많이 존재한다. 한 영역이 숨겨져 있는가 아닌가는 어느 정도 관측자와 관계가 있다. 블랙홀 속으로 떨어지는 관측자는 밖에 머물러 있는 그녀의 친구들이 결코 보지 못할 것들을 볼 것이다. 2장에서 우리는 각각 다른 관측자들은 그들의 과거에서 우주의 각각 다른 부분들을 볼 것임을 알았다. 블랙홀들의 존재는, 이것이 멀리 떨어져 있는 영역에서 나온 빛이 우리에게 도달하기까지 단순히 기다리기만 하면 되는 문제가 아님을 뜻한다. 블랙홀의 바로 옆에 있다면 아무리 오래 기다려도 그 안의 관측자들이 볼 수 있는 것을 결코 볼 수 없을 것이다.

모든 관측자들은 그들만의 숨겨진 영역을 가진다. 각 관측자의 숨겨진 영역은 그들이 아무리 오래 기다려도 정보를 받을 수 없는 모든 사건들로 구성된다. 이 숨겨진 영역은 우주에 있는 모든 블랙홀들의 내부 영역을 포함할 것이다. 그리고 다른 숨겨진 영역이 존재할 수도 있다. 예를 들어 우주가 팽창하는 속도가 시간에 따라 증가한다면 우리가 아무리 오랫동안 기다려도 빛의 신호를 받을 수 없는 우주의 영역들이 존재할 것이다. 그러한 영역에서 나온 광자는 우리 쪽으로 빛의 속도로 날아오겠지만 우주의 팽창 속도가 빨라지기 때문에 우리에게 다가오기 위해서는 빛은 지금까지 진행한 것보다 항상 더 먼 거리를 이동해야 할 것이다. 팽창이 계속해서 가속되는 한, 광자는 결코 우리에게 도달하지 못할 것이다. 블랙홀들과 달리 우주 팽창의 가속 때문에 생긴 숨겨진 영역들은 각 관측자의 역사에 의존한다. 각 관측자에게는 숨겨진 영역이 있지만 그것들은 관측자에 따라서 달라진다.

이것은 흥미로운 철학적 논점을 야기한다. 바로 객관성의 문제다. 그것은 객관성이 대개 관측자와 무관한 것으로 간주되기 때문이다. 우리는 흔히 관측자 의존적인 것은 주관적이며 완전한 진실은 아닐 수 있다고 가정한다. 그러나 관측자 의존성이 객관성을 배제한다는 믿음은 낡은 철학의 잔재일 뿐이다. 이것은 진실이란 우리 세계 속에 있는 것이 아니라 궁극적 진실성을 가진 관념들로 구성된 가상적 세계 안에 존재한다는 플라톤주의 철학과 관련이 있다. 이 철학에 따르면 진실을 찾는 과정이 관찰보다는 기억의 과정과 밀접하게 연결되어 있기 때문에, 누구나 세계의 비밀을 담고 있는 진실에 접근할 수 있다. 이런 철학은 아인슈타인의 일반 상대성 이론과 양립하기 어렵다. 일반 상대성 이론에 의해 정의된 우주에서는 객관적으로 진리이지만 한 관측자만 알 수 있고 다른 관측자는 알 수 없는 것이 있을 수 있기 때문이다. 따라서 '객관성'은 '모두가 알 수 있는 것'과 같지 않다. 좀 더 약하고 덜 엄밀한 해석이 필요하다. 그것은 특정 관측이 사실인지 거짓인지를 명확하게 알 수 있는 위치에 있는 관측자들 모두가 서로 동의해야만 한다는 것이다.

어떤 관측자에게 숨겨진 영역은 우주에서 그들이 볼 수 없는 부분과 그들이 볼 수 있는 부분을 분리하는 경계면을 가지고 있다. 블랙홀과 마찬가지로 이 경계를 지평선이라고 부른다. 숨겨진 영역처럼, 지평선은 관측자에 따라서 달라지는 개념이다. 일단 블랙홀은 빛이 빠져나올 수 없는 영역과 우주의 나머지 부분을 분리하는 곡면을 갖고 있다. 이 곡면은 그 밖에 머물러 있는 모든 관측자들에게 '지평선'이 된다. 블랙홀의 지평선 바로 안쪽의 한 점을 떠난 빛은 가차 없이 내부로 끌어당겨지게 될 것이다. 반면에 지평선

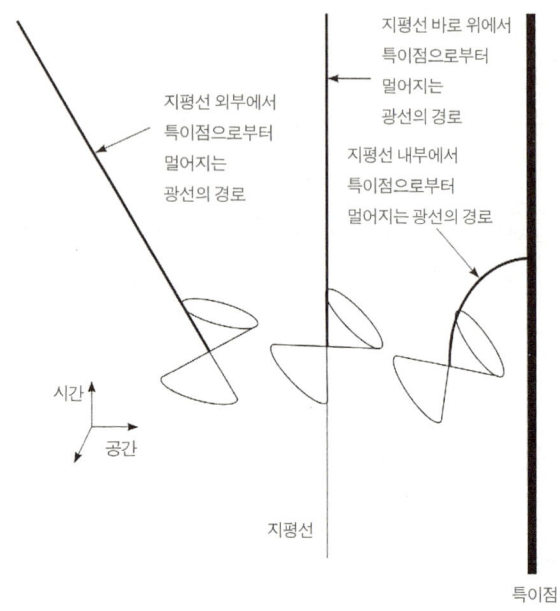

그림 14
특이점으로부터 멀어지는 세 광선의 경로. 지평선의 안쪽, 바깥쪽, 지평선 바로 위에서 출발한다.

바로 밖의 빛은 빠져나올 수 있을 것이다 그림 13과 그림 14. 블랙홀의 지평선이 관측자 의존적 개념이라고는 해도 블랙홀 밖에는 그 지평선을 공유하는 수많은 관측자들이 존재한다. 따라서 블랙홀의

지평선은 객관적인 성질이다. 그러나 지평선을 통과해서 안으로 끌려들어가는 관측자들은 내부를 볼 수 있기 때문에, 그것이 모든 관측자들에게 지평선이 되는 것은 아니다. 그리고 블랙홀의 지평선을 가로지르는 관측자는 밖에 머물러 있는 관측자들에게는 보이지 않게 될 것이다.

지평선 자체가 빛으로 이루어진 곡면임을 이해하는 것이 도움이 될 것이다. 지평선은 관측자에게 도달하지 못한 광선들로 이루어진다 그림 14. 블랙홀의 지평선은 블랙홀 밖으로 움직이기 시작한 빛으로 이루어진 표면이다. 이 빛은 블랙홀의 중력장 때문에 중심으로부터 멀리 가지는 못한다. 지평선을 광자들로 이루어진 커튼이라고 생각하자. 지평선 바로 안쪽의 어떤 점을 떠난 광자들은 그들이 보기에 블랙홀의 중심에서 먼 곳에서 움직이고 있었다고 해도 안쪽으로 끌려온다.

한편 블랙홀의 바로 밖에서 출발한 광자는 우리에게 도달할 것이지만 지평선 근처의 빛 원뿔들이 거의 어떤 빛도 빠져나올 수 없도록 심하게 기울어져 있기 때문에 그 광자는 상당히 늦게 올 것이다. 지평선과 가까운 곳에서 출발한 광자일수록 도착은 더 늦어질 것이다. 지평선은 그 늦춰짐이 무한대가 되는 지점으로, 거기에서 내보내진 광자는 절대로 우리에게 도달하지 못한다.

이것은 다음과 같은 흥미로운 결론을 도출한다. 우리가 블랙홀로부터 어느 정도 떨어져서 표류하고 있다고 가정하자. 우리가 블랙홀 속으로 1초에 1,000번 광파를 내보내는 시계를 떨어뜨린다. 우리는 그 신호를 받고 소리로 전환한다. 처음에는 신호를 1초에 1,000번이라는 진동수로 받으므로, 높은 음의 신호를 듣는다. 하지만 시계가 블랙홀의 지평선에 가까워질수록 다음의 펄스가 도착하는 데 시간이 약간씩 더 걸리기 때문에 신호도 지연된다. 따라서 우리가 듣는 소리는 시계가 지평선에 가까워질수록 낮아진다. 시계가 지평선을 막 가로지를 때 음높이는 0으로 떨어지며 그 후에 우리는 어떤 소리도 듣지 못할 것이다.

이것은 빛이 지평선 근처의 영역에서 힘들게 기어올라야 하기 때문에 빛의 진동수가 감소한다는 것을 의미한다. 이는 또한 양자 이론으로도 이해할 수 있는데, 그것은 빛의 진동수가 그 에너지에 비례하기 때문이다. 계단을 기어오르는 데 에너지가 필요한 것과 같이 광자가 블랙홀의 바로 밖의 시작점에서 우리에게 기어오르기 위해서는 어느 정도의 에너지가 필요하기 때문이다. 광자의 출발점이 지평선에 가까우면 가까울수록 빛은 우리에게 가까이

오기 위해 더 많은 에너지를 내놓아야 한다. 따라서 빛의 출발점이 지평선에 가까이 있을수록 우리에게 도착한 순간의 진동수는 더 많이 감소할 것이다. 다른 결과는 진동수가 감소할수록 빛의 파장은 길어진다는 것이다. 이는 빛의 파장이 항상 그 진동수에 반비례하기 때문이다. 결과적으로 진동수가 줄어들면 파장은 같은 정도로 증가해야 한다.

이것은 블랙홀이 일종의 현미경으로 작동하고 있다는 것을 의미한다. 이 경우 물체의 영상을 확대하는 역할을 하는 것은 아니므로 일반적인 현미경과는 다르다. 대신 그것은 빛의 파장을 늘리는 작용을 한다. 그러나 그럼에도 불구하고 이것은 우리에게 매우 유용하다. 거리가 매우 짧은 영역에서 공간이 통상적 규모에서 우리가 보는 것과는 매우 다른 속성을 가진다고 가정하자. 이때 공간은 우리가 곧바로 지각할 수 있는 세상을 기술하는 데 충분한 것으로 생각되는 단순한 3차원 유클리드 기하학과는 매우 다르게 보일 것이다. 이에 관한 다양한 가능성들을 우리는 뒤에서 논의할 것이다. 공간은 불연속적인 것이 될 수 있는데, 이는 기하가 어떤 절대적인 크기를 가진 조각들로 이루어진다는 것을 의미한다. 또는 공간의 기하학 자체에 양자 역학적 불확정성을 가질 것이다. 전자들이 원자 속에서 정확히 한 점에 놓일 수 없으며 대신 핵 주위를 영원히 돌아다니고 있는 것과 같이, 공간의 기하는 그 자체가 춤추며 요동치고 있는 것일 수 있다.

    보통은 우리는 길이가 매우 짧은 규모에서 어떤 일이 일어나는지 볼 수 없다. 그 이유는 우리가 물체를 보기 위해서 사용하는 빛보다 더 작은 것은 볼 수 없기 때문이다. 만약 우리가 일반적인 빛을 사용한다면 가장 좋은 현미경조차도 가시광선 파장에 해당하는 정도, 즉 원자 지름보다 몇천 배 더 큰 물체보다 작은 물체는 세밀하게 보여 주지 못할 것이다. 자외선을 사용하면 더 작은 물체도 볼 수 있지만, 공간의 양자 구조를 볼 수 있는 현미경을 만들 수는 없다. 심지어 빛 대신 전자나 양성자를 써도 마찬가지다.

    그러나 블랙홀들은 우리가 이러한 문제를 해결할 방법을 제시해 준다. 빛이 우리에게 오기 위해 중력장의 우물을 기어오를 때 빛의 파장이 늘어나기 때문에 블랙홀의 지평선 근처에서는 매우 작은 규모의 것도 확대될 수 있을 것이다. 이것은 만약 블랙홀의 지평선과 매우 가까운 곳에서 나오는 빛을 볼 수 있다면, 우리는 공간 자체의 양자 구조를 볼 수 있을지도 모른다는 것을 의미한다.

    불행히도 지금까지는 블랙홀을 만든다는 것은 비현실적이라고 생각되었고 아무도 이 실험을 할 수 없었다. 그러나 1970년 초반 이후에, 블랙홀과 아주 가까운 영역에서 나오는 빛을 검출할 수 있게 되면서 우리가 보게 될 것에 대한 몇 가지 주목할 만한 예측들을 얻었다. 이러한 예언들은 상대성 이론과 양자 역학을 결합함으로써 얻을 수 있는 최초의 교훈들이다. 다음 세 장에서 그것들을 설명하려고 한다.

6
가속도와 열

블랙홀이 어떤 것인지를 진정으로 이해하려면 우리 자신이 그것을 가까이에서 보고 있다고 상상해야 한다. 우리가 블랙홀 바로 옆에 떠 있다고 한다면 우리는 무엇을 보게 될까? 그림15 블랙홀은 행성이나 항성처럼 중력장을 가진다. 따라서 그 표면 바로 위에서 맴돌기 위해서는 우리가 타고 있는 로켓의 엔진이 켜져 있어야 한다. 만약 엔진을 끄면 우리는 지평선을 통과해서 블랙홀의 내부로 빠르게 자유 낙하할 것이다. 이것을 피하기 위해서는 블랙홀의 중력장에 의해 끌어당겨지지 않도록 끊임없이 가속해야만 한다. 우리의 상황은 달 주위를 돌고 있는 달 착륙선 안의 우주 비행사와 비슷하다. 주된 차이는 우리가 우리 아래의 표면을 보지 못한다는 것이

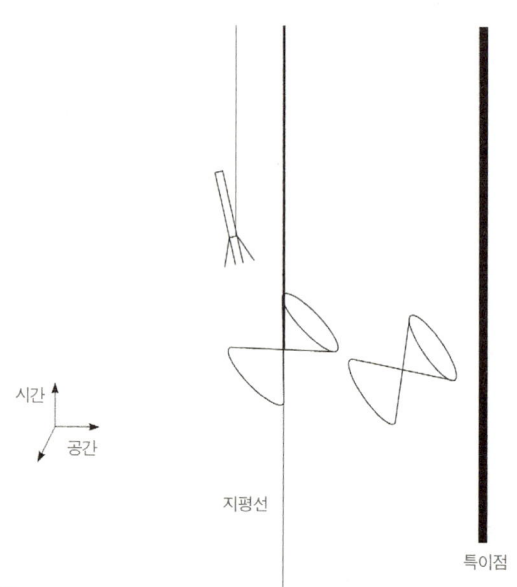

그림 15
블랙홀 지평선의 밖에 떠 있는 로켓. 엔진을 켜 놓음으로써, 그 로켓은 지평선으로부터 일정한 거리에 떠 있을 수 있다.

다. 블랙홀을 향해서 떨어지는 모든 것은 우리를 지나서 가속되어 우리 바로 아래에 있는 지평선을 향해 떨어진다. 그러나 우리는, 지평선이 우리 쪽으로 날아오고 있기는 하지만 우리에게 와 닿을 수는 없는 광자들로 이루어졌기 때문에 지평선을 볼 수 없다. 그

광자들은 블랙홀의 중력장에 의해 한자리에 묶여 있다. 따라서 우리는 우리와 지평선 사이에 있는 것들로부터 나오는 빛은 보지만, 지평선 자체에서 나오는 빛은 보지 못한다.

여러분은 여기에서 무언가 잘못됐다고 생각할 수도 있을 것이다. 우리가 우리 쪽으로 움직이더라도 결코 우리에게 도착할 수 없는 광자들로 이루어진 표면 위에서 선회할 수 있을까? 이것은 어떤 것도 빛보다 빨리 달릴 수 없다는 상대성 이론에 모순되는 것이 아닐까? 이것은 물론 사실이지만 여기에는 좀 주의할 것들이 있다. 만약 여러분이 관성계의 관측자라면, 즉 당신이 가속되지 않고 일정한 속도로 운동한다면 빛은 언젠가 당신을 따라잡을 것이다. 그러나 만약 당신이 계속해서 가속한다면 빛이 당신보다 충분히 먼 지점에서 출발한 경우에는 결코 당신을 따라잡을 수 없을 것이다. 이것은 블랙홀과 상관없이 성립하는 사실이다. 우주의 임의의 지점에서 계속해서 가속되는 모든 관측자는 블랙홀의 지평선 바로 위에서 선회하고 있는 이와 같은 상황에 처하게 될 것이다. 우리는 이것을 그림 16에서 볼 수 있다. 즉 충분히 먼 곳에서 출발해 가속하는 관측자는 빛보다 빨리 달릴 수 있다. 따라서 가속하는 관측자는 단순히 어떤 빛들이 자신을 따라잡을 수 없다는 사실

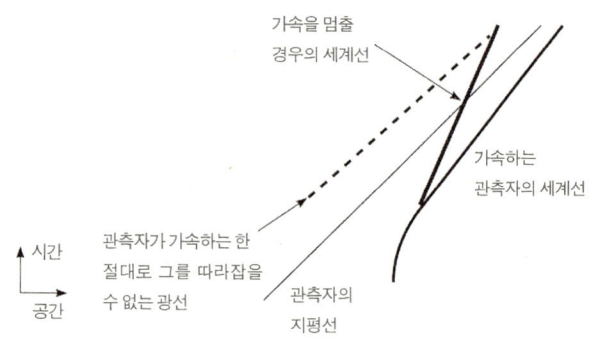

그림 16

지속적으로 가속하고 있는 관측자의 세계선을 굵은 선으로 나타냈다. 관측자가 계속해서 가속하는 한 직선으로 표시된 광선의 경로와 관측자의 세계선은 결코 만날 수 없다. 따라서 관측자는 이 직선 너머의 것을 볼 수 없기 때문에 이 직선은 관측자의 '지평선'이 된다. 지평선 뒤에는 관측자를 영원히 따라잡을 수 없는 빛의 경로가 있다. 관측자가 가속하기를 멈춘다면 어떤 세계선을 그릴 것인가도 알 수 있는데, 관측자는 지평선을 통과해서 지평선 너머에 있는 것을 볼 수 있게 된다.

덕분에, 숨겨진 영역을 갖게 된다. 그리고 관측자는 자신의 숨겨진 영역의 경계인 지평선을 갖게 된다. 경계면을 사이에 두고 관측자를 따라잡을 수 있는 광자들과 그럴 수 없는 광자들이 나뉘어 있다. 관측자의 지평선은 그들이 빛의 속도로 움직이고 있음에도 불구하고 결코 관측자에게 가까이 오지 못하는 광자들로 이루어진

다. 물론 이 지평선은 전적으로 가속도 때문에 생긴 것이다. 관측자가 엔진을 끄고 관성의 법칙에 몸을 맡기는 순간 지평선과 그 위에서 나온 빛은 관측자를 따라잡을 것이다.

이것이 혼란스러워 보일 수도 있다. 관측자가 계속 가속되면 빛보다 빠르게 움직이지 않을까? 하지만 상대성 이론에 따르면, 어떤 것도 빛보다 빨리 달릴 수 없지 않은가? 그러나 내가 말하고 있는 것은 상대성 이론과 전혀 모순되지 않으므로 안심하기 바란다. 그것은 계속해서 가속하는 관측자는 빛보다 결코 빨리 갈 수 없고 그 한계에 한없이 가까이 접근할 수만 있기 때문이다. 가속하는 관측자는 빛의 속도에 아주 가까워지지만 결코 그것에 도달할 수는 없다. 이것은 가속하는 관측자가 빛의 속도에 접근함에 따라 관측자의 질량이 증가하기 때문이다. 가속하는 관측자의 속도가 빛의 속도와 일치하게 되면 관측자의 질량은 무한대가 될 것이다. 그러나 세상 그 누구도 무한대의 질량을 가진 물체를 가속시킬 수 없으며 따라서 그 누구도 물체를 빛의 속도나 그 이상으로 가속시킬 수 없다 동시에 우리의 시계를 기준으로, 가속하는 관측자의 속도가 광속에 점점 더 가까이 접근함에 따라, 관측자의 시간은 점점 더 느리게 흘러가는 것처럼 보인다. 이것은 가속하는 관측자가 엔진을 켜고 가속하는 동안에는 계속될 것이다.

여기에서 기술한 것은 블랙홀을 고찰하는 데 매우 유용한 비유다. 블랙홀의 표면 바로 위를 선회하는 관측자는 어떤 항성이나 블랙홀에서 멀리 떨어진 영역에서 계속해서 가속하고 있는 관측자와 여러 면에서 비슷하다. 두 경우 모두, 그들이 볼 수 없는 영역이 있고 그 경계가 지평선이 된다. 지평선은 관측자와 같은 방향으로 진행하지만 관측자를 결코 따라잡지 못하는 빛으로 이루어진다. 지평선을 통과해서 떨어지기 위해서는 엔진을 끄기만 하면 된다. 엔진을 끄면 지평선을 형성하던 빛은 관측자를 따라잡고 관측자는 그 뒤에 숨겨져 있던 영역 속을 통과하게 된다.

가속하는 관측자의 상황은 블랙홀 바로 밖에 있는 관측자의 것과 유사하기만 한 게 아니다. 어떤 면에서는 가속하는 관측자의 상황이 더 간단하다. 그래서 이 장에서 우리는 약간 도는 길을 택해서, 끊임없이 가속하는 관측자가 보는 세계를 우선 고려하려고 한다. 이것이 블랙홀의 양자적 성질들을 이해하는 데 필요한 개념들을 가르쳐 줄 것이다.

물론 두 가지 상황이 완전히 유사하지는 않다. 일단 블랙홀의 지평선은 서로 다른 관측자들이 동시에 보는, 블랙홀의 객관적인 성질이다. 그러나 가속하는 관측자의 숨겨진 영역과 지평선은 관측자가 가속했기 때문에 생긴 것이다. 오직 가속하는 관측자에게만 보이는 것이다. 그럼에도 불구하고 블랙홀 표면 바로 위를 선회하는 관측자를 가속하는 관측자에 비유하는 것은 매우 유용하다. 그 이유를 알기 위해서 간단한 질문을 하나 해 보자. 계속해서 가속하는 관측자는 자신의 주위에서 무엇을 볼까?

가속하는 관측자가 속도를 증가시켜 가면서 통과하는 영역이 완전히 비었다고 가정하자. 근처 어디에도 물질이나 복사선이 없고 빈 공간인 진공 외에는 아무것도 없다고 하자. 가속하는 관측자에게 우주 탐사선에서 쓰는 것과 같은 과학 장비들, 즉 입자 검출기, 온도계 등을 주자. 관측자는 엔진을 켜기 전에는 빈 공간에 있기 때문에 아무것도 보지 못한다. 엔진을 켜는 것이 어떤 변화를 줄까?

실제로 변화가 있다. 우선 가속하는 관측자는, 갑자기 중력장 속에 존재하게 된 것처럼 무게를 느낄 것이다. 이것은 통상적인 가속의 효과다. 가속도와 중력이 동등한 효과를 준다는 것은 우리가 일상생활에서 느낄 수 있는 것일 뿐만 아니라 공상 과학 소설에 나오는 회전하는 우주 정거장의 인공 중력 원리로도 친숙하다. 그것은 또한 아인슈타인의 일반 상대성 이론의 가장 기본적인 원리이기도 하다. 아인슈타인은 이것을 '등가 원리(equivalence principle)'라고 불렀다. 이 원리에 따르면 어떤 사람이 창문이 없고 외부 세계와 접촉할 수 있는 길이 없는 방에 있다면, 그는 그 방이 지구의 표면 위에 있는지 아니면 지구와 멀리 떨어져 있는 우주 공간 속에서 지구를 향해서 떨어지는 물체처럼 가속되는지를 분간할 수 없다.

현대 이론 물리학의 가장 주목할 만한 발전 중 하나는 가속도가 중력과 전혀 상관이 없는 것처럼 보이는 것은 겉보기에 불과하다는 발견이었다. 이 새로운 효과는 매우 단순하다. 즉 가속하지 않는 정상적인 관측자가 보기에 완전히 비어 있는 공간에서 관측자가 가속을 시작하자마자 가속하는 관측자의 입자 탐색기들이 입자를 검출하기 시작한다는 것이다. 즉 가속하는 관측자는 자신이 여행하고 있는 공간이 비어 있는지 아닌지에 대한 매우 간단한 질문에도 가속하지 않는 친구들과 의견을 달리할 것이다. 가속하지 않는 관측자들은 완전히 빈 공간, 즉 진공을 본다. 가속하는 관측자는 자신이 입자들로 가득 찬 영역을 통과한다는 것을 발견한다. 이러한 효과들은 가속하는 관측자의 로켓 엔진과는 관계가 없다. 즉 그 효과들은 누군가가 가속하는 관측자를 줄로 잡아당겨 가속된다고 해도 나타날 것이다. 그것은 가속도의 보편적인 결과다.

관측자는 자신의 온도계에서 더욱 놀라운 것을 보게 된다. 온도란 마구잡이 운동의 정도를 재는 것이다. 따라서 빈 공간에는 온도를 0도에서 올릴 수 있는 것이 아무것도 없기 때문에 가속을 시작하기 전의 온도는 0도다. 가속을 시작하고 나면, 이제 변화된 것이라고는 가속도뿐임에도 불구하고, 온도계는 0이 아닌 어떤 온도를 가리킨다. 만약 가속하는 관측자가 이리저리 실험을 해 본다면, 가속하는 관측자는 온도가 가속도에 비례한다는 것을 알게 될 것이다. 가속하는 관측자의 모든 계측 기기들은 가속도에 비례해서 증가하게 되는 어떤 온도 값에서 운동하는 광자와 다른 입자의 기체에 둘러싸였을 때와 정확히 같은 반응을 보인다.

여기서 내가 서술하고 있는 것이 실제로 관측된 적은 없다는 것을 일러두어야겠다. 그것은 1970년대 초에 대학원을 막 졸업한 우수한 캐나다 물리학자였던 빌 운루(Bill Unruh)가 처음으로 예측했다. 그의 발견은 관측되지는 않았지만 양자 이론과 상대성 이론의 결과로서 보편적으로 성립하는 성질이었다. 가속하는 것은 무엇이든 온도가 그 가속도에 비례하는 광자의 뜨거운 기체 속에 있는 것 같은 경험을 한다는 것이다. 온도 T와 가속도 a 사이의 정확한 관계는 알려져 있으며, 운루가 처음으로 유도한 유명한 공식으로 주어진다. 이 공식은 매우 간단해서 이 책에서도 인용할 수 있다.

$$T = a(\hbar/2\pi c)$$

여기에서 $\hbar$는 플랑크 상수고 c는 광속으로, 계수인 $\hbar/2\pi c$는 일반적인 단위계에서는 작은 수이기 때문에 그 효과를 지금껏 실험적으로 검증하지는 못했다. 그렇다고 그것이 불가능한 것은 아니다. 전자들을 거대한 레이저로 가속하는 등의 방법으로 측정하자는 연구 방법이 제안되기도 했다. 양자 이론이 적용되지 않는 세계에서는 플랑크 상수가 0이 되기 때문에 이 효과는 사라진다. 그리고 빛의 속도가 무한대가 되면 T가 0이 되므로 뉴턴 물리학에서도 이 효과는 존재하지 않는다.

이런 효과는 아인슈타인의 유명한 등가 원리에 보충할 게 있음을 암시한다. 아인슈타인에 따르면, 일정하게 가속하는 관측자는 행성의 표면에 정지해 있는 관측자와 같은 상황에 있어야 한다.

운루는 행성이 가속도에 비례하는 온도로 가열될 경우에만 이것이 사실이라고 말한다.

가속하고 있는 관측자가 검출한 이 열은 어디에서 온 것일까? 열은 에너지며 잘 알다시피 창조되거나 파괴될 수 없는 것이다. 따라서 관측자의 온도계가 가열되어 올라간다면 에너지의 근원이 존재해야만 한다. 그렇다면 그것은 어디에서 왔을까? 에너지는 관측자의 로켓 엔진으로부터 온다. 이 효과는 관측자가 가속하는 경우에만 존재하고 가속에는 에너지가 일정하게 공급되어야 하기 때문에 이것은 이치가 통하는 설명이다. 열은 단순한 에너지가 아니라 무작위 운동에서 오는 에너지다. 따라서 우리는 가속되는 입자 검출기에 의해 측정되는 복사선이 어떻게 무작위의 분포를 띠는지 물어야 한다. 이것을 이해하기 위해서는 진공에 대한 양자 이론적 서술의 신비를 깊이 파고들어야 한다.

양자 이론에 따르면 어떠한 입자도 하이젠베르크의 불확정성 원리를 위반하고 완전히 정지해 있을 수 없다. 정지 상태에 머물러 있는 입자는 움직이지 않기 때문에 정확한 위치를 가진다. 또 같은 이유에서 그것은 정확한 운동량, 즉 0을 가진다. 이것은 불확정성 원리에 위배된다. 우리는 위치와 운동량을 임의로 결정할 수 없다는 것을 알고 있다. 그 원리에 따르면 우리가 입자의 위치를 정확하게 안다면 그것의 운동량을 완전히 몰라야 하며 그 역도 성립한다. 그 결과 우리가 입자에서 에너지를 완전히 없애더라도 정체는 알 수 없지만, 어떤 고유의 무작위적 운동은 유지될 것이다. 이 운동을 '영점 운동(zero point motion)'이라고 한다.

비교적 덜 알려져 있지만, 이 원리는 자석과 전류에서 발생한 힘을 운반해 주는 전기장과 자기장처럼 공간에 퍼져 있는 장에도 마찬가지로 적용될 수 있다. 이 경우에는 위치와 운동량의 역할을 전기장과 자기장이 대신한다. 만약 어떤 영역에서 전기장을 정확히 측정하면 자기장에 대해서는 완전히 모르는 상태가 된다. 이것은 우리가 어떤 영역에서 전기장과 자기장을 모두 측정하면 둘 다 0일 수는 없다는 것을 뜻한다. 따라서 공간의 한 영역을 0도까지 냉각시켜서 그것이 에너지를 갖지 않게 해도, 여전히 무작위적으로 요동치는 전기장과 자기장이 존재할 것이다. 이것을 진공의 '양자 요동(quantum fluctuations)'이라고 부른다. 이 양자 요동은 에너지를 가지고 있지 않기 때문에 정지해 있는 통상적인 에너지 검출기로는 측정할 수 없다. 그러나 놀랍게도, 가속하고 있는 검출기에서는 검출할 수 있다. 가속이 에너지를 공급하기 때문이다.

우리의 가속하는 관측자의 온도계의 온도를 올리는 것이 바로 이 무작위적인 양자 요동이다.

이것으로는 아직 그 무질서도의 근원이 무엇인지를 완전하게 설명하지 못한다. 그것은 양자계 사이에는 비국소적 연관 관계가 있다는, 양자 이론의 또 다른 중심적 개념과 관련이 있는 것으로 밝혀졌다. 이 연관성은 아인슈타인-포돌스키-로젠 실험과 같은 어떤 특정한 상황에서 관측될 수 있다. 한 원자에서 만들어진 광자 두 개가 동시에 서로 다른 방향으로 광속으로 이동한다. 그런데 우리가 이 광자 중 하나를 관측해 완전하게 기술하는 것이 다른 광자에 어떤 영향을 끼친다. 이것은 그들이 아무리 멀리 떨어져서 운동하더라도 그렇다 그림 17. 진공의 전기장과 자기장을 구성하는 광자들은 정확하게 이런 식으로 상호 작용하는 쌍으로 나타난다. 게다가 가속하는 관측자의 온도계에 검출된 각각의 광자는 관측자의 지평선 너머에 있는 광자와 연관되어 있다. 이것은 각각의 광자를 완전하게 기술하려고 할 때 필요한 정보의 일부분은 가속하는 관측자가 접근할 수 없는 영역에 있다는 것을 뜻한다. 그것은 그 정보가 가속하는 관측자의 숨겨진 영역 안에 있기 때문이다. 결과적으로 가속하는 관측자가 관찰하는 광자는 본질적으로 무작위적이

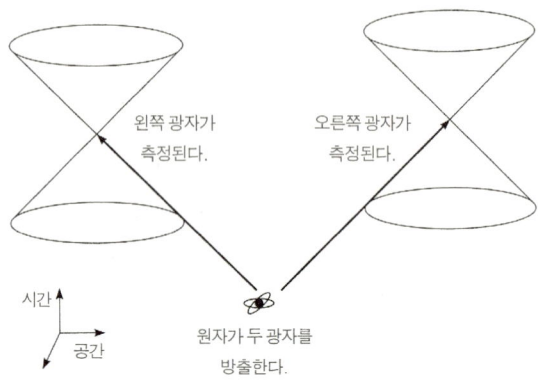

그림 17
아인슈타인-포돌스키-로젠(EPR) 실험. 두 개의 광자들이 한 원자의 붕괴에서 만들어진다. 그들은 반대 방향으로 진행하고 그때 각각 다른 빛 원뿔들 밖에서의 두 개의 사건으로 측정된다. 이는 오른쪽의 관측자가 측정하기로 선택한 것으로부터 어떤 정보도 왼쪽의 사건으로 흘러가지 않았다는 것을 뜻한다. 그럼에도 불구하고 왼쪽의 관측자가 보는 것과 오른쪽의 관측자가 측정하기로 택한 것 사이에는 상호 관계가 있다. 이 상호 관계들은 각각의 편에서 측정한 것의 통계를 비교할 때에만 검출되기 때문에 빛보다 빠르게 정보를 전달하지 못한다.

다. 기체 속의 원자들과 마찬가지로, 가속하는 관측자가 관찰하는 광자들이 어떻게 움직이고 있는지를 정확하게 예측할 수 있는 방법은 없다. 결론은 가속하는 관측자가 보고 있는 운동이 무작위적이라는 것이다. 그런데 무작위적 운동이 바로 열의 정의다. 따라

서 가속하는 관측자가 보고 있는 광자들은 뜨겁다!

이 이야기를 약간 더 따라가 보자. 물리학자들은 뜨거운 계의 무질서도를 측정하는 엔트로피라는 척도를 가지고 있다. 엔트로피는 뜨거운 계에 있는 원자들의 운동에 얼마나 많은 무질서도 혹은 무작위도가 존재하는가를 정확하게 나타낸다. 이 척도는 광자들에도 마찬가지로 적용될 수 있다. 예를 들어 텔레비전에서 시험 방송을 볼 때 무작위적으로 나타나는 광자들이, 「엑스 파일」(1990년대 후반 인기를 끌었던 미국 드라마. 외계인, 오컬트 현상, 음모 이론 등을 소재로 인기를 끌었다.—옮긴이)을 내 눈에 전달해 주는 광자들보다 더 많은 엔트로피를 가진다고 말할 수 있다. 가속되는 검출기에 의해 검출된 광자들은 무작위적이며 따라서 일정한 양의 엔트로피를 가진다.

엔트로피는 정보의 개념과 밀접한 관련이 있다. 물리학자와 공학자는 신호나 패턴에 얼마나 많은 정보가 들어 있는지를 재는 척도를 가지고 있다. 신호에 의해 전달된 정보는 그 신호에 '예/아니오'를 묻는 질문의 답변들이 얼마나 많이 부호화될 수 있는가로 정의된다. 디지털화된 세계에서는 대부분의 신호들은 일련의 비트로 전달된다. 이것들은 또한 일련의 '예/아니오'로 여길 수도 있는 일련의 1들과 0들이다. 각 비트가 하나의 예/아니오를 묻는 질문의 답을 부호화하고 있는 것이 가능하므로 한 신호가 가진 정보의 내용은 비트들의 숫자와 같다. 1메가바이트는 이런 의미에서 정확하게 정보의 양을 측정한 값이다. 예를 들어 100메가바이트의 기억 용량을 가진 컴퓨터는 1억 바이트의 정보를 저장할 수 있다. 1바이트는 8비트로 이뤄지고 이것은 8개의 예/아니오 물음에 대한 답변들에 대응되기 때문에 100메가바이트의 용량은 8억 개의 예/아니오 물음에 대한 답변들을 저장할 수 있다.

0이 아닌 어떤 온도의 기체와 같은 무질서한 계에서는 많은 양의 정보가 분자들의 무작위적 운동에 부호화된다. 이 정보는 기체를 밀도와 온도 같은 양들로 기술할 때 모호해지는 분자들의 위치와 운동에 대한 것이다. 밀도와 온도 같은 양들은 기체 안의 모든 원자들에 대해서 평균을 구한 것이다. 따라서 우리가 기체를 밀도와 온도로 기술하면 분자들의 실제 위치와 운동에 대한 대부분의 정보는 버려진다. 기체의 엔트로피는 이 정보, 즉 기체 안의 모든 원자들을 양자 이론적으로 정확하게 기술하기 위해서 답해야 하는 예/아니오 질문의 개수와 같다.

가속하는 관측자가 보고 있는 뜨거운 광자들의 상태에 대한 정확한 정보는 가속하는 관측자의 숨겨진 영역 속에 있는 광자들의 상태에 부호화되어 있기 때문에 얻을 수 없다. 무작위성은 숨겨진 영역이 존재한다는 것의 결과이기 때문에, 엔트로피는 가속하는 관측자가 볼 수 없는 부분이 우주에서 얼마나 되는가를 반영해야 한다. 따라서 가속하는 관측자의 숨겨진 영역의 크기와 관련이 있어야 한다고 생각할 수 있다. 이것은 거의 정확한 생각이다. 실제로 관측자가 볼 수 없는 부분을 측정하는 것은 관측자와 그의 숨겨진 영역을 분리하고 있는 경계면의 크기를 측정하는 것이다. 가속하는 관측자가 가속의 결과로 관찰하는 열복사의 엔트로피는 정확히 가속하는 관측자의 지평선의 넓이에 비례하는 것으로 밝혀졌다! 지평선의 넓이와 엔트로피의 이 관계는, 빌 운루가 그의 위대한 발견을 했을 당시 프린스턴에서 연구하고 있던 제이콥 베켄슈타인(Jacob Bekenstein)이라는 박사 과정 학생이 발견한 것이다. 두 사람 모두 그보다 몇 년 전에 블랙홀이라는 이름을 지은 존 휠러(John Wheeler)의 학생들이었다. 휠러는 베켄슈타인과 운루를 포함해서 훌륭한 학생들을 놀라울 정도로 많이 길러 냈는데 그중에는 리처드 파인만(Richard Fynman)도 있다.

이 두 명의 젊은 물리학자들이 이루어 낸 것은 양자 중력 연구의 역사에서 가장 중요한 발걸음 중 하나로 남아 있다. 그들은 우리에게 두 가지 일반적이고 간단한 법칙들을 제시했다. 이것은 양자 중력의 연구에서 얻은 최초의 물리학적 예측들이었으며 다음과 같다.

- 운루 법칙: 가속하는 관측자는 그 가속도에 비례하는 온도에 있는 뜨거운 광자 기체에 둘러싸여 있음을 관측한다.
- 베켄슈타인 법칙: 관측자와 그의 숨겨진 영역을 분리하는 경계를 이루는 모든 지평선은 그 뒤에 숨겨진 정보의 양을 측정하는 엔트로피와 관련이 있다. 이 엔트로피는 항상 지평선의 넓이에 비례한다.

다음 장에서 볼 수 있는 바와 같이 이 두 법칙이 블랙홀의 양자적 이해의 토대를 이룬다.

7
블랙홀은 뜨겁다

우리가 가속하는 관측자를 고려했던 이유는 그 상황이 블랙홀의 지평선 바로 위를 맴돌고 있는 관측자의 상황과 매우 유사하기 때문이다. 따라서 우리가 앞 장의 끝에서 발견한 운루와 베켄슈타인 법칙을 적용해서 우리가 블랙홀 위에 떠 있을 때 어떤 것을 보게 될지 말할 수 있다. 그 유사성을 이용하면 우리는 블랙홀 밖의 관측자가 뜨거운 광자의 기체에 둘러싸인 것 같은 경험을 하게 될 것을 예측할 수 있다. 그 온도는 우주선을 지평선 위의 고정된 위치에 계속 떠 있게 하기 위해서 엔진이 내야 하는 가속도와 관련이 있을 것이다. 게다가 이 관측자가 검출하는 광자들은 무질서적일 것이다. 그것들을 완벽하게 기술하기 위해서는 지평선 너머의 정보, 즉 지평선

위에 있는 가속하는 관측자가 보는 광자들과 지평선 너머에 머물러 있는 광자들 사이의 상호 관계 속에 부호화되어 있는 정보를 필요로 하기 때문이다 그림 18. 이 잃어버린 정보를 측정하기 위해서는 블랙홀에 엔트로피를 부여해야만 한다. 그리고 이 엔트로피는 블랙홀 지평선의 넓이에 비례하는 것으로 드러날 것이다.

이 비유는 매우 유용하지만 둘 사이에는 중요한 차이가 있다. 가속하는 관측자에 의해 측정된 온도와 엔트로피는 오로지 가속하는 관측자의 운동이 낳은 결과라는 것이다. 만약 가속하는 관측자가 엔진을 끄면 가속하는 관측자의 지평선을 이루고 있는 광자들은 가속하는 관측자를 따라잡을 것이다. 그렇다면 가속하는 관측자는 자신의 숨겨진 영역 뒤를 들여다볼 수 있다. 가속하는 관측자는 더 이상 뜨거운 광자들의 기체를 보지 못하며 따라서 아무런 온도도 측정하지 못한다. 가속하는 관측자가 보는 것은 오직 빈 공간뿐이기 때문에 잃어버린 정보가 없다. 이것은 숨겨진 영역이 없다는 사실과 일치하기 때문에 지평선도 없다. 그러나 블랙홀에 대해서는 무한히 많은 수의 관측자들이 그 너머를 볼 수 없는 지평선이 있다는 사실에 동의할 것이다. 그리고 지평선을 가로질러 떨어지지 않는 모든 관측자들이 블랙홀과 그 지평선의 존재에 동의할

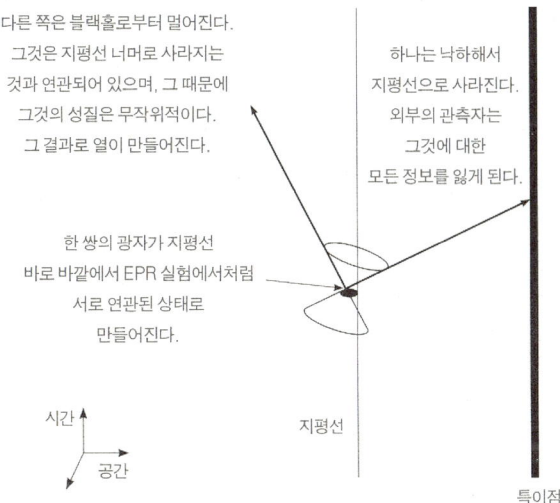

그림 18

스티븐 호킹이 발견한 블랙홀로부터의 복사선. 블랙홀에서 멀어지는 광자는 그림 17의 광자와 같이 지평선 너머로 사라진 광자와 상호 관련이 있기 때문에 무작위적인 성질과 운동을 가진다. 지평선 밖의 관측자들이 안쪽으로 떨어지는 광자가 가지고 있는 정보를 되찾을 수 없기 때문에, 밖으로 나가는 광자는 뜨거운 기체 안의 분자처럼 열운동을 한다. 그 결과는 블랙홀을 떠나는 복사가 0이 아닌 온도를 가진다는 것이다. 그것은 또한 엔트로피를 가지고 있으며 이 엔트로피 값은 잃어버린 정보가 어느 정도인지를 알려 준다.

것을 생각하면 블랙홀이 온도와 엔트로피를 가지는 것은 그들의 운동이 낳은 결과가 아님을 알 수 있다. 이것은 지평선에서 멀리

떨어진 모든 관측자들이 블랙홀이 온도와 엔트로피를 가진다고 동의할 것임을 의미한다.

회전하지 않고 전하를 띠지 않는 간단한 블랙홀의 경우, 온도와 엔트로피 값은 매우 간단하게 표현될 수 있다. 간단한 블랙홀의 지평선의 넓이는 플랑크 단위로 잰 질량의 제곱에 비례한다. 엔트로피 S는 이 양에 비례하며, 플랑크 규모를 사용할 때 다음의 간단한 공식을 쓸 수 있다.

$$S = \frac{A}{4\hbar G}$$

여기에서 A는 지평선의 넓이이고, G는 중력 상수다.

입자 물리학에서의 중요한 업적으로 1999년 노벨상을 수상한 헤라르뒤스 토프트는 나중에 양자 중력을 연구하면서 이 방정식을 해석하는 매우 간단한 방법을 제안했다. 그는 블랙홀의 지평선이 4플랑크 넓이당 1개의 픽셀을 갖는 컴퓨터 화면과 같다고 제안했다. 각 픽셀은 켜거나 끌 수 있는데 이것은 1비트의 정보를 의미한다. 이때 블랙홀 내부가 포함하는 정보의 전체 비트수는 지평선을 덮는 데 필요한 전체 픽셀 수와 같다. 플랑크 단위는 매우 작으며, 1제곱센티미터를 덮기 위해서는 10^{66}개의 플랑크 넓이 픽셀이 필요하다. 그 지름이 수킬로미터인 천체 물리학적 블랙홀이라면 어마어마하게 많은 양의 정보를 가질 수 있다.

엔트로피는 정보의 척도 외에 또 다른 의미를 갖는다. 만약 어떤 계가 엔트로피를 가진다면 그 계는 시간에 대해 비가역적으로 행동한다. 이것은 엔트로피는 생성될 뿐 없어질 수는 없다는 열역학 제2법칙 때문이다. 만약 찻주전자를 바닥에 떨어뜨려 깨뜨린다면 당신은 그것의 엔트로피를 많이 증가시킨 것이다. 이 조각들을 되돌려 원래의 찻주전자로 만들기란 매우 어렵다. 열역학에서 어떤 과정의 비가역성은 무작위적인 운동으로 잃어버린 정보의 양으로 정량화할 수 있으며 그것이 바로 엔트로피의 증가분이다. 그러나 그러한 정보는 일단 잃어버리면 결코 복구될 수 없다. 따라서 엔트로피는 일반적으로 감소할 수 없다. 이것이 열역학 제2법칙을 표현하는 한 방법이다.

물체가 블랙홀 안으로 떨어질 수는 있지만 아무것도 밖으로 나올 수는 없기 때문에, 블랙홀 또한 시간에 대해 가역적이지 않은 것처럼 행동한다. 이것이 블랙홀 지평선의 넓이에 어떤 영향을 미치는지를 스티븐 호킹(Stephen Hawking)이 처음으로 밝혔다. 호킹은 블랙홀 지평선의 넓이가 시간이 지남에 따라 절대로 줄어들지 않는다는 매우 정연한 증명을 보여 주었다. 블랙홀 지평선의 넓이가 시간이 지남에 따라 오직 늘어날 수만 있는 양이라는 점으로부터 엔트로피와 유사하다고 가정하는 것이 자연스러웠다. 베켄슈타인의 위대한 통찰력은 이것이 단순한 유사성이 아님을 간파한 것이었다. 그는 블랙홀이 실제로 엔트로피를 가진다고 주장했으며 블랙홀의 엔트로피가 지평선의 넓이에 비례하고 그 지평선 너머에 갇혀 있는 정보의 양을 알려 준다고 추측했다.

여러분은 아마 이것이 그렇게 명백한 것이었다면, 1만 5000명의 다른 물리학자들은 왜 그렇게 간단한 그 유사성을 이용할 수 없었는가 하고 의아해 할 것이다. 그 이유는 그 유사성이 아주 완전하지는 않다는 데 있다. 블랙홀로부터 아무것도 나올 수 없다면 그 온도는 0도여야 한다. 왜냐하면 온도란 무작위적인 운동의 에너지를 나타내는 것이기 때문이다. 만약 상자 안에 아무것도 없다면 거기에는 무작위적이든 아니면 어떤 다른 식으로든 운동이 없을 것이다. 그런데 일반적으로 하나의 계는 열 없이는 엔트로피를 가질 수 없다. 왜냐하면 잃어버린 정보가 무작위적인 운동을 낳기 때문이며 그것은 열이 있다는 것을 의미한다. 따라서 블랙홀이 엔트로피를 가진다면 그것은 열역학 법칙에 위배되는 것이다.

따라서 베켄슈타인의 아이디어는 묘수이기는커녕 어떤 분야건 초보자가 흔히 범할 수 있는 잘못된 추론의 오용에 불과한 것이라고 생각되었다. 그러나 스티븐 호킹, 폴 데이비스(Paul Davis)와 빌 운루를 포함한 소수의 사람들은 베켄슈타인의 생각을 중요하게 받아들였다. 수수께끼는 블랙홀들이 뜨거워도 열역학 법칙에 위배되지 않는다는 것을 알아낸 호킹에 의해서 처음 풀렸다. 앞에서 대략적으로 소개한 것과 같은 추론을 통해서, 호킹은 블랙홀 외부의 관측자가 블랙홀이 유한한 온도를 갖는 것을 관측할 수 있음을 증명할 수 있었다. 플랑크 단위에서 블랙홀의 온도 T는 그 질량인 m에 반비례한다. 이것이 운루와 베켄슈타인 법칙에 이은 제3법칙인 호킹 법칙이다.

$$T = \frac{k}{m}$$

상수 k는 일반적인 단위에서는 매우 작다. 결과적으로 천체 물리학적 블랙홀들의 온도는 매우 낮다. 따라서 그것은 2.7도인 우주 배경 복사보다 훨씬 더 차갑다. 그러나 훨씬 더 작은 질량을 갖는 블랙홀은 크기는 훨씬 작지만 그만큼 훨씬 뜨겁다. 에베레스트 산 정도의 질량을 갖는 블랙홀은 원자핵 하나보다 크지 않겠지만 보통 별의 중심부보다 훨씬 더 높은 온도를 가지고 이글거릴 것이다.

블랙홀에서 나오는 복사는 '호킹 복사(Hawking radiation)'라고 불리는 에너지를 가지고 있다. 아인슈타인의 질량과 에너지 사이의 유명한 공식, $E=mc^2$에 따르면 호킹 복사가 그것에 해당하는 질량을 가지고 나온다. 블랙홀은 방출되는 복사선을 만들어 낼 다른 에너지원이 없으므로, 호킹 복사가 그에 해당하는 에너지를 가지고 나온다는 이야기는 빈 공간에 있는 블랙홀이 질량을 잃어야만 한다는 것을 암시한다. 이렇게 블랙홀이 질량을 방출하는 과정을 '블랙홀 증발(black hole evaporation)'이라고 한다. 블랙홀이 증발함에 따라 그 질량은 줄어든다. 그러나 그 온도는 앞의 호킹의 법칙에 따라 질량에 반비례하기 때문에 질량을 잃을수록 블랙홀은 더 뜨거워진다. 이 과정은 온도가 너무 높아서 방출된 각각의 광자의 에너지가 플랑크 에너지와 비슷해질 때까지 계속될 것이다. 이때 블랙홀 자신의 질량이 플랑크 질량과 비슷해지고, 지평선의 지름도 대략 수플랑크 길이 정도가 된다. 이때 우리는 양자 중력이 지배하는 영역에 도달하게 되며, 그 다음에 블랙홀에서 일어나는 일은 오로지 완전한 양자 중력 이론에 의해서 결정될 것이다.

천체 물리학적 블랙홀의 증발은 매우 천천히 일어난다. 증발의 정도는 온도에 의존하는데 처음에는 그 자체의 온도가 매우 낮기 때문에 증발도 그리 많이 진행되지 않는다. 태양 정도의 질량을 갖는 블랙홀이 증발하려면 현재 우주의 나이의 10^{57}배만큼 걸릴 것이다. 따라서 이것은 우리가 금방 관측하기는 어렵다. 그러나 블랙홀이 모두 증발하고 나면 어떤 일이 일어나는가 하는 질문은 양자 중력을 연구하는 이들에게는 매혹적인 질문이다. 이 문제에 대해서는 심사숙고할 만한 패러독스를 생각해 내는 것이 쉬운 일이다. 예를 들어 블랙홀이 증발할 때 블랙홀 안에 갇힌 정보에는 어떤 일이 생길 것인가? 우리는 갇힌 정보의 양이 블랙홀 지평선의 넓이에 비례한다고 말했다. 블랙홀이 증발할 때 지평선의 넓이는 감소한다. 이것이 갇힌 정보의 양 또한 줄어든다는 것을 의미하는가? 만약 그렇지 않다면 모순이 있는 것처럼 보이며, 모순이 아니라고 해도 우리는 지평선 뒤에 갇힌 광자들에 암호화되어 있는 정보가 어떻게 밖으로 나올 수 있는지 설명해야 한다.

비슷하게 우리는 또한 블랙홀의 엔트로피가 지평선의 넓이가 줄어듦에 따라 감소하는지 아닌지를 물어볼 수 있다. 두 양이 관련이 있기 때문에 그래야만 하는 것처럼 보인다. 그러나 이것은 엔트로피가 절대로 줄어들 수 없다는 열역학 제2법칙을 분명히 위배하는 것이 아닐까? 한 가지 대답은 블랙홀이 방출한 복사가 블랙홀이 잃은 것을 보충할 만큼 많은 엔트로피를 가지기 때문에 그럴 필요가 없다는 것이다. 열역학 제2법칙은 우주의 전체 엔트로피가 늘어나지 않을 것을 요구할 뿐이다. 만약 우리가 블랙홀의 엔트로피 변화를 이러한 전체 엔트로피 체계에 포함시킨다면 우리가 가지고 있는 모든 증거는 열역학 제2법칙이 여전히 유지됨을 보여준다. 무언가가 블랙홀 안으로 떨어질 때 바깥 세계는 엔트로피를 약간 잃을지도 모르지만 블랙홀의 엔트로피 증가는 그것을 보충하고도 남을 것이다. 반대로 만약 블랙홀이 복사를 방출하면 표면적이 줄어들고 따라서 엔트로피를 잃게 되지만, 바깥 세계의 엔트로피는 그것을 보충할 만큼 증가할 것이다.

이 모든 것의 결과는 매우 만족스러우면서 동시에 매우 곤혹스럽다. 만족스러운 이유는 블랙홀의 연구가 열역학 법칙들을 아름답게 확장하기 때문이다. 블랙홀들은 언뜻 열역학 법칙들을 위반할 것으로 보였다. 그렇지만 블랙홀 자체가 엔트로피와 온도를 가진다면 궁극적으로 열역학 법칙들은 유지될 것이다. 곤혹스러운 것은 대부분의 경우 엔트로피가 잃어버린 정보의 척도라는 것이다. 고전적인 일반 상대성 이론에서는 블랙홀은 전혀 복잡하지 않다. 그것은 질량과 전하량 같은 불과 몇 가지 수로 기술된다. 그러나 그것이 엔트로피를 가진다면 무언가 잃어버린 정보가 있음에 틀림없다. 블랙홀에 대한 고전적인 이론은 그 정보가 무엇에 관한 것인지 아무런 단서도 주지 않는다. 베켄슈타인, 호킹 그리고 운루가 했던 어떤 계산도 그 정보가 무엇인지 암시하지 않는다.

그러나 만약 잃어버린 정보의 성격에 대해 고전적인 이론이 아무 힌트도 주지 않는다면 남은 단 하나의 가능성은 블랙홀의 양자 이론이다. 만약 우리가 블랙홀을 순수한 양자계로 이해한다면, 그 엔트로피는 양자 이론적 수준에서만 명확해지는 정보를 포함하는 것으로 밝혀져야 할 것이다. 따라서 우리는 이제 중력의 양자 이론을 가져야만 답할 수 있는 질문을 제기할 수 있다. 양자 이론적 블랙홀 안에 갇힌 정보의 본질은 무엇인가? 양자 중력 이론에 대한 좋은 검증 방법이 바로 이 질문에 얼마나 잘 대답할 수 있는가를 보는 것이므로, 양자 중력에 대한 다른 접근 방법들을 알아보는 동안에도 이 질문을 명심하기로 하자.

8
넓이와 정보

20세기 초반에는 원자의 존재를 믿는 물리학자들이 얼마 되지 않았다. 현재는 원자의 존재를 믿지 않는 교양인은 거의 없다. 그러나 공간에 대해서는 어떤가? 만약 우리가 어떤 조각, 가령 각 모서리가 1센티미터인 정육면체를 택한다면 우리는 각 모서리를 둘로 나누어서 공간을 여덟 개의 더 작은 조각으로 나눌 수 있다. 우리는 이 조각들을 다시 나누고 또 나눌 수 있다. 어느 한도까지 가면 원자를 얻게 될 것이기 때문에, 물질을 작게 나누는 것에는 한계가 있다. 공간에 대해서도 마찬가지일까? 계속해서 나누다 보면, 결국 공간의 가장 작은 단위, 가능한 가장 작은 부피까지 갈 것인가? 아니면 우리가 멈출 필요 없이, 공간을 더욱더 작은 공간으로 무한정

나눌 수 있을까? 머리말에서 언급했던 세 가지 길 모두 이 질문에 같은 답을 제시해 준다. 그것은 공간의 가장 작은 단위가 존재한다는 것이다. 나는 8~11장에서 매끄러워 보이는 물질 표면이 실제로는 울퉁불퉁한 원자들의 집합체인 것처럼 공간도 불연속적인 것(원자보다 훨씬 작은 단위로 이루어져 있다.)임을 설명할 것이다. 충분히 작은 규모에서 보면, 우리는 공간이 셀 수 있는 구성 단위로 이루어져 있음을 알게 될 것이다.

아마도 공간을 불연속적인 것으로 상상하기는 어려울 것이다. 예를 들어 어떤 것을 공간의 가장 작은 단위 부피의 절반에 맞추는 것은 왜 불가능할까? 그 답은 이 질문 자체가 공간이 사물이 딱 들어맞도록 절대적 존재성을 갖는다고 가정하고 있기 때문에 그릇되었다는 것이다. 공간이 불연속적이라고 말할 때 그것이 무엇을 뜻하는 것인지 이해하려면, 우리의 정신을 완전히 관계론적인 사고방식 안에 놓아야 하며, 우리 주위의 세계를 진화하는 관계들의 네트워크로 보고 느끼기 위해 진정으로 노력해야 한다. 이러한 관계들은 공간에 위치한 것들 사이에 있는 것이 아니라 우주의 역사를 구성하는 사건들 사이에 존재한다. 관계들이 공간을 정의하는 것이지, 그 반대가 아니다.

이런 관계론적인 관점에서 보면 세계가 불연속적이라고 말하는 것이 의미가 있다. 실제로 그것이 더 쉬운데, 왜냐하면 유한한 개수의 사건들을 생각하면 되기 때문이다. 공간이 매끈하다면 특정 부피의 공간 안에 있는 사건들 사이의 관계들은 무한히 많을 것이다. 무한히 많은 관계의 네크워크를 마음속에 그리는 것이 훨씬 어렵다. 다른 증거들도 있지만(만약 그것들이 없다고 하더라도) 관계론적 관점에서 보면 시공을 고찰하기 훨씬 쉬워진다는 사실이 공간과 시간 모두 불연속적이라고 상상할 충분한 이유가 된다.

물론 지금까지 아무도 '공간의 원자'를 관찰한 적은 없다. 또한 공간이 불연속적이라고 예측하는 이론의 예측들 중 어느 것도 실험적으로 증명된 적이 없다. 그렇다면 어째서 많은 물리학자들이 이미 공간이 불연속적이라고 믿고 있는 것일까? 이것은 좋은 질문이며 우리는 여기에 대한 훌륭한 답을 가지고 있다. 현재의 상황은 대부분의 물리학자들이 원자의 존재를 확신하게 된 시기, 즉 19세기의 마지막 10년과 20세기의 첫 10년을 잇는 20년 동안과 어느 면에서 비슷하다. 최초의 원시적인 입자 가속기를 사용해서 원자를 확인했다고 말할 수 있는 첫 실험은 이 기간 직후, 즉 1911년과 1912년이 되어서야 이루어졌다. 그러나 그때 대부분의 물리학자들은 이미 원자의 존재를 확신하고 있었다.

현재 우리는 상대성 이론과 양자 물리학이 탄생하고 20세기 물리학의 혁명이 시작된 1890년과 1910년 사이에 그랬던 것처럼 물리학 법칙이 다시 쓰여지는 중요한 시기에 있다. 물질과 복사가 연속적이라는 가정에 따르는 역설과 모순을 해결하기 위해, 19세기와 20세기에 걸친 20년 동안에 사람들로 하여금 원자의 존재를 받아들이게 만든 중요한 논거들이 공식화되었다. 이 시기에 고안된 개념들을 증명하는 데 필요한 실제 원자 검출 실험은 나중에 행해졌다.

사람들에게 원자의 존재를 확신시킨 중요한 논거들은 열, 온도와 엔트로피를 지배하는 법칙, 즉 열역학이라고 부르는 열의 물리학과 관련이 있었다. 열역학 제2법칙은 계의 엔트로피가 절대로 감소하지 않는다는 것을 말하고, 이른바 제0법칙은 계의 엔트로피가 가능한 한 최댓값을 가질 때 그것이 일정한 온도를 가진다는 것을 말한다. 이 두 법칙 사이에 에너지는 결코 생성되거나 파괴되지 않는다는 제1법칙이 있다.

대부분의 19세기 물리학자들은 원자 가설을 믿지 않았다. 당시 화학자들은 다른 물질들이 일정한 비율로 결합한다는 것을 발견했으며 이것은 원자의 존재를 시사했다. 그러나 물리학자들은 크게 영향받지 않았다. 1905년까지 대부분의 물리학자는 물질이 연속적이라고 생각했다. 혹은 원자들이 존재하더라도 원자들을 영원히 관측할 수 없을 것이기 때문에, 원자들이 존재하는지를 탐구하는 것은 과학의 영역이 아니라고 생각했다. 이 과학자들은 열역학 법칙들을 원자나 원자의 운동에 대해 말하지 않는 형태로 발전시켰다. 그들은 앞에서 소개한 온도와 엔트로피의 기본 정의, 즉 온도는 무작위적 운동 에너지를 측정한 것이며 엔트로피는 정보를 측정한 것임을 믿지 않았다. 대신 그들은 온도와 엔트로피는 물질의 본질적인 특성이며, 물체는 단지 연속적인 유체(流體) 혹은 물질이고 온도와 엔트로피는 그것의 기본적인 성질들 중 일부라고 이해했다.

열역학 법칙들에 원자 개념을 사용할 필요가 없었던 19세기의 열역학 창시자들은 심지어 원자와 열역학 사이에 어떤 관계도 있을 수 없다고 믿었다. 이것은 엔트로피가 시간의 흐름에 따라 증가한다는 제2법칙이 시간에 대한 비대칭성을 도입하기 때문이었다. 이 법칙에 따르면 미래 우주의 엔트로피는 현재 우주의 엔트로피보다 크다. 따라서 미래와 과거는 다르다. 한편 이들은 만약 원자가 존재한다면 원자가 뉴턴의 법칙을 따를 것이라고 추론했다. 그러나 뉴턴의 법칙들은 시간에 따라 가역적이다. 여러분이 한 무리의 입자가 뉴턴 법칙에 대해 상호 작용하는 것을 영화로 만들었다고 가정해 보자. 그리고 그 영화를 물리학자들에게 두 번 보여 주는데 한 번은 만들었던 대로, 또 한 번은 거꾸로 상영한다고 해 보자. 영화에 몇 개의 원자들만 등장한다면, 물리학자들이 영화에서 시간이 제대로 흘러가는지를 결정할 수 있는 방법은 없다.

커다란 거시적 물체에서는 상황이 매우 다르다. 우리가 살고 있는 세계에서 미래는 과거와 매우 다르며, 이것이 정확히 엔트로피가 시간의 흐름에 따라 증가한다는 법칙에 포착되어 있다. 이것은 미래와 과거가 가역적이라는 뉴턴의 이론에 위배되는 것처럼 보인다. 따라서 많은 물리학자들은 원자의 존재에 대한 결정적인 실험적 증거가 나온 20세기 초반까지도 물질이 원자로 구성되어 있음을 믿지 않았다.

온도가 무작위적 운동에서 에너지를 재는 척도고 엔트로피는 정보를 재는 척도라는 생각은 열역학의 통계적 형식화의 근간을 이룬다. 이 관점에 따르면 보통의 물질은 엄청난 수의 원자로 이루어진다. 이것은 통상적 물질의 성질을 통계적으로 추론해야 함을 의미한다. '통계 역학'의 창시자들은 뉴턴 법칙으로부터 열역학 법칙들을 유도함으로써 겉보기에 역설적으로 보이는 시간의 방향을 설명할 수 있었다. 그 역설은 열역학 법칙들이 절대적이지 않다는 것을 이해함으로써 해결되었다. 즉 열역학 법칙들은 가장 일어날 법한 것(혹은 가장 많이 일어나는 것—옮긴이)을 기술하는 동시에, 아주 작지만 법칙이 깨질 가능성도 항상 가지고 있었던 것이다.

특히 그 법칙들은 많은 수의 원자들은 대부분의 시간 동안 더 무작위적인 상태, 즉 더 무질서한 상태에 도달하려 한다고 주장한다. 이 이유는 아주 단순하다. 무작위적으로 일어나는 상호 작용들이 초기에 존재했던 어떤 정렬이나 질서를 파괴하려는 경향이 있기 때문이다. 그러나 이것이 필연적이지는 않으며 단지 가장 일어날 법한 일일 뿐이다. 매우 정교하게 준비된 계, 또는 DNA 같은 고분자처럼 계에 일어났던 일에 대한 기억을 보존하는 구조를 갖는 계의 경우는 질서가 덜 잡힌 상태에서 더욱 정연한 상태로 변화하는 것을 볼 수 있다.

이러한 설명의 논거는 다소 미묘하며 대부분의 물리학자들이 확신하기까지 수십 년이 걸렸다. 엔트로피가 정보나 확률과 관련이 있다는 아이디어의 창시자인 루트비히 볼츠만(Ludwig Boltzmann)

은 1906년에 자살했는데 이때는 대부분의 물리학자들이 그의 주장을 받아들이기 전이었다. (그의 우울증이 동료들이 그의 추론을 받아들이지 않은 것과 관련이 있는지의 여부와 상관없이, 볼츠만의 자살은 멀리까지 영향을 미쳤다. 그의 죽음은 루트비히 비트겐슈타인(Ludwig Wittgenstein)이라는 젊은 물리학도가 물리학을 포기하고 영국에 가서 공학과 철학을 공부하도록 했다.) 사실 대부분의 물리학자들로 하여금 원자의 존재를 마침내 결정적으로 믿게 만든 주장은 당시 특허청 직원이었던 알베르트 아인슈타인(나의 물리학 교수들은 "바로 그 아인슈타인"이라고 말씀하시고는 했다.)에 의해 볼츠만이 자살하기 바로 1년 전에 논문으로 출판되었다(1905년 한 해 동안 아인슈타인은 이 브라운 운동을 설명한 논문과 함께 특수 상대성 이론, 광양자 가설 논문을 펴냈다. 이 세 논문들은 현대 물리학의 기둥이 된 양자 역학과 상대성 이론의 출발점이 되었다.—옮긴이). 이 주장은 통계적 관점이 때로 열역학 법칙을 위반하는 것을 허용하는 사실과 관련이 있다. 볼츠만이 알아낸 것은 열역학 법칙들이 무한개의 원자를 포함하는 계에 대해서 정확하게 옳을 것이라는 사실이었다. 물론 유리잔 안의 물처럼 주어진 계 안에 있는 원자들의 수는 매우 크지만 무한대는 아니다. 아인슈타인은 유한한 수의 원자들을 포함하는 계에서는 열역학 법칙들이 때때로 위반될 것임을 깨달았다. 유리잔 안의 원자들의 수는 크기 때문에 이러한 효과는 적지만 어떤 상황에서는 관측될 수도 있을 것이다. 이런 사실을 이용함으로써 아인슈타인은 원자들의 운동이 명백하게 드러나는 현상을 찾아낼 수 있었다. 꽃가루를 현미경으로 관찰하는 경우 원자들과 충돌해 이리저리 왔다 갔다 하면서 무작위적으로 빙빙 도는 '꽃가루의 춤'을 관찰할 수 있다는 것이 그 사례 중 하나다. 각각의 원자들이 유한한 크기와 일정한 양의 에너지를 가지고 있기 때문에 원자들이 너무 작아서 보이지 않아도 그들이 꽃가루와 충돌할 때 나타나는 꽃가루의 흔들림은 볼 수 있다.

이런 추론이 성공적이었기 때문에, 아인슈타인과 그의 친구인 폴 에렌페스트(Paul Ehrenfest)를 포함한 몇몇 물리학자들은 같은 논의를 빛에도 적용해 보았다. 제임스 클러크 맥스웰(James Clerk Maxwell)이 1865년에 발표한 이론에 따르면 빛은 전자기장을 통해 진행하는 파동들로 구성되는데 각 파동은 일정량의 에너지를 가지고 있다. 아인슈타인과 에렌페스트는 오븐 안쪽에서 나오는 빛의 성질들을 기술하는 데 볼츠만의 아이디어를 쓸 수 있을지를 생각했다.

오븐 내부의 원자들이 가열되고 주위를 이리저리 돌아다니면 빛이 생성된다. 이렇게 생성된 빛은 뜨겁다고 말할 수 있을까? 그것이 엔트로피와 온도를 가질 수 있을까? 그들이 발견한 것은 그들과 동시대의 모든 사람들을 크게 당혹시켰다. 빛의 원자 혹은 그들이 불렀듯이 '양자(quantum)'는 빛의 진동수와 관계된 단위 에너지를 운반해야만 했다. 이것이 양자 이론의 탄생이었다.

이 이야기는 꽤 복잡하므로 여기서는 더 이상 말하지 않겠다. 아인슈타인과 에렌페스트가 그들의 논의에서 사용했던 결과들 중 몇 가지는 그 5년 전인 1900년 뜨거운 물체가 내는 복사선의 문제를 연구했던 막스 플랑크(Max Planck)가 얻은 것이었다. 그 유명한 플랑크 상수가 처음 나타난 것도 이 연구에서였다. 그러나 플랑크는 원자도, 볼츠만의 연구도 믿지 않았던 물리학자들 중 한 사람이었다. 자기 자신의 결과에 대한 그의 이해는 혼란스러웠고 부분적으로는 모순된 것이었다. 그는 심지어 그에게 광자들은 존재하지 않는다는 것을 확신시켜 준 복잡한 논증을 만들어 내기까지 했다. 따라서 양자 물리학을 태동시킨 공은 아인슈타인과 에렌페스트에게 돌리는 것이 적절하다.

이 이야기의 교훈은 열역학 법칙을 제대로 이해하기 위한 시도가 원자 물리학에 대한 이해에서 중요한 두 단계를 뛰어넘게 했다는 것이다. 그 두 단계는 물리학자들이 원자의 존재를 확신하게 된 것과 광자의 존재가 처음으로 드러난 것이었다. 이것이 같은 해에 바로 그 젊은 아인슈타인에 의해서 이뤄졌다는 것은 우연이 아니다.

우리는 이제 양자 중력 이론으로, 특히 양자 블랙홀에 대한 논의로 돌아갈 수 있다. 우리가 앞의 몇 장에 걸쳐 살펴본 것은 블랙홀이 열역학 법칙으로 기술될 수 있다는 것이었다. 블랙홀들은 온도와 엔트로피를 가지며 일반화된 엔트로피 증가의 법칙을 따른다. 이것은 우리에게 몇 가지 의문점을 제시한다. 블랙홀의 온도는 실제로 무엇을 측정한 것인가? 블랙홀의 엔트로피는 실제로 무엇을 기술하는가? 그리고 가장 중요한 것으로서, 블랙홀의 엔트로피는 왜 블랙홀의 지평선의 넓이에 비례하는가?

물질의 온도와 엔트로피의 의미에 대한 탐구가 원자의 발견을 낳았다. 복사선의 온도와 엔트로피의 의미에 대한 탐구가 양자의 발견을 낳았다. 똑같은 방식으로, 블랙홀의 온도와 엔트로피의 의미에 대한 탐구가 오늘날 공간과 시간의 원자적 구조의 발견에 이르게 하고 있다.

블랙홀이 원자와 광자의 기체들과 상호 작용하고 있다고 가정하자. 블랙홀은 원자나 광자를 삼킬 수 있다. 이때 블랙홀 주위의 원자나 광자는 줄어들 것이다. 그리고 이렇게 원자나 광자가 줄어들면 블랙홀 주위 기체에 대해 우리가 알 수 있는 정보 역시 줄어들 것이다. 블랙홀 외부의 엔트로피는 그 주변 정보의 척도이므로 함께 감소할 것이다. 그것을 보충하기 위해서 블랙홀의 엔트로피는 증가하며, 만약 그렇지 않다면 엔트로피가 결코 감소하지 않을 것이라는 법칙에 위배될 것이다. 블랙홀의 엔트로피가 그 지평선의 넓이에 비례하기 때문에, 결과적으로 지평선이 약간 팽창할 것이다.

그리고 이것이 바로 실제로 일어나는 일이다. 그 과정은 반대 방향으로도 진행될 수 있다. 즉 지평선이 약간 줄어든다면, 그것은 블랙홀의 엔트로피가 감소함을 뜻한다. 이것을 보상하기 위해서 블랙홀 밖의 엔트로피는 증가해야만 한다. 이것을 위해서는 광자들이 블랙홀 바로 밖에서 생성되어야 한다. 즉 호킹이 예측한 대로 복사를 이루는 광자들이 블랙홀에 의해 방출되어야 한다. 광자들은 뜨거우므로 그것들은 지평선이 줄어드는 것을 보상하는 데 필요한 엔트로피를 가질 수 있다.

엔트로피가 감소하지 않는다는 법칙을 유지하기 위해서 블랙홀 외부에 있는 원자와 광자의 엔트로피 그리고 블랙홀 자체의 엔트로피 사이에 균형이 맞춰진다. 여기서 두 가지 매우 다른 것들이 균형을 맞추고 있다는 사실에 유의하기 바란다. 우리는 블랙홀 밖의 엔트로피를 물질이 원자들로 이루어진다는 측면에서 잃어버린 정보와 관계된 것으로 이해하고 있다. 반면에 블랙홀 자체의 엔트로피는 원자나 정보와 아무 관계가 없는 것처럼 보인다. 그것은 공간과 시간의 기하학적 성질과 관계 있는 양을 측정한다. 즉 그것은 블랙홀 지평선의 넓이에 비례한다.

두 가지 매우 다른 것들 사이의 균형이나 교환을 주장하는 법칙은 언제나 불완전하다. 이것은 우리가 두 종류의 통화를 가지고 있는데, 하나는 금처럼 구체적인 재화로 교환할 수 있고 반면 다른 것은 종이 이외의 다른 것에 대해서는 아무 가치가 없는 상황과 유사하다. 우리가 두 종류의 돈을 우리의 은행 계좌에서 자유롭게 섞을 수 있다고 가정해 보자. 그러한 경제는 모순 위에 서 있는 것이며 오래 지탱하지 못할 것이다. (사실 사회주의 국가들은 두 종류의 통화로 실험을 했다. 하나는 다른 화폐로 환전할 수 있고 다른 하나는 그렇지 못했는데 그런 체제는 두 종류의 화폐를 사용하기 위한 복잡하고도 인위적 제한 장치들 없이는 안정적일 수 없었다.) 마찬가지로 정보를 기하학적 성질로 바꿀 수도 있고 그 역도 가능하지만 적절한 이유를 설명하지 못하는 물리 법칙은 오래 지탱할 수 없다. 등가 법칙의 근간에는 더욱 심오하고도 간단한 무엇인가가 있음에 틀림없다.

이것이 두 가지 중요한 질문을 제기한다.

- 공간과 시간의 기하에 원자적 구조가 존재하는가? 그리하여 블랙홀의 엔트로피가 정확히 물질의 엔트로피를 이해하는 것과 같은 방식으로, 원자의 운동에 대한 정보의 척도로서 이해될 수 있는가?
- 우리가 기하의 원자적 구조를 이해할 때 지평선의 넓이가 왜 그것이 숨기고 있는 정보의 양에 비례해야 하는지가 분명한가?

이러한 질문들은 1970년대 중반 이후부터 많은 연구를 유발했다. 다음 장들에서는 물리학자들 사이에서 두 질문에 대한 대답이 모두 '그렇다.'임이 분명하다는 의견이 늘고 있는 이유를 설명할 것이다.

고리 양자 중력 이론과 끈 이론 모두 공간에 원자적 구조가 있다고 주장한다. 다음 두 장에서 우리는 고리 양자 중력 이론이 실제로 공간의 원자적 구조를 자세하게 묘사할 수 있음을 알게 될 것이다. 11장에서 보게 되듯이 끈 이론으로부터 얻은 공간의 원자적 구조의 그림은 현재는 완전하지 않지만 공간과 시간에 원자적 구조가 있어야 한다는 결론이 필연적임을 보여 준다. 13장에서는 공간의 원자적 구조의 두 그림들 모두 블랙홀의 엔트로피와 온도를 설명하는 데 쓰일 수 있다는 것을 발견하게 될 것이다.

그러나 이렇게 자세한 설명 없이 단순히 우리가 지난 몇 장에서 알아낸 것들에만 기초해서도, 공간이 원자적 구조를 가져야 한다는 결론을 일반적으로 주장할 수 있다. 이 주장은 지평선이 엔트로피를 가진다는 단순한 사실에 근거하고 있다. 앞에서 우리는 이것이 블랙홀의 지평선과 가속하는 관측자가 경험하는 지평선 모두에 공통적으로 적용된다는 사실을 알게 되었다. 각각의 경우, 외부의 관측자가 도달할 수 없는 정보가 갇힌 숨겨진 영역이 있다. 엔트로피가 잃어버린 정보의 척도이므로 이 경우 숨겨진 영역의 경계인 지평선과 관계된 엔트로피가 있다는 것이 합리적이다. 그러나 가장 놀라운 것은 엔트로피로 측정한 잃어버린 정보의 양이 매우 간단한 형태로 주어진다는 것이다. 그것은 플랑크 단위로 나타낸 지평선의 넓이의 4분의 1과 같다.

잃어버린 정보의 양이 갇힌 영역의 경계면 넓이에 의존한다는 사실은 매우 중요한 단서다. 그것은 이 의존성을 시공간이 과거에서 미래로 정보를 전달하는 과정에 의해 구성되는 것으로 이해할 수 있다는 사실(4장 참조)과 함께 고려하면 더욱 중요해진다. 만약 경계면을 공간의 한 영역에서 다른 영역으로 정보가 흘러가게 해 주는 일종의 통로로 볼 수 있다면, 경계면의 넓이는 전달되는 정보량의 척도가 된다. 이것은 시사하는 바가 매우 크다.

갇힌 정보의 양이 경계의 넓이에 비례한다는 것 또한 이상하다. 경계의 넓이가 아니라 그것의 부피에 비례하는 어떤 영역에 가둘 수 있는 정보의 양으로 보는 것이 더욱 자연스럽다. 경계 뒤편의 숨겨진 영역에 어떤 것이 갇혀 있든, 경계의 단위 넓이당 유한한 수의, '예/아니오'를 묻는 질문에 대한 대답들을 포함할 수 있다. 이것은 지평선이 유한한 넓이를 갖는 블랙홀은 단지 유한한 양의 정보를 가질 수 있음을 의미하는 것으로 보인다.

만약 이것이 앞 장에서 설명했던 결과에 대한 바른 해석이라면, 우주는 불연속적임에 틀림없다고 말하기에 충분하다. 왜냐하면 어떤 주어진 부피의 공간이 블랙홀 지평선 뒤든, 관측자의 운동에 의존한 것이든 있기 때문이다. 우리가 어떤 부피를 갖는 공간을 고려한다고 해도, 그것이 그 관측자에게 숨겨진 영역의 일부가 되도록 그로부터 가속하여 멀어지는 관측자를 생각할 수 있다. 이것은 경계의 부피 속에는 우리가 이야기하고 있는 한계 이상의 정보가 포함될 수 없음을 뜻한다. 만약 세계가 정말 연속적이라면 공간의 모든 부피는 무한한 양의 정보를 포함할 것이다. 연속적인 세계에서는 전자 하나의 위치를 결정하는 데에도 무한한 양의 정보가 필요하다. 이것은 그 위치가 실수로 주어지고 대부분의 실수를 나타내기 위해서 무한히 많은 자릿수가 필요하기 때문이다. 만약 우리가 그 소수점을 연장해서 쓴다면 무한히 많은 자릿수가 필요하다.

실제로 지평선 뒤에 저장되어 있을지 모르는 정보의 최댓값은 막대한 수며, 1제곱센티미터당 10^{66}비트에 해당한다. 지금까지의 어떤 실험도 이 한계를 탐사할 수 없었다. 그러나 만약 우리가 자연을 플랑크 단위로 기술하려고 한다면 우리는 4플랑크 넓이당 1비트의 정보만을 말할 수 있기 때문에 이 한계에 부딪히게 될 것이다. 즉 만약 그 한계가 1제곱플랑크 넓이가 아니라 1제곱센티미터당 1비트의 정보라면 우리의 눈이 한 번에 기껏해야 한 개의 광자만을 볼 수 있기 때문에 무언가를 본다는 일이 아주 어려웠을 것이다.

20세기 물리학의 중요한 원칙들 중 많은 것은 우리가 알 수 있는 한계로 표현된다. 아인슈타인의 원리는 갈릴레오의 원리를 확장한 것으로, 어떤 실험으로도 일정한 속도로 움직이는 것과 정지해 있는 것을 구분할 수 없다고 말한다. 하이젠베르크의 불확정성 원리는 우리가 한 입자의 위치와 운동량을 우리 마음대로 정확하게 잴 수는 없음을 말해 준다. 새로운 제한은 지평선 너머에 포함되어 있는 것에 대해서 우리가 알 수 있는 정보에는 절대적인 한계가 있음을 말해 준다. 그것은 제이콥 베켄슈타인이 1970년대에 블랙홀의 엔트로피를 발견한 직후 발표한 논문에서 논의되었던 것으로 '베켄슈타인 한계'로 알려져 있다.

양자 중력을 연구하던 모든 사람들이 이 결과를 알고 있었음에도 불구하고, 베켄슈타인의 논문이 발표된 후 20년 동안 그것을 진지하게 받아들인 사람들이 적었다는 것은 이상한 일이다. 그가 사용했던 논증들이 단순했음에도 불구하고 제이콥 베켄슈타인은 그의 시대보다 너무 앞서 있었다. 정보의 절대적 한계가 존재해서 공간의 각 영역은 기껏해야 어떤 유한한 양의 정보만을 담고 있다는 생각은 너무 충격적이어서 그 당시에는 사람들의 동의를 받기 어려웠다. 이것을 공간이 연속적이라는 관점과 조화시키는 것은 불가능했는데, 그 이유는 공간이 연속적이라는 관점이 유한한 부피의 공간이 무한한 정보를 담을 수 있다는 것을 시사하기 때문이다. 사람들은 공간이 왜 불연속인 원자적 구조를 가지는가에 관한 다른 독립적인 논거들을 발견하기 전까지는 베켄슈타인 한계를 진지하게 받아들일 수 없었다. 이렇게 하기 위해서 우리는 가능한 가장 작은 규모에서 물리학을 연구해야만 했다.

9
공간을 세는 방법

우주와 시공간의 원자적 구조를 자세히 기술한 최초의 양자 중력 이론은 '고리 양자 중력(loop quantum gravity)' 이론이었다. 그 이론은 단순한 기술 방법 이상의 무엇을 가지고 있다. 고리 양자 중력 이론은 플랑크 규모처럼 짧은 거리에서 공간의 기하를 조사할 경우, 무엇이 관찰될 것인지 세밀하게 예측할 수 있게 해 준다.

고리 양자 중력 이론에 따르면 공간은 각각 매우 작은 부피를 갖는 불연속적인 '원자'들로 이루어진다. 일반적인 기하학과는 대조적으로, 우리는 임의의 부피를 가진 영역을 잡을 수 없다. 대신 그 부피는 공간 원자의 부피를 유한개 합한 것이어야만 한다. 이것은 바로 양자 이론이 에너지 같은 다른 양을 다루는 방식과 같은 것이다. 양자 이론은 뉴턴 물리학에서의 연속적인 양들을 유한한 집합의 값들로 제한한다. 이것이 원자에 속한 전자의 에너지나 전자의 전하량에 일어나는 일이다. 결과적으로 우리는 공간의 부피가 양자화될 것이라고 말할 수 있다.

이 결과 중 하나는 가능한 가장 작은 부피가 있다는 것이다. 이 최소의 부피는 대단히 작아서 이것 10^{99}개가 골무 하나에 들어갈 수 있을 정도다. 만약 여러분이 이 부피의 영역을 반으로 자르려고 한다면 그 결과로 부피가 원래 부피의 절반인 두 영역이 생기지는 않을 것이다. 대신 둘을 합치면 처음 부피보다 더 큰 영역 두 개가 새로 만들어질 것이다. 우리는 이것을 최소의 크기보다 더 작은 부피 단위를 측정하려는 시도는 더 큰 부피를 만들어 내는 방식으로 그 공간의 기하를 변화시킨다고 설명한다.

부피가 고리 양자 중력 이론에서 양자화되는 유일한 양은 아니다. 공간의 영역은 곡면으로 둘러쌀 수 있고 그 곡면의 넓이는 제곱센티미터(혹은 길이 단위의 제곱으로—옮긴이)로 측정할 수 있다. 고전적 기하학에서 곡면의 넓이는 임의의 값을 가질 수 있다. 대조적으로 고리 양자 중력 이론은 가장 작은 넓이가 있을 것이라고 예측한다. 그 이론은 부피와 마찬가지로 곡면이 가질 수 있는 넓이도 제한한다. 고리 양자 중력 이론의 최소 부피나 최소 넓이 모두 플랑크 길이의 세제곱과 제곱 값이기 때문에 매우 작다. 이것이 우리가 공간이 연속적이라고 착각하는 이유다.

고리 양자 중력 이론의 이러한 예측들은 플랑크 규모에서 사물들의 기하학적 성질을 측정함으로써 검증될 수도 있고 반박될 수도 있다. 문제는 플랑크 규모가 너무 작기 때문에 이런 측정을 하기가 쉽지 않다는 것이다. 그러나 곧 설명하게 될 것처럼 아주 불가능한 것은 아니다.

9장과 10장에서는 고리 양자 중력 이론이 단순한 몇 가지의 아이디어에서 가능한 가장 짧은 규모의 공간과 시간에 대해 자세하게 기술할 수 있는 이론으로 발전한 과정을 살펴볼 것이다. 그 이론의 개발에 얽힌 몇 가지 일화들을 개인적 경험을 중심으로 기술할 것이므로 이 장은 다른 장들에 비해 다소 '이야기' 중심으로 서술될 것이다. 이것을 기회로 과학 개념들이 어떻게 복잡하고 예기치 않았던 방식으로 발전하는지를 설명하려고 한다. 이것은 오직 이야기를 통해서만 전달할 수 있지만, 나는 여러 가지 이야기가 있을 수 있다는 것을 강조하려고 한다. 추측건대 끈 이론의 발명가들에게는 휴먼 드라마의 요소를 더 많이 가지고 있는 좋은 이야기가 있을 것이다. 또한 이 장에서 고리 양자 중력 이론의 완전한 역사를 제공하려고 하지는 않았음을 강조해야겠다. 그 이론에 대해서 연구한 사람들 모두가 각각 다른 방식으로 그 역사를 이야기할 수 있으리라고 확신한다. 나의 이야기는 대략적이며 이론이 발전하는 동안 일어났던 많은 일화와 여러 단계를 생략한 것이다. 게다가 그 이론에 중요한 기여를 한 많은 사람들에 대한 이야기도 부득이 생략했다.

고리 양자 중력 이론의 이야기는 사실 전혀 다른 주제처럼 생각되는 초전도 물리학에서 1950년대에 시작된다. 물리학에서는 몇몇 좋은 아이디어들이 한 분야에서 다른 분야로 전달되고는 한다. 금속이나 초전도체를 다루는 물성 물리학은 물리적 계가 어떻게 행동하는지에 대한 풍부한 아이디어를 제공해 왔다. 이 분야들에서는 이론과 실험이 밀접한 관련을 맺고 있어서 물리계가 스스로 조직화하는 새로운 방식을 발견하기가 쉽기 때문이다. 입자 물리학자들은 그들이 모형화한 계를 그렇게 직접 탐사할 수 없기 때문에, 몇몇 경우 새로운 아이디어를 얻기 위해 응집 물질 물리학의 연구 성과를 찾아보고는 한다.

초전도 상태는 어떤 금속의 전기적 저항이 0으로 떨어지는 특별한 상태다. 금속을 임계 온도라고 부르는 온도 이하로 냉각하면 초전도체로 만들 수 있다. 이 임계 온도는 대개 매우 낮아서 절대 영도보다 몇도 높은 정도에 불과하다. 이 온도에서 금속은 물이 어는 것과 유사한 상전이를 겪는다. 물론 그 금속은 고체지만 전자들을 원자로부터 자유롭게 하는 모종의 심오한 변화가 내부 구조에서 일어난다. 그리고 그 결과로 전자들은 아무 저항 없이 금속을 통과하게 된다. 1990년대 초반 이후 실온에서 초전도성을 띠는 물질을 찾으려는 연구가 집중적으로 이루어졌다. 그러한 물질이 발견된다면 전기 공급 비용을 상당히 줄일 수 있으므로 막대한 경제적 효과를 얻을 수 있다. 그러나 내가 논의하려는 아이디어는 간단한 초전도체의 원리가 무엇인지를 처음으로 이해하게 된 1950년대로 돌아간다. 아주 중요한 발전은 초전도체에 대한 BCS(개발자 이름의 첫자를 딴 것) 이론으로 알려진 존 바딘(John Bardeen), 리언 쿠퍼(Leon Cooper), 존 슈리퍼(John Schrieffer)가 개발한 이론에 따라 이루어졌다. 그들의 발견은 너무나 중대한 것이었기에 그 후 물성 물리학 이론뿐만 아니라 입자 물리학과 양자 중력 이론의 발전에도 많은 영향을 미쳤다.

여러분은 학창 시절에 자석과 종이 한 장과 쇳가루로 했던 간단한 실험을 기억할 것이다. 그 실험의 핵심 아이디어는 종이에 쇳가루를 뿌려서 자석으로부터 나오는 자기장을 볼 수 있도록 시각화하는 것이었다. 여러분은 자석의 한 극에서 다른 극으로 향하는 일련의 곡선들을 관찰했을 것이다 그림 19. 당시 과학 선생님이 말씀해 주셨겠지만, 얼핏 보아 자기장의 곡선(자기력선—옮긴이)들이 불연속적으로 보이는 것은 착각이다. 실제로 자기력선은 연속적으로 분포되어 있으며, 단지 쇳가루의 크기가 유한하기 때문에 불연속적으로 보일 뿐이다. 그러나 장의 곡선들이 실제로 불연속적인 경우가 있다. 자기장이 초전도체를 통과하는 경우, 자기장은 자기력선속의 기본 단위를 운반하는 불연속적인 자기력선으로 갈라진다 그림 20. 실험에 따르면 초전도체를 통과하는 자기력선속의 양은 항상 이 기본 단위의 정수배다.

초전도체에서 나타나는 이러한 자기력선들의 불연속성은 기묘한 현상이다. 그것은 힘을 매개하는 장과 관계가 있다는 점에서 전하나 물질의 불연속성과는 다르다. 게다가 자기장이 어떤 물질을 통과하는가에 따라서 이 현상이 나타날 수도 있고 아닐 수도 있는 것으로 생각된다.

비록 우리가 직접 볼 수 있는 쇳가루 실험 같은 것을 할 수는

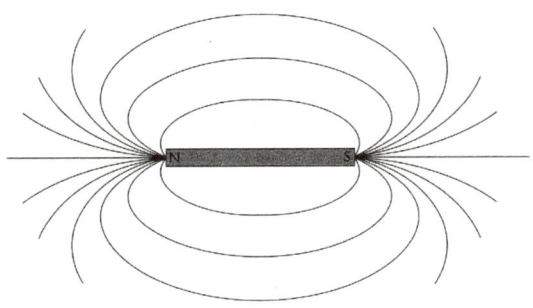

그림 19
일반적인 자석의 두 극 사이에서 나타나는 힘의 곡선.

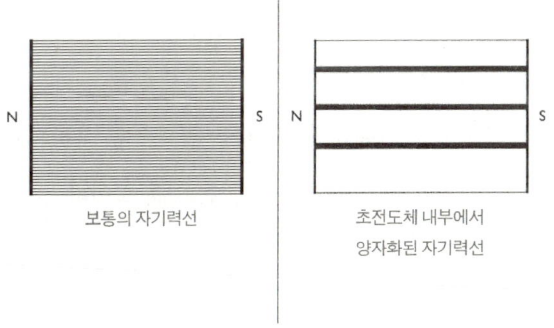

보통의 자기력선

초전도체 내부에서 양자화된 자기력선

그림 20
초전도체의 자기장은 각각 장의 최소값을 가지는 불연속적인 선의 다발, 즉 선속으로 쪼개진다.

없지만 전기장 또한 역선을 가지고 있다. 그러나 우리가 아는 한 어떤 상황에서도 그것들은 연속적이다. 즉 어떠한 물질도 전기적 초전도체처럼 행동하는 것, 즉 불연속적인 단위를 갖는 전기력선으로 쪼개지는 것은 발견되지 않았다. 그러나 전기력선들이 양자화되는 전기적 초전도체 같은 것을 상상해 볼 수는 있다. 이 아이디어는 별 관련이 없어 보이는 다른 분야의 연구 결과, 즉 양성자와 중성자가 쿼크라는 3개의 작은 입자로 구성된다는 것을 보여주는 실험으로 잘 설명할 수 있었다.

우리는 원자 안에 전자, 양성자 그리고 중성자가 있는 것처럼 양성자와 중성자 내부에 쿼크들이 있다는 확실한 증거를 가지고 있다. 한 가지 차이점이 있다. 그것은 쿼크들은 양성자 안에 갇혀 있는 것으로 보인다는 것이다. 양성자, 중성자 또는 다른 입자들 속에 갇혀 있지 않고 자유롭게 움직이는 쿼크를 본 사람은 아무도 없다. 전자를 원자로부터 떼어 놓는 것은 쉬운 일이다. 약간의 에너지만 공급하면 전자들은 원자 밖으로 튀어나와서 자유롭게 움직인다. 그러나 쿼크를 양성자나 중성자로부터 자유롭게 할 방법은 아무도 발견하지 못했다. 우리는 쿼크들이 '속박(confine)'되어 있다고 한다. 여기서 문제는, 전자를 핵 주위에 붙들어 놓는 전기장처럼 쿼크를 속박하고 있는 힘이 과연 무엇인가 하는 것이다.

여러 실험을 통해 우리는 쿼크들을 양성자 안에 함께 묶어 두는 힘은 전기력과 매우 비슷하다는 것을 알게 되었다. 우선 우리는 그 힘이 전기장과 자기장처럼 역선으로 이루어진 장에 의해 전달된다는 것을 알고 있다. 이 역선들은 전기력선들이 양전하와 음전하를 연결하는 것처럼 쿼크가 가지는 '전하'들을 연결한다. 그러나 쿼크들 사이의 힘은 단지 한 종류의 전하만 존재하는 전기력보다는 좀 더 복잡하다. 여기에는 각각 양 또는 음일 수 있는 세 가지 다른 전하가 있다. 이 전하들을 '색깔(colour)'이라고 부르며 따라서 그들을 기술하는 이론을 '양자 색역학(quantum chromodynamics)', 줄여서 'QCD'라고 부른다. (이것은 흔히 말하는 색깔과는 관계가 없으며, 단지 세 종류의 전하가 있다는 것을 명확하게 상기시켜 주는 전문 용어일 뿐이다.) 두 쿼크가 그림 21에서처럼 어떤 색깔 전기력선에 묶여 있다고 상상하자. 실험에 따르면 두 쿼크가 서로에게 매우 가까이 있을 때에는 그것들 사이의 힘이 마치 그다지 강하지 않은 듯 두 쿼크는 자유롭게 움직이는 것처럼 보인다. 그러나 두 쿼크들을 분리하려고 하면 그들을 묶어 주는 힘이 일정한 값까지 증가해서 아무리 멀리 그들을 떼어놓아도 그 힘이 작아지지 않는다. 이것은 서로 멀어질수록 약해지는 전기력과는 매우 다르다.

어떤 일이 일어나고 있는지 이해할 수 있는 간단한 방법이 있다. 두 쿼크가 어떤 길이의 끈으로 연결되어 있다고 가정하자. 이 끈은 우리가 원하는 만큼 멀리 잡아당길 수 있다는 특이한 성질이 있다. 그러나 쿼크들을 분리하려면 끈을 잡아당겨야 하고 여기에는 에너지가 필요하다. 끈이 이미 많이 늘어나 있더라도 그것을 더 늘이기 위해서는 더 많은 에너지를 공급해야만 한다. 끈에 에너지를 공급하려면 그것을 잡아당겨야 하는데, 이것은 쿼크들 사이에 작용하는 힘이 있다는 것을 의미한다. 쿼크들이 얼마나 멀리 떨어져 있든 그것들을 떼어 내려면 끈을 더 많이 잡아당겨야 한다. 이것은 그것들 사이에는 항상 힘이 존재한다는 것을 뜻한다. 그림 21처럼 그것들이 아무리 멀리 떨어져 있더라도 그것들은 여전히 끈으로 연결되어 있다. 쿼크를 함께 묶어 주는 이 힘을 이와 같이 끈으로 설명하는 것은 매우 성공적이며 많은 실험 결과들을 설명해 준다. 그러나 그것은 한 가지 의문점을 제기한다. 끈은 무엇으로 만들어졌는가? 그것은 그 자체로 근본적인 존재인가, 아니면 더 간단한 무언가로 구성되어 있는가? 이것이 입자 물리학자들이 몇 세대에 걸쳐 해답을 찾기 위해 연구해 온 질문이다.

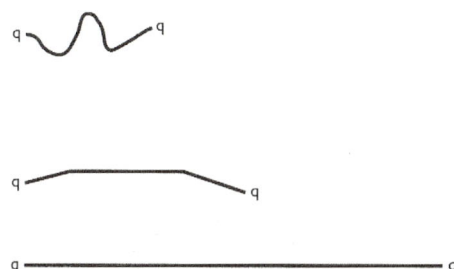

그림 21
쿼크들이 QCD 장이라고 부르는 끈으로 묶여 있다. 이것은 그림 20의 자기력선처럼 양자화된 장의 선속으로 이루어져 있다. 쿼크들을 멀리 떼어놓으려 하면 다발들의 선들이 길게 늘어나는데 이때 쿼크들 사이의 힘은 그들이 얼마나 멀리 떨어져 있든 똑같다. 그 결과 쿼크들은 완전히 분리할 수 없다.

　우리가 가진 큰 실마리는 두 쿼크들 사이에서 잡아당겨진 끈이 초전도체 내부의 자기력선 다발과 유사하게 행동한다는 것이다. 이것이 간단한 가설을 제시한다. 그것은 빈 공간(진공)이 초전도체처럼 기능하고 쿼크의 색전하를 엮는 역선들이 자기력선속처럼 양자화된다는 생각이다. 여기에서 쿼크의 색전하들을 연결하는 역선들은 자기장보다는 전기장과 유사하다. 따라서 이 가설은 다음과 같이 간단명료하게 표현할 수 있다. "빈 공간은 색전하에

관한 초전도체다." 이것은 지난 수십 년간 입자 물리학에 가장 큰 영향을 미친 아이디어 중 하나였다. 그것은 기본 입자들에 대한 여러 가지 사실뿐만 아니라 쿼크들이 왜 양성자와 중성자 안에 속박되어 있는지도 설명해 준다. 그러나 진정 흥미로운 것은 이 간단한 아이디어가 한 가지 수수께끼를 포함하고 있다는 것이다. 이것은 이 아이디어를 상당히 다른 두 가지 방식으로 바라볼 수 있기 때문이다.

우리는 색깔 전기장을 기본적인 존재로 볼 수 있으며, 쿼크들을 연결하는 끈을 초전도 현상이 전기장에 미친 영향처럼 공간의 성질이 낳은 결과라고 이해할 수도 있다. 이것이 QCD를 연구하는 물리학자들이 택하는 접근 방법이다. 그들에게 중요한 문제는 왜 빈 공간이 어떤 경우는 초전도체처럼 행동하는지를 이해하는 것이다. 이것은 터무니없는 것만은 아니다. 6장에서 이야기했듯이, 우리는 이미 양자 이론에서 공간은 진동하는 무작위적인 장들로 가득 차 있는 것으로 보아야만 한다는 것을 이해하고 있다. 따라서 이 진공의 요동이 때로는 금속의 원자들이 초전도체 현상을 만드는 것처럼 거시적인 효과를 낳는 방식으로 행동한다고 상상할 수 있다.

그러나 여기에는 잡아당겨진 끈으로 묶인 쿼크들이라는 그림을 이해하는 다른 방법이 있다. 이것은 끈을 어떤 장의 역선으로 구성된 것으로 보는 게 아니라, 끈 자체를 기본적인 양으로 보는 것이다. 이 해석이 최초의 끈 이론을 낳았다. 최초의 끈 이론 학자들에 따르면, 끈은 근본적이며 장은 단지 끈들이 어떤 상황에서 어떻게 행동하는가에 대한 근사적인 설명일 뿐이다.

따라서 두 가지 설명이 가능하다. 한 가지는 끈을 근본적인 것으로, 장의 역선은 근사적인 묘사로 본다. 다른 하나에서는 장의 역선이 근본적인 것이고 끈은 유도된 양으로 본다. 두 가지 모두 연구되어 왔으며 실험의 결과를 어느 정도 잘 설명할 수 있었다. 그러나 진정 참인 것은 오로지 하나가 아닐까? 1960년대에는 끈을 이용한 이론만 존재했다. 이 시기에 심은 씨앗들 덕분에 그로부터 20년 후에 중력의 양자 이론의 후보로서 끈 이론을 고려하게 된다. 그러나 1970년대에 QCD가 발명되자 QCD가 근본적인 이론으로서 더 성공적인 것처럼 보였기 때문에 이 이론은 끈을 사용한 설명을 빠르게 대체했다. 그러나 끈 이론은 1980년대 중반에 부활했으며 21세기로 접어드는 이 시점에는 두 이론 모두 활발히 연구되고 있다. 둘 중 하나가 다른 쪽보다 더 근본적일 수도 있지만, 아직은 어느 것이 더 근본적이라고 결정할 수 없는 상황이다.

세 번째 가능성이 있는데, 이 관점에 따르면 끈을 이용한 설명과 장을 이용한 설명 모두 단지 같은 것을 다른 방식으로 설명한 것에 불과하다. 그렇다면 그것들은 동등하게 근본적이며 어떤 실험으로도 둘 중 어떤 게 더 나은 것인지 결정을 내릴 수 없다. 이 가능성은 많은 이론 물리학자들을 흥분시키는데, 그 이유는 그것이 물리학의 가장 근본적인 직관에 도전하기 때문이다. 우리는 그 직관을 '이중성의 가설(hypothesis of duality)'이라고 부른다.

이 이중성의 가설은 양자 이론에서 이야기하는 파동과 입자의 이중성과는 다른 것이다. 그러나 이것은 그 이중성 원리 또는 상대성 원리만큼이나 중요하다. 상대성 이론과 양자 이론처럼 이중성의 가설은 달라 보이는 두 현상이 사실은 같은 것을 설명하는 두 가지 방식이라는 것을 말해 준다. 만약 사실이라면, 그것은 물리학을 이해하는 데에 깊은 암시를 준다.

이중성의 가설은 또한 19세기 중반 이후 물리학을 괴롭혀 온 논제, 즉 우주는 입자와 장이라는 두 가지 다른 것으로 이루어진 것처럼 여겨진다는 이슈를 정면에서 다룬다. 이 이슈에서 이중성의 가설이 필연적으로 사용되어야만 하는 이유는, 19세기에 이미 알려졌듯이, 전하를 띤 입자들이 직접 상호 작용하지 않기 때문이다. 대신 입자들은 전기장과 자기장을 매개로 상호 작용한다. 이것은 여러 가지 관측 사실로 뒷받침되는데 입자 사이의 정보 전달이 유한한 속도로 이루어지는 것도 그중 하나다. 이 경우는 정보가 장의 파동을 통해 전달되기 때문이라고 설명할 수 있다.

우주를 설명하기 위해서 두 가지 매우 다른 종류의 실재를 가정해야 한다는 것은 많은 사람들을 괴롭혔다. 19세기에는 물질로 장을 설명하려는 시도가 있었다. 이것이 바로 유명한 에테르 이론이며 아인슈타인에 의해서 완벽하게 파기되었다. 현대의 물리학자들은 장으로 입자를 설명하려고 한다. 그러나 이 방법으로는 모든 문제가 제거되지는 않는다. 이 문제들 중 가장 심각한 몇 가지는 장의 이론에 무한대의 양이 많이 나타난다는 사실과 관련이 있다. 그것들은 전하를 띤 입자 주위의 전기장의 세기가 입자에 가까워질수록 증가하기 때문에 생긴다. 입자는 크기가 없으므로 원하는 만큼 그것에 가까이 갈 수 있다. 따라서 입자에 접근함에 따라 장의 세기가 무한대에 접근한다. 이것은 현대 물리학의 방정식에서 나타나는 많은 무한대 값들을 설명해 준다.

이 문제를 해결하는 데에는 두 가지 방식이 있는데, 그 두 가지 방식 모두 양자 중력 이론에서 중요한 역할을 한다는 것을 알게 될 것이다. 한 가지는 공간이 연속적이라는 것을 부인하는 것으로, 이 경우에는 입자에 임의의 거리까지 가까이 가는 것이 불가능하다. 다른 방법은 이중성의 가설을 활용하는 것이다. 우리는 이 가설을 이용해 입자를 끈으로 대체할 수 있다. 멀리서 보면 어떤 것이 실제로 점인지 작은 고리인지 말할 수 없기 때문에 이 방법이 유용할 수도 있다. 그러나 만약 이중성의 가설이 옳다면, 끈과 장은 같은 것을 바라보는 다른 방법들일 것이다. 이런 방식으로 이중성의 가설을 포용함으로써, 거의 200년 동안 물리학에서 우리의 이해를 가로막았던 문제들 중 다수를 해결할 수 있을 것으로 보인다.

나는 개인적으로 이중성의 가설을 믿는다. 그 이유를 설명하기 위해서 내가 1976년 대학원에 입학하기 직전과 입학한 직후에 들었던 두 세미나 이야기를 하려고 한다. 내가 하버드 대학교에서 면접을 본 날은 우연히도 케네스 윌슨(Kenneth Wilson)이 QCD에 대해 발표한 날이었다. 윌슨은 그날 발표한 세미나 주제를 포함해서 여러 가지 혁신적 이론을 제안한 매우 영향력 있는 이론 물리학자들 중 한 사람이었다. 그는 빈 공간을 전기적 초전도체로 이해하는 놀라운 방법을 제안해 그 후 나를 포함한 많은 물리학자들의 평생 연구에 막대한 영향을 미쳤다.

윌슨은 공간을 연속적인 것이 아니라 규칙적으로 배열된 점들을 연결한 직선으로 만들어진 그래프로 생각해 보자는 제안을 했다 그림22. 우리는 그런 규칙적인 그래프를 '격자(lattice)'라고 부른다. 그는 그 격자의 점들 사이의 거리가 매우 짧아서 양성자의 지름보다도 훨씬 작다고 제안했다. 따라서 격자의 존재를 실험적

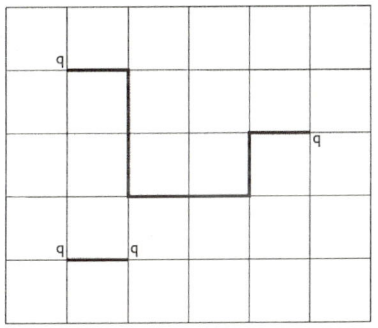

그림 22

케네스 윌슨이 쿼크와 끈을 이해한 그림. 공간을 변과 교점으로 이루어진 격자로 생각한다. 쿼크는 격자의 교점에만 존재할 수 있다. 끈 또는 역선 다발이 양자화된 튜브가 쿼크들을 연결한다. 이들은 격자의 변 위에만 존재할 수 있다. 교점 사이의 거리는 양성자보다는 아주 작지만 유한한 것으로 가정한다. 그림은 간단한 경우로서 2차원의 격자를 나타낸 것이다.

으로 밝히기는 어려울 것이다. 그러나 우주를 연속적인 것이 아니라 불연속적인 격자로 생각하는 것은 정말 다른 개념이다. 윌슨은 그의 격자 위에 역선을 그려서 QCD의 색깔 전기장을 기술하는 매우 간단한 방식이 있음을 보여 주었다. 빈 공간이 초전도체와 같다는 것을 증명하는 대신에, 그는 단순히 역선들이 격자를 따라 움직이는 불연속적인 양들이라고 가정했다. 그는 그 선들이 어떻게 움직이고 서로 상호 작용하는지를 설명하는 간단한 규칙들을 써 내려갔다.

그 다음에 윌슨은 그때까지 이 문제에 대해 모든 사람들이 생각한 것과 정반대 방향으로 논증해 나갔다. 그는 일반적인 전기장에서처럼 한 종류의 전하만 있다면, 역선들이 아주 멀어질 때에는 불연속성을 잃고 일반적인 전기력선들처럼 행동하며 다발로 묶이는 경향을 갖는다는 것을 증명했다. 다시 말해 그는 경험을 토대로 이론을 유도하는 대신, 그의 이론으로부터 우리의 일반적인 경험을 유도해 낸 것이다. 그러나 동시에 핵자 안의 쿼크들처럼 세 종류의 전하가 있을 때에는 그것들이 아무리 커지더라도 항상 불연속적으로 존재한다는 것을 보였다. 그리고 쿼크 사이에는 일정한 힘이 작용할 것이다. 윌슨의 이론을 지배하는 규칙들은 매우 간단해서 어린이에게도 설명할 수 있을 정도다.

　이 주제는 그 후 '윌슨의 고리(Wilson's loop)'라고 불리게 되었으며 이론 물리학자로서의 나의 인생에서 중요한 주제가 되었다. 세미나의 내용에 대해서 후에 곰곰이 생각해 보지는 않았지만 그날의 발표만은 생생하게 기억한다. 또한 나는 많은 세월이 지난 후 떠오른 간단한 논증을 그때는 생각해 낼 수 없었음도 기억한다. 그것은 만약 물리학을 공간이 연속적이 아니라 불연속적이라는 가정 아래 기술하는 쪽이 더 간단하다면, 이 사실 자체가 공간이 불연속적이라는 강력한 증거가 아닐까 하는 것이었다. 만약 그렇다면 공간은 매우 작은 규모에서 윌슨의 격자와 비슷한 것처럼 보이지 않을까?

　다음 해 가을에 나는 대학원에 입학했고 얼마 뒤 하루는 이론 물리학자들이 흥분해서 이야기하는 것을 듣게 되었다. 러시아 인 이론 물리학자 알렉산더 폴랴코프(Alexander Polyakov)가 방문 중이었으며 그날 오후 그의 발표가 예정되어 있었다. 그 당시 소련에는 위대한 이론 물리학자들이 많이 있었지만 그들이 서방 세계를 여행할 수 있는 기회는 극히 드물었다. 폴랴코프는 그중 가장 창의적이고 카리스마 있는 인물이었으며 우리는 모두 그의 발표를 들으러 갔다. 나는 사람을 안심시키는 따뜻한 성품을 가졌으며 스스럼없이 행동하지만 속에는 무한한 자신감이 감추어져 있는 사람이었다.

그는 우선 자기 일생을 QCD를 정확하게 풀 수 있는 형태로 다시 표현하려는 어리석고도 무모한 환상을 좇는 데 바쳤다고 이야기했다. 그의 아이디어는 QCD를 색깔 전기력선속들과 고리들의 동역학으로 완전히 다시 쓰자는 것이었다. 이것은 윌슨의 고리와 같은 것이었으며 실제로 폴랴코프는 QCD를 불연속적 격자로 설명하는 방법을 독자적으로 고안해 내기까지 했다. 그러나 그는 적어도 이 세미나에서는 격자를 사용하지 않았으며 그 이론으로부터 전기력선속의 양자화된 고리가 근본적인 존재가 되는 설명을 이끌어 내려고 했다. 물리학자가 격자를 쓰지 않고 연구하는 것은 안전 그물 없이 그네 곡예를 하는 것과 비슷해서, 한 번 잘못 움직이면 치명상을 입을 위험이 있다. 물리학에서 치명적인 위험은 무한대의 얼토당토않은 수학적 표현들을 얻게 되는 것이다. 그러한 결과는 연속적인 공간과 시간에 기초한 모든 양자 이론에서 나타난다. 그의 세미나에서 폴랴코프는 이러한 무한대에도 불구하고 전기력선속의 고리에 물리적 의미를 줄 수 있음을 증명했다. 그가 결과로 얻은 방정식을 완벽하게 푸는 데 성공하지는 못했지만, 그의 세미나를 전체적으로 보면 끈이 전기력선들과 마찬가지로 근본적인 것이라는 이중성의 가설에 대한 믿음을 주장하는 것이었다.

이중성의 가설이라는 아이디어는 여전히 입자 물리학과 끈 이론 연구의 배후에서 중요한 추진력으로 작용하고 있다. 이중성의 가설은 아주 간단하게 끈과 장이 같은 것을 바라보는 두 가지 방법이라고 여긴다. 그러나 지금까지 아무도 이중성의 가설을 일반적인 QCD에 적용할 수 있다는 것을 증명하지 못했다. 그러나 상황이나 조건을 단순하게 만드는 매우 특별한 가정을 갖는 특정 이론들에서는 이 가설이 성립함이 증명되었다. 공간의 차원이 3에서 1로 줄어들거나, 많은 대칭성이 추가로 더해지면 더욱 쉽게 이해할 수 있는 이론이 된다. 정작 이중성을 고안하는 데 영감을 불어넣은 문제는 아직 풀리지 않았지만, 이중성은 양자 중력 이론에서 핵심적인 개념임이 밝혀졌다. 어떻게 해서 이런 일이 일어났는가는 과학에서 훌륭한 아이디어가 어떻게 그 근원에서 먼 곳까지 퍼져 나갈 수 있는가를 보여 주는 매우 전형적인 이야기다. 나는 윌슨이나 폴랴코프가 그들의 아이디어를 중력의 양자 이론에 어떻게 적용할 것인가를 처음부터 고려하지는 않았을 것이라고 생각한다.

많은 훌륭한 아이디어처럼, 이것을 올바르게 이해하기 위해서는 몇 가지 시도가 필요했다. 윌슨과 폴랴코프에게서 들었던 것과 대학원에서의 첫해에 헤라르뒤스 토프트, 마이클 페스킨(Michael Peskin)과 스티븐 솅커(Stephen Shenker)로부터 들은 격자 이론 강의에 고무되어, 나는 양자 중력 이론을 윌슨의 격자를 통해서 형식화하기 시작했다. 몇 사람들로부터 빌려온 생각들을 이용해서 나는 그러한 이론을 구상할 수 있었다. 1년 정도를 폴랴코프와 윌슨을 비롯한 여러 사람들이 발전시킨 다양한 기술들을 익혀 나의 양자 중력 이론에 적용하면서 보냈다. 나는 그것에 대해 긴 논문을 작성해서 보내고 반응을 기다렸다. 그 당시에는 흔한 일이었지만 반응이라고 해도 멀리 떨어진 곳에서 보내온 논문의 복사본을 요청하는 엽서 더미가 고작이었다. 물론 미국 국방 연구소로부터도 피할 수 없는 요청이 있었다. 그것은 젊은 대학원생들이 연구하는 것을 군사적으로 이용할 수 있는지 생각해 보는 일로 월급을 받는 사람이 있음을 상기시켜 주었다. 그리 오래전이 아닌데, IBM 셀렉트릭 타자기로 논문을 작성하고 지하실에 있는 전문가에게 그림을 그리게 하고 사본들을 각각 봉투에 넣어서 우편으로 보내던 그때가 신기하게만 느껴진다. 오늘날 우리는 노트북을 이용해서 논문을 쓰고 전자 도서관에 파일을 올린다. 그 논문은 곧바로 인터넷을 통해 누구나 볼 수 있다. 지금의 학생들은 아마도 IBM 셀렉트릭 타자기나 논문 초고를 요청하는 엽서를 본 적도 없을 것이다. 심지어 학술 저널로 인쇄된 논문을 읽기 위해서 도서관에 가야 할 필요도 없어졌다.

몇 달 후 필자는 그 논문이 기본적으로 틀렸다는 것을 알게 되었다. 그것은 용감한 시도였지만 치명적인 결점이 있었다. 하지만 여전히 나는 몇몇 학회로부터 초청을 받았다. 짐작건대 스티븐 호킹은 그가 조직한 학회에서 내가 중력의 격자 이론을 만드는 것이 왜 현명한 일이 아닌지 설명한 것을 그다지 만족스럽게 여기지 않았을 것이다. 어떤 사람들은 그 아이디어를 좋아하는 것처럼 보였지만 나에게는 다른 방도가 없었다. 그것은 나쁜 아이디어였으며 내게는 그 이유를 설명할 책임이 있었다.

다른 학회에 참가했을 때 나는 내게 비슷한 일을 하는 데 관심이 있다고 말해 준 아쇼크 다스(Ashok Das)라는 사람에게 논문의 사본을 보내 주었다. 진정한 양자 중력 연구의 아버지로 널리 인정되는 브라이스 드윗(Bryce Dewitt)은 같은 우편함에서 그의 우편물을 찾다가 내 논문이 자신에게 보내진 것이라고 생각하고 대신 가져갔다. 나는 그가 분명히 그 모든 단점들을 알아챘을 것이라고 확신하지만, 그럼에도 불구하고 그는 친절하게 내게 그의 연구원이 되어 줄 것을 제안했다. 나의 연구 경력은 드윗의 실수 덕분에 만들어졌다. 그 당시 사람들은 양자 중력에 대해 연구하는 것은 경력에 대한 자살 행위로 여겼고, 내가 어떤 직장도 잡지 못할 것이라고 말하고는 했다.

나의 첫 논문에서 잘못된 점은, 윌슨의 격자가 절대적이고 고정된 구조이기 때문에 아인슈타인 중력 이론의 관계론적 속성과 충돌이 있다고 생각한 것이었다. 따라서 나의 이론은 중력을 포함하지 않았으며 상대성 이론과 아무 상관이 없는 것이 되어 버렸다. 이것을 해결하기 위해서는 격자 자체가 시간에 따라 변화하는 동적인 구조를 가져야 했다. 이 실패한 시도에서 내가 얻은 주된 교훈은 고정된 배경에 대해서 움직이는 물체로는 성공적인 중력의 양자 이론을 만들 수 없다는 것이었다.

이 무렵 나는 옥스퍼드 근처의 작은 마을에서 살고 있던 물리학자이자 철학자인 줄리안 바부어(Julian Barbour)를 만나게 되었다. 그는 박사 학위를 받고 나서 공간과 시간의 성질에 대해 깊이 사고할 자유를 갖기 위해서 학계를 떠났다. 그는 러시아의 학술지를 영어로 번역해서 생계를 유지했으며 학계의 통상적인 압력으로부터 떨어져서 그의 놀라운 어학 실력을 이용해 공간과 시간에 대해 우리가 이해해 온 역사를 깊이 연구하고 있었다. 그는 공간과 시간이 관계론적이라는 착상의 중요성을 이해하게 되었으며 이 지식을 현대 물리학에 응용했다. 내 생각으로 그는 아인슈타인 상대성 이론의 수학적 구조에서 이 아이디어가 차지하는 중요성을 깊이 이해한 첫 번째 사람이다. 연달아 발표한 논문들을 통해 처음에는 혼자서, 나중에는 이탈리아 인 친구인 브루노 베르토티 (Bruno Bertotti)와 함께 그는 공간과 시간이 단지 관계성들의 양상일 뿐이라고 주장하는 이론을 수학적으로 어떻게 형식화할 수 있는지를 보여 주었다. 20세기가 시작되기 전에 고트프리트 라이프니츠나 다른 누군가가 이러한 시도를 했다면 과학의 발달 과정이 크게 바뀌었을 것이다(라이프니츠는 17세기에 이미 관계론적 철학을 정초하기 위해 몇 가지 시도를 하고 있었다.—옮긴이).

그런데 당시에는 일반인은 물론 심지어는 그것을 전문적으로 연구하는 사람들조차도 일반 상대성 이론을 잘못 이해하고 있었다. 불행히도 흔히 생각하기에 일반 상대성 이론은 기계적으로 시공간 기하를 만들고 그 다음에 뉴턴이 그의 절대적 공간과 시간을 다룬 방식으로, 즉 그 안에서 사물들이 운동할 수 있는 고정되고 절대적인 존재로 간주하는 것이 보통이었다. 그 다음에 답해야 할 질문은 이 절대 시공간들 중 어느 것이 우주를 기술하는가 하는 것이다. 이것과 뉴턴의 절대 공간과 시간 사이의 유일한 차이점은 뉴턴의 이론에는 다른 선택이 없는 반면, 일반 상대성 이론은 가능한 시공간들에 선택의 여지를 제공한다는 것이다. 몇몇 교과서가 이런 방식으로 설명하고 있으며 심지어 유명한 철학자들 몇몇조차 이런 방식으로 해석하고 있는 것으로 보인다. 줄리안 바부어의 중요한 공헌은 이것이 그 이론을 이해하는 옳은 방법이 절대로 아니라는 것을 설득력 있게 보여 준 것이었다. 상대성 이론은 동적으로 진화하는 관계들의 네트워크를 기술하는 것으로 이해해야 한다.

물론 줄리안 바부어가 이런 방식으로 일반 상대성 이론을 생각한 유일한 사람은 아니었다. 존 스태철(John Stachel) 역시 이런 방식으로 일반 상대성 이론을 이해했는데, 그는 아인슈타인의 논문들을 수집해서 출판하기 위한 계획의 최고 책임자로 일하면서 그러한 이해에 도달했다. 그러나 바부어는 다른 누구에게도 없던 도구를 가지고 일반 상대성 이론을 연구했는데 그것은 공간과 시간을 단지 동역학적으로 진화하는 관계로 보는 이론의 일반적인 수학 형식이었다. 그리하여 바부어는 아인슈타인의 일반 상대성 이론이 어떻게 그러한 이론의 한 예로서 이해될 수 있는지를 보일 수 있었다. 이 증명이 일반 상대성 이론이 기술한 공간과 시간의 관계론적 본질을 밝힌 것이다.

그 후 줄리안 바부어는 상대성 이론을 연구하는 이들에게 널리 알려졌고 최근에는 시간의 본질에 대한 혁신적인 이론들을 발표함으로써 더욱 널리 알려지고 인정받고 있다. 그러나 1980년대 초반에는 그의 연구를 아는 사람들이 얼마 되지 않았다. 내가 그를 나의 격자 중력 이론이 문제가 있다는 것을 깨달은 직후에 만난 것은 행운이었다. 이 만남에서 그는 일반 상대성 이론의 공간과 시간의 의미와, 그 안에 있는 관계론적 개념의 역할을 설명해 주었다. 이것이 내가 고안한 이론 어디에서도 중력을 찾아볼 수 없는 이유와 그런 계산 결과를 낳은 이유를 개념적으로 이해할 수 있게 해 주었다. 내가 해야 할 일은 윌슨의 격자 이론과 비슷하지만 격자가 고정되지 않고 모든 구조가 동적이며 관계론적인 성질을 갖는 무엇인가를 발명하는 것이었다. 변으로 연결되어 있는 교점들의 집합, 즉 그래프는 관계로 정의되는 계는 동적이고 관계론적인 좋은 예다. 그러나 내가 범한 잘못은 그 이론을 고정된 그래프 위에 세웠다는 것이었다. 그 이론은 그래프를 만들어 내야 하며 이미 존재하는 구조를 단순하게 반영하는 것이어서는 안 된다. 그것보다는 윌슨이 그의 격자 위의 고리 운동에 부여한 것과 같은 단순한 규칙에 따라 변화해야 한다. 그것을 가능하게 하는 방법이 발견된 것은 그로부터 10년이 지나서였다.

그 10년 동안 나는 입자 물리학의 기술을 그 문제에 적용하기 위해 여러 가지 시도를 하며 보냈는데 그다지 성공적이지 않았다. 이러한 기술은 모두 배경 의존적으로서 하나의 고전적인 시공간 기하를 선택하고 양자화된 중력파 또는 소위 중력자들이 그 배경에서 어떻게 운동하고 상호 작용하는지 연구하는 것이었다. 우리는 여러 접근 방법들을 시도했지만 모두 실패했다. 그 일을 하면서 나는 내 지도 교수들 중 한 분인 스탠리 데저와 다른 이들이 발명한 새로운 중력 이론인 초중력 이론에 관해서 몇 편의 논문을 썼다. 그러한 시도들도 마찬가지로 좋은 결과를 낳지 못했다. 그 다음에 나는 블랙홀의 엔트로피가 함축하는 바에 대해서 몇 편의 논문을 썼고 그것이 양자 역학의 근본적 문제들과 어떤 관련성이 있는지 다양하게 생각해 보기도 했다. 지금 돌이켜 보면 내가 당시 했던 일들 중 오로지 이 논문들만이 흥미로운 것으로 생각되지만, 많은 사람들이 읽은 것 같지는 않다. 블랙홀에 대한 양자 이론적 아이디어를 양자 이론의 근본적인 논쟁에 응용하는 것은 당시 젊은이들의 흥미를 끌지도 못했고 수요도 없었다.

돌이켜 보면 내가 학자 경력을 이어 나갈 수 있었다는 것이 참으로 불가사의하다. 한 가지 확실한 이유는 그 당시에는 양자 중력에 대해서 연구하는 사람이 매우 적었으며 따라서 경쟁도 거의 없었다는 것이다. 어떤 결론도 얻지 못했지만 사람들은 적어도 내가 입자 물리학의 기술을 양자 이론에 적용하는 부분에 흥미를 가졌던 것으로 생각된다. 그 누구도 큰 발전을 이루지 못했기 때문에, 구세대의 연구 프로그램을 따라가는 것보다는 새로운 시도를 선호하는 사람, 그리고 한 분야의 아이디어를 다른 분야에 적용하는 일을 좋아하는 사람들이 차지할 자리가 있었던 것이다. 경쟁이 훨씬 더 심하고 양자 중력에 대한 옳은 접근법을 연구하고 있다고 확신하는 구세대가 일자리를 결정하는 현재의 환경에서라면 내가 경력을 이어 나갈 수 있었을지 의문이다. 이것이 그들, 아니 사실은 이제 나도 박사 후 연구원들을 고용하는 나이든 사람 중의 하나가 되었기 때문에 '우리'라고 불러야 하는 사람들이 자신들의 연구 프로그램에 얼마나 열의를 보이느냐에 따라 젊은 연구원을 평가하는 것을 정당화한다.

    이 분야를 연구하는 많은 사람들과 마찬가지로 나의 전환점은 끈 이론이 중력의 양자 이론으로서 부활한 것과 함께 왔다. 끈 이론에 대해서는 다음 장에서 언급하겠다. 여기서는 단지 양자 중력 이론에 대한 온갖 잘못된 방법들이 고안되고 실패하는 것을 경험한 입장에서 다른 많은 물리학자처럼 나도 끈 이론이 우리에게 가져다줄 것에 대해 무척이나 낙관적인 기대를 가졌다는 것만 언급하려 한다. 동시에 나는 고정된 배경 시공간에서 움직이는 것들에 기초를 둔다면 어떠한 이론도 성공할 수 없을 것이라고 완전히 확신하고 있었다. 그리고 끈 이론이 몇몇 문제들을 아무리 성공적으로 해결했다고 하더라도, 끈 이론은 배경 시공간에 기초를 둔 이론에서 벗어날 수 없었다. 그것이 통상적 이론과 다른 점은 오로지 배경 안에서 움직이는 대상들이 입자나 장이 아니라 끈이라는 것뿐이었다. 따라서 나와 몇몇 다른 사람들에게는 끈 이론이 중력의 양자 이론으로 가는 중요한 단계일 수는 있어도, 그것이 완전한 이론일 수는 없다는 것이 처음부터 분명했다. 그럼에도 불구하고 다른 물리학자들과 마찬가지로 끈 이론이 나의 연구 방향을 바꾸었다. 나는 시공간이 고정된 배경으로 간주될 수 있는 상황에서 나온 근사적인 이론이 끈 이론이 되는 배경 독립적인 이론을 세울 방법을 찾기 시작했다.

이 프로젝트에 대한 영감을 얻기 위해서 나는 막 대학원에 들어갔을 때 흥미롭게 들었던 폴랴코프의 세미나를 회상해 보았다. 나는 그가 사용한 방법, 즉 색깔 전기력선속 고리를 근본적인 대상으로 이용해서 QCD를 표현한 방법을 사용할 수는 없을까를 생각했다. 나는 방해가 될 만한 격자가 없는 이론이 필요했으며 그의 방법은 격자를 사용하지 않았다. 나는 이 아이디어에 대해 루이스 크레인과 함께 약 1년 동안 연구했다. 나는 당시 시카고 대학교의 박사 후 연구원이었으며 루이스 크레인은 대학원생이었다. 그는 나보다 나이가 많았지만 신동이었으며 시카고 대학교가 10대 초반에 입학을 허가한 출중한 학자들 중 아마도 마지막 세대에 해당하는 사람이었다. 그는 캄보디아 침공(1969년 3월 17일부터 4년간 미국이 캄보디아를 폭격·침공한 사건. 북베트남과 남베트남 해방 전선의 공급로를 차단하기 위한 것으로 수많은 캄보디아 민중이 살해당했다. ―옮긴이)에 항의하는 동맹 휴업을 주도한 일로 불행히도 대학원에서 쫓겨났고 10년

이 지나서야 대학원으로 돌아올 수 있었다. 루이스는 이후 양자 중력에 대한 우리의 아이디어를 발전시키는 데 중요한 창조적 기여를 한 몇 명의 수학자들 중 한 사람이 되었다. 그의 공헌 중 몇 가지는 그 분야의 발전에 절대적인 중요성을 가지는 것들이다. 내가 당시에 그의 친구가 될 수 있었던 것은 큰 행운이었으며 지금도 그의 친구인 것을 행운으로 생각한다.

루이스와 나는 두 가지 프로젝트를 연구했다. 첫 번째에서 우리는 양자화된 전기력선속의 상호 작용하는 고리들의 동역학에 기초한 중력 이론을 수식화하려고 했다. 우리는 끈 이론을 만들어 내지 못했고 결국 이 성과는 발표되지 못했지만 그것은 매우 중요한 결론을 의미하는 것이었다. 두 번째 프로젝트에서 우리는 작은 규모에서 시공간이 불연속적으로 되는 이론은 양자 중력 이론의 많은 문제를 해결할 수 있다는 가능성을 보였다. 우리는 시공간의 구조가 플랑크 규모에서는 프랙털과 같다는 가설이 함축하는 것을 연구함으로써 이것을 보일 수 있었다. 이것이 무한대를 제거하고 유한한 이론으로 만들어 줌으로써 양자 중력 이론의 많은 난점들을 극복했다. 우리는 연구하는 동안 그러한 프랙털 시공간을 만드는 한 가지 방법은 상호 작용하는 고리들의 네트워크로 그것을 구성하는 것임을 알게 되었다. 루이스 크레인과의 공동 연구를 통해 나는 고리들의 진화하는 네트워크 사이의 관계에 기초한 시공간 이론을 만들어야 한다고 확신하게 되었다. 이것을 어떻게 실현할 것인가가 문제였다.

　이것이 우리가 아인슈타인의 일반 상대성 이론을 이해하는 방식을 완전히 바꾸어 버린 발견이 이루어졌을 때의 상황이었다.

10
매듭, 연결과 꼬임

내가 루이스 크레인과 함께 연구하던 해에 아미타바 센이라는 이름의 젊은 연구원이 발표한 두 편의 논문에 많은 사람들이 흥분하고 놀랐다. 우리는 그 논문들을 대단히 흥미롭게 읽었는데 그 이유는 센이 초중력으로부터 양자 이론을 만들려고 했기 때문이었다. 그 논문들에는 아인슈타인의 중력 이론을 아인슈타인이 사용한 것보다 훨씬 간단하고 아름다운 방정식들로 표현한 몇 개의 놀라운 공식들이 들어 있었다. 우리 중 몇몇은 만약 양자 중력 이론을 센이 해낸 훨씬 간단한 형식화에 바탕을 두고 구성할 수 있다면 어떤 일이 벌어질까에 대해서 토론하며 많은 시간을 보냈다. 그러나 당시에 우리는 아무것도 해 내지 못했다.

센의 방정식을 진지하게 고려했던 사람은 아브하이 아슈테카르였다. 아슈테카르는 고전 상대성 이론에 대해서 훈련을 받았고 연구 경력 초기에 그 분야에서 중요한 연구를 했다. 그러나 최근에는 중력의 양자 이론에 관심을 가지고 있다. 수학적인 성향 덕분에 아슈테카르는 센의 방정식이 아인슈타인의 일반 상대성 이론을 완전하게 재형식화하는 핵심을 포함한다는 것을 깨달았고, 1년 후에는 바로 그것, 즉 일반 상대성 이론을 새로운 형식으로 다시 만들어 내는 일을 해 냈다. 이것은 두 가지 일을 한 것이다. 즉 일반 상대성 이론의 수학을 광범위하게 단순화시켰고, 그것을 QCD에서 사용되는 것과 매우 유사한 수학적 언어로 표현했다. 이것이 바로 양자 중력 이론을 진정한 연구 주제로 만들기 위해서 필요했던 것으로서, 플랑크 규모에서의 공간과 시간의 구조를 정확하게 예측할 수 있는 계산이 곧 가능해질 터였다.

나는 내가 막 조교수가 된 예일 대학교에서 발표하도록 아슈테카르를 초청했다. 그 세미나에는 하버드 대학교의 대학원생이었으며 센의 논문들을 공부하던 폴 렌텔른(Paul Renteln)도 참석했다. 아슈테카르의 업적이 앞으로의 발전에 중대한 열쇠가 되리라는 것을 우리는 분명히 알 수 있었다. 그 후 나는 아슈테카르를 하트퍼드에 있는 공항까지 태워 주었다. 뉴헤이번에서 하트퍼드까지 가는 1시간 동안 내 차의 타이어가 두 번이나 바람이 빠졌고 아슈테카르는 간신히 비행기 출발 시간에 맞출 수 있었다. 그는 마지막 수킬로미터는 차를 얻어 타고 가야만 했고 나는 길가에서 도움을 요청하며 기다려야만 했다.

우여곡절 끝에 집으로 돌아오자마자 나는 자리에 앉아서, 비록 성공하지는 못했지만 루이스 크레인과 내가 끈 이론을 재구성하려고 했을 때 개발했던 방법들을 센과 아슈테카르의 새로운 형식에 적용하기 시작했다. 몇 주 후에 샌타바버라에 있는 이론 물리학 연구소에서 양자 중력에 대한 한 학기 동안의 워크숍이 시작되었다. 나는 운 좋게도 예일 대학교의 당국자들을 설득하는 데 성공했고 채용되자마자 샌타바버라에서 한 학기를 보낼 수 있었다. 그곳에 도착하자마자 나는 테드 제이콥슨과 폴 렌텔른이라는 두 친구를 사귀었다. 우리는 곧바로 중력장선속을 전기적 초전도체의 경우와 비슷한 방식으로 설명하면 공간의 양자 이론적 구조에 관한 매우 간단한 그림을 얻을 수 있음을 알아냈다. 처음에 나는 폴 렌텔른과 함께 연구했다. 연속적인 공간에서 나타나는 무한대를 피하기 위해, 우리는 윌슨의 격자와 유사한 격자를 사용했다. 우리는 새로운 형식의 아인슈타인 방정식들이 고리가 격자 위에서 하는 상호 작용을 설명하는 매우 간단한 규칙을 준다는 사실을 발견했다. 그러나 우리는 내가 10년 전에 부딪혔던 바로 그 문제, 즉 고정된 격자 사용이 가져오는 배경을 어떻게 제거하는가라는 문제에 봉착했다.

테드 제이콥슨은 폴랴코프가 했던 대로 격자 없이 연구해 볼 것을 제안했다. 그 결과는 3장에서 제시했다. 다음 날 우리는 칠판 앞에 서서, 그때까지 우리는 물론 어느 누구도, 심지어 찾아본다는 생각조차 하지 않았던 어떤 것을 바라보고 있었다. 그것이 바로 중력의 양자 이론에 대한 완전한 방정식의 정확한 해였다.

우리가 한 일은 양자 이론을 세우는 보통의 방법들을 센과 아슈테카르가 발견한, 단순화된 일반 상대성 이론의 방정식에 적용한 것이었다. 이것으로 중력의 양자 이론에 대한 방정식을 얻을 수 있었다. 이 방정식들은 1960년대에 브라이스 드윗과 존 휠러가 최초로 쓴 적이 있지만, 우리는 훨씬 더 간단한 형태를 찾아냈다. 우리는 공간과 시간의 기하에 관한 가능한 양자 상태들을 기술하는 공식들을 이 방정식들에 대입해야 했다. 충동적으로 나는 루이스 크레인과 내가 전에 끄적거려 보았던 것, 즉 이 양자 상태들을 폴랴코프가 전기장의 양자화된 고리를 기술하기 위해서 사용한 식에 대입해 보았다. 우리가 발견한 것은 고리들이 교차하지 않는 한, 방정식을 만족시킬 수 있다는 사실이었다. 그것들은 그림 23의 고리처럼 생겼다.

우리는 며칠 더 열심히 연구한 끝에 더 많은 해를 찾아낼 수 있었다. 우리는 고리들이 교차하는 경우라도, 어떤 간단한 규칙들이 만족되면 그것들을 결합해서 해가 되도록 만들 수 있다는 것을 알아냈다. 실제로 우리는 이런 상태를 무한히 많이 써 내려갈 수 있

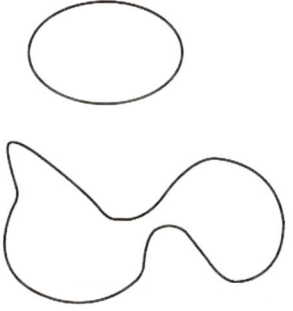

그림 23
공간의 양자 상태는 고리 양자 중력 이론에서 고리를 통해 표현된다. 이 상태들은 고리에 교점 또는 꼬임이 없는 한 양자 중력 방정식의 정확한 해가 된다.

었으며, 우리가 해야 할 것은 단지 고리들이 교차할 때마다 어떤 간단한 규칙들을 적용하는 것뿐이었다.

우리가 이 며칠 동안 발견한 것들의 의미를 알아내는 데에 여러 해가 걸렸다. 그러나 시작할 때부터 우리는 우리가 그 어떤 이론도 할 수 없었던 일을 할 수 있는 양자 중력 이론을 손에 쥐게 되었음을 알고 있었다. 그것은 공간이 불연속적인 근본적 대상들이 이루는 관계로 만들어지는 플랑크 규모의 물리학을 정확하게 묘사해 주었다. 이 대상들은 여전히 윌슨과 폴랴코프의 고리들이었지만 그 고리들은 더 이상 격자 위, 심지어는 공간에도 놓인 것이 아니었다. 대신 고리들의 상호 관계가 공간을 정의했다.

이 설명 방법을 완성하기 위해서는 한 걸음 더 나아가야 했다. 우리는 우리의 해가 진정으로 배경 공간에 독립적임을 증명해야 했다. 이것은 이른바 '미분 동형 사상 구속 조건(diffeomorphism constraint)', 즉 그 이론이 배경으로부터 독립적임을 표현하는 부가적인 일련의 방정식의 해가 된다는 것을 증명해야 함을 의미했다. 이 방정식들은 그 이론에서는 풀기 쉬운 것으로 간주되었다. 역설적으로 우리가 그토록 손쉽게 풀 수 있었던, 이른바 휠러-드윗 방정식은 어려운 것으로 생각되었다. 처음에는 매우 낙관적이었지만, 양쪽 방정식을 모두 푸는 양자 상태를 만드는 것은 불가능한 것으로 판명되었다. 어느 한쪽을 푸는 것은 쉬운 일이었지만, 둘 다 푸는 것은 그렇지 않았다.

다음 해에 예일로 돌아 온 나는 루이스 크레인과 함께 이것을 해 보려고 시도하면서 많은 시간을 결실 없이 보냈다. 우리는 그것이 불가능하다는 것을 거의 확신하게 되었다. 우리는 이 결론의 의미를 너무 쉽게 알 수 있었기 때문에 절망했다. 만약 우리가 배경만 제거할 수 있다면, 우리는 고리들과 고리들 사이의 위상적 관계만으로 이루어진 이론을 갖게 될 터였다. 공간의 점들이 내재적 의미를 전혀 갖지 않으므로, 고리들이 공간에서 어디에 위치하는지는 전혀 중요하지 않을 것이었다. 중요한 것은 고리들이 어떻게 서로 교차하는가 하는 것이었다. 그것들이 어떻게 매듭짓고 연결되는지도 마찬가지로 중요할 터였다.

어느 날 샌타바버라의 집 정원에 앉아 있던 나는 이것을 깨달았다. 양자 중력 이론은 교차하고, 매듭짓고, 연결되는 고리들의 이론으로 단순화될 것이다. 이것들이 플랑크 규모에서 일어나는 일을 양자 기하학적으로 기술할 수 있는 방법을 우리에게 제공할 것이다. 폴 렌텔른과 테드 제이콥슨과 함께 일했던 경험 덕분에 나는, 우리가 고안한 아인슈타인 방정식의 양자 역학적 표현이 고리가 서로 연결되고 매듭짓는 방식을 바꿀 수 있다는 사실 또한 알고 있었다. 따라서 고리들의 관계는 동적으로 변화할 수 있었다. 나는 교차하는 고리들에 대해서는 생각해 보았지만, 고리들이 어떻게 매듭을 짓고 연결될 수 있는지는 궁금해 한 적이 없었다.

나는 집으로 들어가 루이스 크레인에게 전화를 걸었다. 나는 그에게 수학자들이 고리들의 매듭짓기와 연결에 관해서 무언가 알고 있는지 물었다. 그는 그렇다고 답하며 사실은 매듭 이론(knot theory)이라고 부르는, 매우 큰 연구 분야가 있다는 사실을 말해 주었다. 그는 내가 시카고에서 그 분야의 선도적 연구자인 루이스 카우프만(Louis Kouffman)과 몇 번 저녁 식사를 한 적이 있다는 사실을 일깨워 주었다. 따라서 마지막 단계는 그 이론에서 고리의 공간적 위치 의존성을 제거하는 것이었다. 이것은 우리의 이론을 매듭(knot), 연결(link) 그리고 꼬임(kink)에 대한 연구로 단순화해 줄 터였다.(미국의 선도적 상대성 이론 전문가 중 한 사람인 제임스 하틀이 놀리는 투로 붙여 준 이름들이다.) 그러나 이것은 그리 쉬운 일이 아니어서, 1년 넘게 이 단계를 넘어서지 못했다. 우리는 매우 열심히 노력했지만 그것을 해 낼 수 없었다.

샌타바버라에서의 워크숍은 학회로 막을 내렸고 우리는 그 학회에서 우리의 새로운 결과를 처음으로 발표했다. 그곳에서 나는 카를로 로벨리라는 막 박사 학위를 받은 젊은 이탈리아 과학자를 만났다. 우리는 많은 이야기를 나누지 않았지만 그 후 곧 그는 나에게 편지를 써서 예일 대학교의 우리를 방문해도 좋은가를 물어보았다. 그는 10월에 도착해서 루이스 크레인의 아파트에 방을 얻었다. 그가 온 첫날 나는 그에게 우리가 완전히 벽에 부딪혔기 때문에 할 만한 일이 전혀 없다는 것을 설명해 주었다. 그 연구는 유망한 것으로 보였지만, 루이스 크레인과 나는 마지막 단계가 불가능하다는 것을 발견한 상태였다. 나는 로벨리에게 그의 방문은 환영하지만, 그 주제가 처한 불행한 상황을 고려한다면 이탈리아로 돌아가고 싶을지도 모르겠다고 이야기했다. 그것은 어색한 순간이었다. 그 다음에 무엇인가 이야기할 거리를 생각하다가, 나는 항해하는 것을 좋아하는지 물어보았다. 그는 배 타는 것을 아주 좋아한다고 대답했고, 그래서 우리는 그날 하루는 과학을 잊기로 하고 바로 예일 대학교의 요트 경기 팀이 배를 정박시켜 두는 항구로 가서 소형 요트를 빌렸다. 우리는 그날 오후를 각자의 여자 친구에 대해 이야기하며 보냈다.

다음 날 나는 카를로를 보지 못했다. 하루가 더 지나서 그가 내 연구실에 나타났다. 그리고 "모든 문제에 대한 답을 찾아냈어요."라고 말했다. 그의 착상은 그 이론을 한 번 더 다른 형식으로 나타내서, 기본 변수들이 다름 아닌 고리가 되도록 하자는 것이었다. 그때까지 그 이론의 문제는 고리들과 고리들 주위로 흐르는 장 양쪽에 의존한다는 것이었다. 카를로는 더 이상의 발전을 막고 있던 것이 장에 대한 의존성이라는 것을 알아차렸다. 그는 또한 그것을 제거할 방법도 알아냈는데, 그것은 런던의 임페리얼 칼리지에서 그의 은사였던 크리스 아이샴이 고안한 양자 이론적 접근을 이용한 것이었다. 카를로는 그것을 고리에 적용하면 정확히 우리가 필요로 했던 결과를 준다는 사실을 발견했다. 우리가 그 이론을 전체적으로 대략 파악하는 데는 채 하루도 걸리지 않았다. 결국 우리는 폴랴코프가 그의 원대한 꿈이라고 말했던 종류의 이론, 즉 순수한 고리의 이론과, 정확히 풀 수 있을 만큼 간단한 방정식으로 현실 우주의 양상을 묘사할 수 있게 되었다. 그리고 그것을 사용해서 양자 이론적인 아인슈타인의 중력 이론을 세웠더니, 그 이론은 오로지 고리 사이의 관계, 즉 그들이 매듭짓고 연결되며 꼬이는 방식에만 의존한다는 것을 발견했다. 며칠 사이에 우리는 양자 중력 이론의 모든 방정식에 대해 무한히 많은 수의 해를 만들어 낼 수 있음을 증명했다. 예를 들어 매듭을 짓는 모든 가능한 방식에 대해 하나의 해가 존재한다.

몇 주 후 우리는 시러큐스 대학교로 갔는데 당시 그곳은 아슈테카르와 센의 발견에서 시작된 연구 활동의 중심지였다. 그곳에서 카를로가 새로운 양자 중력에 관한 첫 번째 발표를 하기로 했다. 공항으로 가는 길에 어떤 사내가 탄 아주 멋진 차와 추돌 사고가 일어났다. 아무도 다치지 않았고 내 오래된 닷지 다트(미국 크라이슬러 사의 저가 차종—옮긴이)는 뒤쪽 범퍼가 약간 긁혔지만, 그의 마세라티(이탈리아의 최고급 스포츠카—옮긴이)는 크게 망가졌다. 그래도 우리는 공항에 잘 도착할 수 있었다. 다음 날 카를로는 고열에 시달렸지만 세미나를 순조롭게 끝냈다. 발표가 끝나자 음미할 만한 긴 침묵이 흘렀다. 아브하이 아슈테카르는 중력의 양자 이론이 될 만한 무엇인가를 최초로 보게 되었다고 말했다. 그로부터 몇 주 후 나는 인도에서 개최되는 학회로 가는 길에 런던에 들러 크리스 아이샴 앞에서 새 이론에 대한 두 번째 발표를 하게 되었다.

카를로는 초청받지 않았음에도 불구하고 충동적으로 비행기를 타고 인도로 왔다. 내가 학회 개최자를 카를로에게 소개했을 때, 두 고대 문명이 만나게 된 셈이었다. 그 고귀한 신사는 카를로의 긴 머리카락과, 그가 홀로 봄베이의 뒷골목을 이틀 동안 어슬렁거리면서 산 샌들과 옷들을 바라보면서 "로벨리 씨, 당신은 이 학회의 등록이 이미 마감되었다는 제 편지를 받지 못하셨습니까?"라고 빠른 말투로 툭툭 내뱉었다. 카를로는 미소를 지으면서 "네, 받지 못했습니다. 제 편지는 받으셨나요?"라고 대답했다. 그에게는 그 호텔에서 가장 좋은 방이 주어졌으며 그는 인도 항공의 일등석을 이용해서 로마의 집으로 돌아갈 수 있었다.

그리하여 오늘날 고리 양자 중력 이론이라고 부르는 것이 탄생했다. 처음에는 카를로와, 그 다음에는 점점 커져 가는 친구이자 동료로 구성된 학계의 일부로서 연구를 하면서 우리가 발견했던 양자 중력 방정식의 해가 갖는 의미를 해명하는 데는 수년간의 연구가 필요했다. 간단한 결과 하나는 양자 기하학은 진정으로 불연속적이라는 것이었다. 우리가 했던 모든 일은 초전도체 안의 자기장과 마찬가지로 불연속적인 역선이라는 아이디어에 기반을 두고 있었다. 중력장을 고리로 설명하자, 임의의 곡면의 넓이는 간단한 단위의 불연속적인 배수로 판명되었다. 이 단위들 중 가장 간단한 것이 플랑크 넓이인데, 그것은 플랑크 길이의 제곱에 해당한다. 이 결론은 모든 곡면이 유한한 양의 넓이를 가지는 부분들로 이루어진 불연속적인 것임을 의미했다. 부피에 대해서도 같은 성질이 성립했다.

이 결론에 도달하기 위해서 우리는 양자장 이론의 모든 표현식에 지겹도록 나타나는 무한대를 제거하는 방법을 찾아야만 했다. 나는 과거에 줄리안 바부어와 나누었던 대화나 루이스 크레인과 했던 연구로부터 중력의 양자 이론은 무한대가 없어야 할 것이라는 직관을 얻은 적이 있었다. 많은 물리학자들은, 공간과 시간의 플랑크 규모적 구조에 대해 무언가 잘못된 가정이 있기 때문에 이러한 무한대가 나온다고 추측했다. 기존의 연구 결과를 고려해 볼 때 그 잘못된 가정이 시공간의 기하학이 고정되었으며 동적이지 않다는 생각임은 분명해 보였다. 넓이와 부피와 같은 기하학적 계산을 할 때, 고정되어 움직이지 않는 구조로부터 오는 오염을 제거하는 정확한 방법을 택해야만 한다. 이것을 정확히 어떻게 해 낼 것인가 하는 것은 기술적인 문제로서 여기에서는 설명할 수 없다. 그러나 결국에는 물리학적으로 의미가 있는 질문을 하는 한 무한대는 없는 것으로 밝혀졌다.

내 경험에 따르면, 과학자 개인은 단지 몇 개의 좋은 아이디어만 가지고 있다. 그것들은 드물게 나타나며 오랜 세월을 보낸 뒤에야 얻을 수 있다. 설상가상으로 좋은 아이디어를 하나 내놓은 사람은 그것을 발전시키는 데 많은 세월을 보내도록 운명지어진다. 넓이와 부피가 불연속적일 것이라는 생각은, 자동차 정비 공장의 시끄러운 방에 앉아 차가 수리되는 것을 기다리면서 양자 기하학의 부피를 계산하려 했을 때 순간적으로 머릿속에 떠올랐다. 내 노트의 그 페이지는 복잡한 적분들로 가득 차 있었는데, 갑자기 숫자를 세는 공식이 나타나는 것을 보았다. 나는 그 결과가 실숫값을 갖는다는 가정 아래 어떤 양을 계산하기 시작했다. 그러나 계산 결과는 어떤 단위에서 가능한 답들은 모두 정숫값을 갖는다는 것이었다. 이것은 넓이와 부피가 임의의 값을 가질 수 없으며 특정한 단위의 배수로 주어진다는 것을 의미했다. 이 단위는 존재할 수 있는 가장 작은 넓이와 부피에 해당한다. 나는 이 계산을 카를로에게 보여 주었고, 그는 몇 달 후 이탈리아 북동부 산악 지대에 있는 트렌토 대학교에서 나와 함께 연구하던 중 넓이의 기본 단위를 0으로 할 수 없다는 것을 증명해 냈다. 이것은 만약 우리의 이론이 진실이라면 공간이 필연적으로 '원자론적' 구조를 갖는다는 것을 의미했다.

나는 트렌토 대학교에서 한 우리의 연구를 다른 이유로 생생하게 기억하고 있다. 그 1년 전에 우리의 학생 중 하나였던 베른트 브뤼크만(Bernd Bruegmann)이 매우 걱정스러운 얼굴을 하고 내 연구실로 찾아왔다. 그의 논문 주제는 고리 양자 중력 이론의 새로운 방법을 격자 위의 QCD에 적용했을 때 양성자와 중성자의 성질이 나타나는지 확인하는 것이었다. 그러는 동안 그는 훌륭한 과학자라면 당연히 해야 할 일이지만 우리가 미처 하지 않았던 일을 했다. 그것은 문헌을 철저하게 조사하는 것이었다. 그는 우리의 것과 매우 유사한 방법을 QCD에 이미 적용한 논문을 하나 찾아냈다. 그것은 우리가 그때까지 이름을 들어본 적이 없는 두 사람, 즉 몬테비데오 대학교와 바르셀로나 대학교의 로돌포 감비니(Rodolfo Gambini)와 안토니 트리아스(Anthony Trias)가 쓴 것이었다.

과학자들도 인간이기에, 우리도 자신의 일이 중요하다고 느끼기를 바란다. 과학자에게 일어날 수 있는 최악의 일은 어떤 사람이 자신보다 먼저 같은 발견을 했다는 것을 알게 되는 것이다. 이것보다 더 나쁜 것은 오직 하나다. 그것은 누군가 당신과 같은 발견에 대해서 당신의 발표 후에 발표를 하고서 당신에게 적절한 공적을 돌리지 않는 것이다. 우리가 QCD가 아니라 양자 중력 이론의 영역에서 고리를 통해 연구하는 방법을 발견한 것은 사실이지만, 우리가 개발한 방법이 감비니와 트리아스가 이미 수년간 그들의 QCD 연구에서 사용해 온 것과 매우 유사하다는 것은 피할 수 없는 사실이었다. 그들이 그러한 연구 내용을 주요 학술지 중 하나인 《피지컬 리뷰(Physical Review)》에 발표해 왔음에도 불구하고, 우리는 웬일인지 그들의 논문들을 빠뜨리고 읽지 못했다.

무거운 마음으로 우리는 우리가 할 수 있는 유일한 일을 했다. 그것은 자리에 앉아서 그들에게 깊은 사과의 편지를 쓰는 것이었다. 트렌토에 있던 어느 날 오후, 카를로가 바르셀로나에서 걸려 온 전화를 받았다. 우리의 편지가 그들에게 도착했던 것이다. 그들은 우리가 트렌토에 있다는 것을 알았고, 우리가 그 다음 날도 그곳에 있을 것인지 물어보았다. 다음 날 아침 그들은 프랑스와 이탈리아 북부를 가로질러 거의 밤새도록 운전해서 우리가 있는 곳에 도착했다. 우리는 서로에게 각자의 연구 결과를 보여 주면서 멋진 하루를 보냈는데 감사하게도 우리의 연구는 상호 보완적이었다. 그들은 그 방법을 QCD에 적용했으며 우리는 양자 중력 이론에 적용했다. 안토니 트리아스가 주로 이야기했고 로돌포 감비니는 방 뒤쪽에 앉아서 처음에는 거의 아무 말도 하지 않았다. 그러나 우리는 곧 로돌포 감비니야말로 일급의 독창적 과학자라는 것을 알게 되었다. 다음 몇 달 동안 그가 신속하게 고리 양자 중력 이론에서 계산을 수행하는 새로운 접근 방법을 개발하는 것을 보며 우리는 그가 얼마나 창의적인지 알게 되었다.

그 후 감비니는 양자 중력 이론 분야의 선도적 연구자 중 하나가 되었으며 종종 펜실베이니아 주립 대학교의 조지 풀린(Jorge Pullin) 그리고 그가 몬테비데오에서 훈련시킨 훌륭한 일군의 젊은이들과 함께 연구했다. 그들은 양자 중력 방정식의 더 많은 해를 발견했으며 그 과정에서 나타난 몇몇 중요한 문제점들을 해결했다.

또 한 가지 언급해야만 할 것은, 과묵한 성격에도 불구하고, 로돌포 감비니가 군부 독재에 의해서 거의 완전히 붕괴된 베네수엘라와 우루과이의 학계를 거의 혼자 힘으로 부활시켰다는 사실이다. 이것이 무엇을 뜻하는지는 내가 몬테비데오를 최초로 방문했을 때 뼈저리게 느낄 수 있었다. 그때는 한겨울이었는데, 우리는 로돌포 감비니와 그의 일행과 함께, 황폐한 옛 수도원에서 난방도 컴퓨터도 없이 분젠 버너로 끓인 마테 차를 끊임없이 마셔 추위를 쫓아내며 물리학을 연구했다. 현재 우루과이 대학교의 이과 대학은 로돌포 감비니가 새로운 아이디어와 계산 결과를 계속해서 내 놓으면서 틈틈이 조성한 기금으로 지어진 현대식 건물과 편의 시설을 갖추고 있다.

고리 양자 중력 이론의 가장 아름다운 결론 중 하나는 고리 상태들을 '스핀 네트워크(spin network)'라는 매우 아름다운 방식으로 설명할 수 있다는 발견이다. 이것은 사실 30년 전에 로저 펜로즈에 의해서 발견되었다. 펜로즈도 공간은 완전히 관계론적일 것이라는 아이디어로부터 영감을 받았다. 그의 성격대로 그는 곧바로 문제의 핵심을 찔러 들어갔으며, 기존의 이론으로부터 공간을 관계

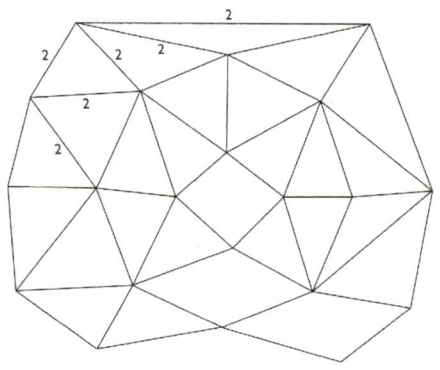

그림 24
로저 펜로즈가 발명한 스핀 네트워크는 공간 기하의 양자 상태를 나타낸다. 그것은 그래프와 그 변에 적혀 있는 정수로 이루어져 있다. 여기에서는 그 정수 중 단지 몇 개만 나타내었다.

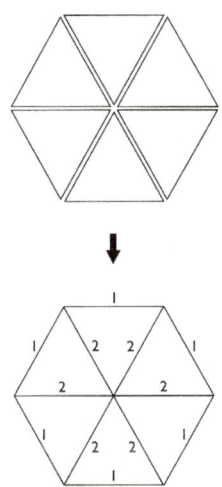

그림 25
스핀 네트워크는 고리를 결합해 만들 수 있다.

론적으로 그린 것을 유도하는 단계(우리가 시도했던 것)를 생략했다. 그 대신에 더 용감하게, 그는 기하학의 양자 이론의 토대가 될 만한 가능한 가장 간단한 관계론적 구조를 추구했다. 그림 24~27에 나타난 것과 같이 스핀 네트워크는 각 변에 정수 꼬리표가 붙어 있는 단순한 그래프다. 이 정수들은 양자 이론에서 입자의 각운동량

곡면의 넓이는 스핀 네트워크의 변과의 교점으로 주어진다. 교점이 많을수록 넓이도 커진다.

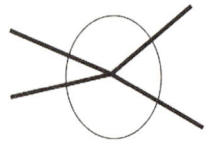

한 영역의 부피는 그 안에 있는 스핀 네트워크의 교점으로 주어진다.

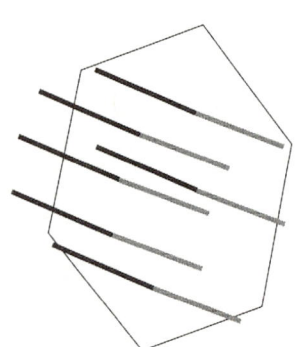

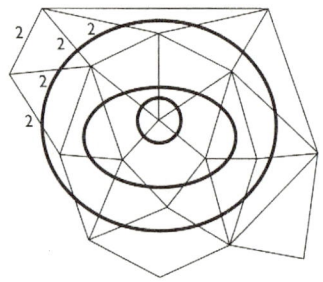

표시된 각 영역은 그것이 포함하는 영역들보다 스핀 네트워크의 더 많은 교점을 둘러싸고 있으므로, 더 큰 부피를 가진다.

그림 26

고리 양자 중력 이론의 예측에 따른 공간의 양자화. 스핀 네트워크의 변들은 불연속적인 단위 넓이를 가지고 있다. 곡면의 넓이는 스핀 네트워크의 변과의 교점으로 주어진다. 가능한 제일 작은 면적은 하나의 교점으로 주어지며 대략 10^{-66}제곱센티미터다. 스핀 네트워크의 교점은 불연속적인 단위의 부피를 나타낸다. 가능한 가장 작은 부피는 하나의 교점으로 주어지며 대략 10^{-99}세제곱센티미터다.

이 가질 수 있는 값들인 플랑크 상수의 1/2의 정수배로부터 유래한 것이다.

나는 오래전부터 펜로즈의 스핀 네트워크가 고리 양자 중력 이론에 포함되어야 한다는 것을 알고 있었지만 그것을 가지고 연구하는 데 어떤 두려움을 가지고 있었다. 펜로즈가 그의 세미나에서 그것에 대해서 기술할 때면 언제나 너무 난해해 보여서 오직 펜로즈만이 실수를 범하지 않고 그것들을 가지고 연구할 수 있는 것처럼 여겨졌다. 펜로즈의 방식대로 계산하기 위해서는 +1이나 0이나 -1인 많은 숫자들을 더해야 한다. 부호 하나만 잘못되어도 만사를 그르치게 된다. 1994년에 케임브리지를 방문했을 때 나는 펜로즈를 만나서 그의 스핀 네트워크로 계산하는 방법을 알려 달라고 부탁했다. 우리는 한 가지 계산을 같이 했으며 나는 그 요령을 터득했다고 생각했다. 그것은 스핀 네트워크로 가능한 한 가장 작은 부피와 같은 양자 기하학적 양상들을 계산할 수 있을 것이라는 확신을 주기에 충분했다. 그러고 나서 나는 알게 된 것을 카를로에게 알려 주었으며, 우리는 그 여름의 남은 날들을 우리의 이론을 펜로즈의 스핀 네트워크의 언어로 바꾸면서 보냈다.

우리가 이것을 해 냈을 때, 우리는 각 스핀 네트워크가 공간의 기하에 대한 가능한 양자 상태 하나를 준다는 것을 발견했다. 네트워크의 각 변에 있는 정수들은 그 모서리가 가지고 있는 넓이가 단위 넓이로 얼마인지 나타낸다. 스핀 네트워크의 선들은 전기력선속 혹은 자기력선속 대신에 몇 단위 넓이를 가지고 있다. 스핀 네트워크의 교점들 또한 간단한 의미를 가지고 있는데 그것들은 부피의 양자화된 단위에 해당한다. 간단한 스핀 네트워크에 포함된 부피는 플랑크 단위로 측정했을 때 기본적으로 그 네트워크의 교점들의 수와 일치한다. 이 그림을 분명하게 하는 것은 많은 연구가 필요한 골치 아픈 일이었다. 펜로즈의 방법은 매우 귀중한 것이었지만 예상했던 대로 그것을 가지고 연구하기란 쉽지 않았다. 그 과정에서 우리는 "훌륭한 과학자란 정답에 도달하기까지 가능한 모든 실수를 다 저지를 정도로 열심히 일하는 사람"이라는 리처드 파인만의 말이 참이라는 것을 깨달을 수 있었다.

과학자로서 나의 일생에서 아마도 최악이었을 순간이 찾아온 것은 런던의 크리스 아이샴의 학생이었던 리네이트 롤(Renate Loll)이라는 젊은 물리학자가 바르샤바에서 열린 학회에서 그녀의 발표 마지막에 가능한 최소 부피에 대한 우리의 계산이 잘못되었다는 것을 알렸을 때였다. 많은 논의 끝에 그녀가 옳은 것으로 밝혀졌으며, 우리는 우리의 실수를 되짚어 나가 부호 하나가 잘못되었음을 알아냈다. 그러나 놀랍게도 우리의 기본적인 그림과 결과는 그대로 성립했다. 그것들은 또한 우리가 발견한 결과들을 지탱하는 엄밀한 수학적 정리들을 증명한 수리 물리학자들에 의해서 확인되었다. 그들의 연구는 양자 기하학의 스핀 네트워크 묘사법이

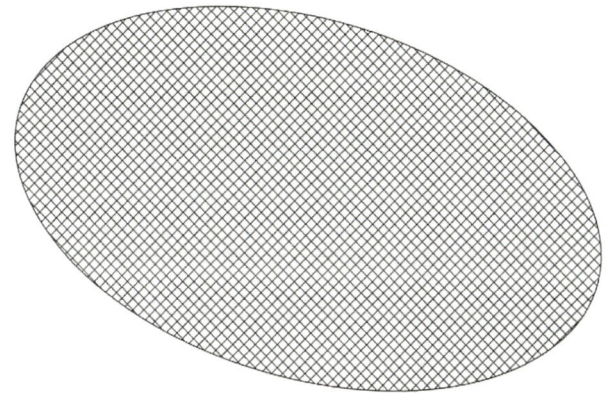

그림 27
매우 큰 스핀 네트워크는 플랑크 규모보다 무척 큰 규모에서 볼 때에는 부드럽고 연속적으로 보이는 양자 기하학을 나타낼 수 있다. 우리는 공간의 고전 기하학은 매우 크고 복잡한 스핀 네트워크로 이루어졌다고 이야기한다. 스핀 네트워크 묘사법에서는, 공간은 겉보기에만 연속적일 뿐이며, 실제로는 스핀 네트워크의 변과 교점 같은 기초 단위들로 이루어져 있다.

누군가의 단순한 상상이 아니라, 양자 이론과 상대성 이론의 기본 원칙들을 결합함으로써 직접 유도될 수 있다는 것을 우리에게 알려 주었다.

고리 양자 중력 이론의 접근법은 현재 매우 활발하게 연구되고 있는 분야다. 초중력과 양자 블랙홀의 연구처럼 오래된 아이디어들이 여기에 통합되었다. 알랭 콘(Alain Connes)의 비가환 기하학, 로저 펜로즈의 트위스터 이론, 끈 이론 같은 양자 중력 이론에 대한 다른 접근 방법과 고리 양자 중력 이론의 접근법 사이의 연관성이 발견되었다.

우리가 이 경험으로부터 얻은 한 가지 교훈은 다른 학문적 배경과 교육을 받은 사람들이 힘을 합쳐 미개척 영역을 탐험하면 그 영역이 얼마나 빠르게 발전할 수 있는가 하는 것이었다. 이론 물리학자들과 수리 물리학자들의 관계는 항상 원만한 것은 아니다. 그것은 마치 처음으로 미개척 영역을 탐험하는 척후병들과 그 뒤에 도착해서 땅에 담장을 치고 땅을 개간하는 농부들의 관계와 같다. 농부와 같은 수학자들은 모든 것을 묶어서 연결하고 아이디어 또는 결과의 정확한 경계를 결정하며, 정찰병과 같은 우리 물리학자들은 우리의 아이디어가 아직 약간은 길들여지지 않은 야생인 것을 선호한다. 각각은 그 일에서 결정적인 부분을 담당하는 것은 바로 자신들이라고 생각하는 경향이 있다. 그러나 우리와 끈 이론 연구자들이 모두 알게 된 것이 있다면 그것은 연구하고 생각하는 방식이 다름에도 불구하고 수학자들과 물리학자들이 서로 의사소통하고 함께 연구하는 것이 꼭 필요한 일이라는 것이다. 일반 상대성 이론과 마찬가지로, 양자 중력 이론은 새로운 개념과 아이디어와 계산 기술만큼 새로운 수학도 필요로 한다. 만약 우리가 진정한 발전을 이룬다면 그것은 혼자서는 생각해 낼 수 없는 어떤 것을 여러 사람들이 함께 연구하면 만들어 낼 수 있음을 깨달은 덕택이다.

결국 고리 양자 중력 이론의 공간 그림에서 가장 만족스러운 내용은 그것이 완전히 관계론적이라는 것이다. 스핀 네트워크가 공간 안에 존재하는 것이 아니라 그 구조가 공간을 발생시키는 것이다. 그리고 그것은 다른 것이 아니라 변이 교점에서 어떻게 함께 묶이는지로 결정되는 관계의 구조다. 변들이 어떻게 매듭짓고 서로 연결되는가의 규칙도 마찬가지로 부호화되어 있다. 고전 기하학과 양자 기하학의 묘사법 사이에 완벽한 대응 관계가 성립한다는 것도 매우 만족스러운 사실이다. 고전 기하학에서는 영역의 부피와 곡면의 넓이는 중력장의 값에 의존한다. 그것들은 계량 텐서

(metric tensor)라고 불리는, 복잡한 수학적 함수 집합에 통합적으로 부호화되어 있다. 반면에 양자 이론적 묘사에서 그 기하학은 스핀 네트워크의 선택에 부호화되어 있다. 이들 스핀 네트워크는 임의로 주어진 고전 기하에 대해, 어느 정도 근사적으로 동일한 기하 구조를 주는 스핀 네트워크를 찾을 수 있다는 면에서 고전적 기술과 대응 관계를 가지고 있다.

고전적 일반 상대성 이론에서 공간의 기하학은 시간에 따라 진화한다. 예를 들어 중력파가 한 면을 통과하는 경우, 그 곡면의 넓이는 시간에 따라 진동할 것이다. 양자 이론적으로 이 상황을 기술하면 스핀 네트워크의 구조가 중력파의 통행에 반응해 시간에 따라 진화한다. 그림 28은 스핀 네트워크가 시간에 따라 진화하는 몇 가지 간단한 단계들을 보여 준다. 만약 우리가 스핀 네트워크로 하여금 진화하게 한다면 시공간의 불연속적 구조를 얻게 된다. 이 불연속적 시공간에서 일어나는 사건들은 그림 28에서 볼 수 있는 것과 같은 형태의 진화가 일으킨 과정들이다. 우리는 그림 29~31과 같은 식으로 진화하는 스핀 네트워크를 그릴 수 있다. 변화하는 스핀 네트워크는 시공간과 매우 비슷하지만 연속적이 아니라 불연속적이다. 우리는 사건들 사이의 인과적 관계가 무엇인지 이야기

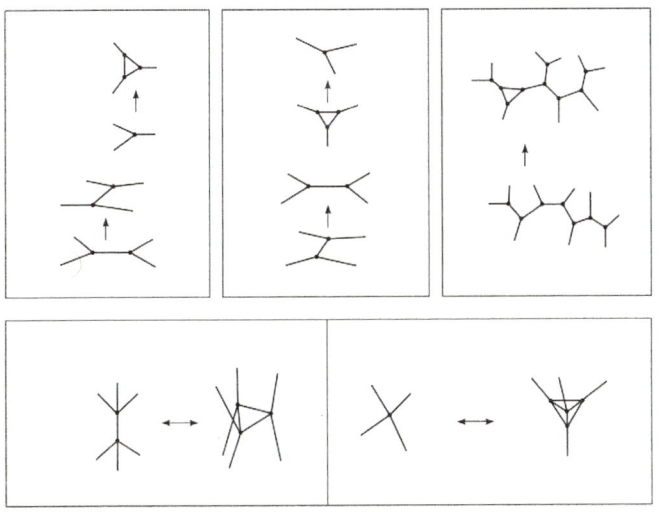

그림 28
스핀 네트워크가 시간에 따라 진화하는 간단한 단계들. 각각은 공간의 기하의 양자 전이에 해당한다. 이것들은 아인슈타인 방정식의 양자 이론적 근사물이다. (F. Markopoulou, 'Dual formulation of spin network evolution', gr-qc/9704013로부터 발췌함. 여기에 gr-qc/xxxx 형식으로 인용된 모든 논문은 xxx.lanl.gov에서도 볼 수 있다.)

할 수 있으며, 따라서 그것은 빛 원뿔을 가지고 있다. 그러나 그것은 그 이상을 가지고 있는데 각 시간적 순간들에 대응하도록 그 단면들을 그릴 수 있기 때문이다. 상대성 이론에서와 마찬가지로,

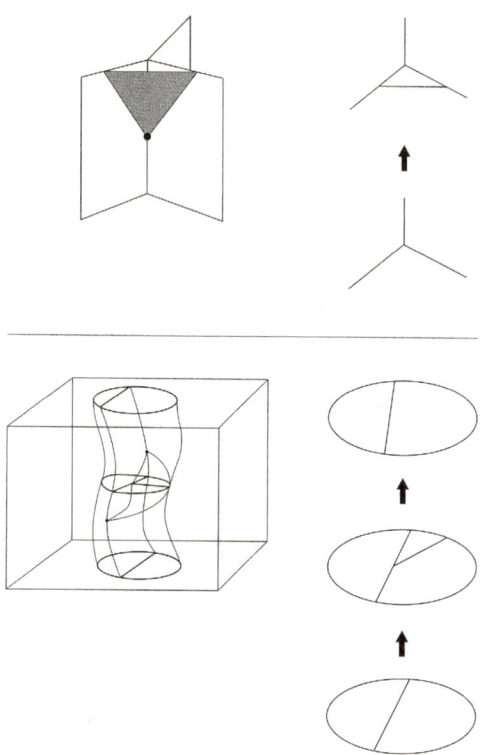

그림 29

양자 시공간에 대한 두 개의 그림. 양자 시공간의 각 사건은 공간의 양자 기하학의 간단한 변화며 그림 28에 보여진 것과 같은 변화 중 하나에 해당한다. 고리 양자 중력 이론에 따르면, 이것이 우리가 시공간을 10^{-43}초와 10^{-33}센티미터의 규모로 봤을 때의 모습이다. 위쪽 그림은 하나의 기본 변화를 나타낸다. 아래 그림은 두 기본 변화의 조합을 나타낸다. (C. Rovelli, 'The projector on physical states in loop quantum gravity', gr-qc/9806121.)

시간에 따라 변화하는 상태의 연속체로 이해할 수 있도록, 변화하는 스핀 네트워크의 단면을 선택하는 방법들은 여럿 있다. 그리하여 고리 양자 중력 이론의 시공간 기술은 사물은 없으며 오로지 과정이 있을 뿐이라는 상대성 이론의 근본 원칙에 부합한다.

존 휠러는 플랑크 규모에서는 시공간은 더 이상 매끈하지 않으며 거품과 비슷할 것이라고 이야기하고는 했는데, 그는 이것을 '시공간 거품(spacetime foam)'이라고 불렀다. 휠러에 대한 경의의 표시로, 수학자인 존 바에즈(John Baez)는 변화하는 스핀 네트워크

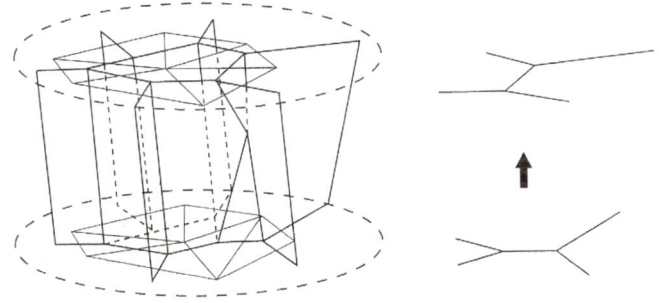

그림 30
스핀 네트워크 사이의 양자 전이의 가능한 다른 한 가지 진행과 그것을 나타내는 시공간의 묘사.
[R. de Pietri, 'Canonical loop quantum gravity and spin foam models', gr-qc/9903076,에서]

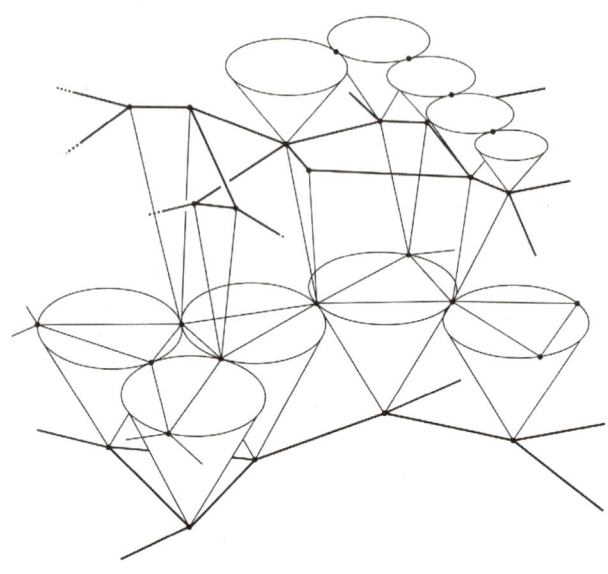

그림 31
양자적 시공간을 나타낸 그림. 변화하는 스핀 네트워크에서 일어난 사건들의 인과적 미래를 나타내었다. 미래는 4장과 마찬가지로 빛 원뿔로 그려져 있다. (F. Markopoulou and L. Smolin, 'The causal evolution of spin networks', gr-qc/9702025.에서)

를 '스핀 거품(spin foam)'이라고 부를 것을 제안했다. 스핀 거품의 연구는 1990년대 중반 이후에 비약적으로 발전했다. 현재 연구되고 있는 몇 가지 다른 변형이 있는데, 하나는 마이크 라이젠버거

(Mike Reisenberger)가, 다른 하나는 루이스 크레인과 존 바렛(John Barrett)이, 또 하나는 포티니 마르코풀루칼라마라가 제안한 것이다. 카를로 로벨리, 존 바에즈, 리네이트 롤과 기타 고리 양자 중력에 기여한 많은 다른 이들이 현재 스핀 거품의 연구에 몸담고 있다. 따라서 이것은 현재 매우 활기찬 연구 분야다. 그림 32는 스핀 거품 이론의 아이디어로 모형화된 1차원 공간과 1차원 시간을 가진 우주의 컴퓨터 시뮬레이션이다. 이것은 얀 앰비욘(Jan Ambjørn), 코스타스 아나그나스토풀로스(Kostas Anagnastopoulos)와 리네이트 롤의 연구 결과다. 이 우주는 매우 작으며 각 변이 1플랑크 길이에 해당한다. 이 우주는 항상 부드럽게 변화하는 것은 아니며 때때로 우주의 크기가 갑자기 변하기도 한다. 이것이 양자 요동이다. 여기에서 출발해 많은 시간이 흐른 후에 우리는 시공간의 기하에 관한 진정한 양자 이론을 갖게 되었다.

그 이론은 참된 것인가? 우리는 아직 알 수 없다. 결국에는 넓이와 부피, 시공간 기하에 관한 기타 척도에 대한 예측을 검증하도록 설계된 실험을 통해서 그 이론이 결정될 것이다. 나는 비록 고리 양자 중력 이론이 일반 상대성 이론과 양자 이론의 결합에서 곧바로 유도되기는 했지만, 그것이 진실로 완전한 이론일 필요는 없

그림 32
1차원의 공간과 1차원의 시간을 보여 주는 양자 시공간의 컴퓨터 모형. 보여진 구조는 10^{-33}센티미터와 10^{-43}초의 척도에서 존재한다. 양자 기하가 불확정성 원리에 의해서 매우 강하게 요동하는 것을 볼 수 있다. 원자 속에 있는 전자의 위치와 마찬가지로, 이렇게 작은 우주에 대해서는 우주 크기의 양자 요동은 우주 자체의 크기와 비슷하므로 매우 중요하다. (이 시뮬레이션은 얀 암비욘, 코스타스 아나그나스토폴로스와 리네이트 롤의 연구 결과다. 그들의 웹페이지 http://www.nbi.dk/~konstant/homepage/lqg2/. 에서 볼 수 있다.)

다는 것을 강조하고자 한다. 특히 넓이와 부피의 양자화와 같은 그 이론의 주된 예측은, 세부 사항들의 타당성에 의존하지 않으며, 오로지 양자 이론과 상대성 이론으로부터 뽑아낸 가장 일반적 가정에 의존할 뿐이다. 그 예측은 우주에 다른 무엇이 있을 수 있는지, 차원이 얼마일지, 근본 대칭성이 무엇일지 제한하지 않는다. 특히 이 문제들은 여분의 차원의 존재와 초대칭성 같은, 끈 이론의 기본적 특징과 완벽하게 조화를 이룬다. 나에게는 끈 이론의 진실성을 의심할 만한 아무 이유가 없다.

결국에는 실험이 결정할 것이다. 그러나 우리가 진실로 양성자보다 10^{20}배나 작은 플랑크 규모 공간의 구조를 실험적으로 확증하기를 희망할 수 있을 것인가? 최근까지 우리 대부분은 생전에 그런 실험이 가능할지 회의적이었다. 그러나 현재는 우리가 너무 비관적이었다는 것을 알게 되었다. 상상력이 매우 풍부한 젊은 이탈리아 물리학자 조반니 아멜리노카멜리아(Giovanni Amelino-Camelia)는 플랑크 규모에서 공간의 기하가 불연속이라는 예측을 검증할 방법이 있다는 것을 지적했다. 그의 방법은 전체 우주를 실험 도구로 사용한다.

광자가 불연속적인 기하를 통과하면 고전 물리학이 예측하는 경로로부터 작은 벗어남이 있을 것이다. 이 벗어남은 광자와 연관된 파동이 양자 기하의 불연속적인 교점에 의해서 산란될 때 나타나는 간섭 효과의 결과다. 우리가 검출할 수 있는 광자에서는 이 효과는 매우 작다. 아멜리노카멜리아 이전에는 누구도 생각하지 못했던 것은 광자가 매우 먼 거리를 여행할 경우 이 효과가 누적될 수 있다는 사실이었다. 그리고 우리는 관측할 수 있는 우주의 상당 부분을 여행해 온 광자를 검출할 수 있다. 그는 인공위성이 찍은 엑스선이나 감마선 폭발처럼 매우 격렬한 사건을 조심스럽게 분석하면 실험적으로도 공간의 불연속성을 발견할 수 있을 것이라고 제안한다.

만약 이 실험이 정말 공간이 플랑크 규모에서 원자론적 구조를 가진다는 것을 증명한다면, 그것은 분명히 21세기 초의 가장 중요한 과학 발견 중 하나가 될 것이다. 이런 새로운 방법을 발전시킴으로써 우리는 우리가 현재 원자 배열 구조를 연구할 수 있는 것과 마찬가지로 공간의 불연속적 구조를 탐구할 수 있게 될지도 모른다. 그리고 만약 내가 앞의 두 장에서 기술한 연구 결과가 실험 결과와 완전히 무관한 것이 아니라면, 우리는 펜로즈의 스핀 네트워크를 구성하는 윌슨과 폴랴코프의 고리를 보게 될 것이다.

11
공간의 소리는 끈이다

나는 과학을 하는 데 있어서 가장 어려운 것은, 그것이 종종 어떤 수준의 기술과 지혜를 요한다는 사실이 아니라고 확신한다. 기술은 익히면 되는 것이고, 지혜로 말하자면 우리 중 누구도 혼자 힘만으로 무엇인가를 이룰 수 있을 만큼 현명한 사람은 없다. 우리가 연구를 온전히 완수해 낼 수 있는 것은 우리가 헌신적이며 정직한 사람들로 이루어진 학계의 일부인 덕분이다. 이것은 가장 독립적인 사람에게도 해당되는 것이다. 벽에 부딪혔을 때 우리 대부분은 다른 사람의 연구에서 돌파구를 찾는다. 길을 잃었을 때 우리 대부분은 다른 사람들이 어떤 일을 하고 있는지를 눈여겨본다. 그럼에도 불구하고 우리는 종종 길을 잃을 수도 있다. 가끔은 나와 함께 친구나 동료 모두가 길을 잃을 수도 있다. 따라서 과학을 하는 데 있어서 가장 어려운 일은 불완전한 정보를 가지고 우리의 능력이 닿는 한 가장 올바른 선택을 해야 한다는 것이다. 이것은 직관이나 자기 자신에 대한 신뢰처럼 시험으로는 측정하기 어려운 특성을 요구한다. 아인슈타인은 이것을 알고 있었다. 그리고 바로 이것이 모든 동료들이 터무니없다고 말하는데도 불구하고 절대 공간과 시간의 개념을 고수했던 뉴턴의 용기와 판단력에 자신이 얼마나 감복하는지를 아인슈타인이 존 휠러에게 여러 번 말한 까닭이다. 아인슈타인이 그 누구보다 잘 알고 있었듯이, 뉴턴의 생각은 사실은 터무니없는 것이었다. 그러나 절대 공간과 시간은 그 당시 물리학 발전을 이루기 위해서 꼭 필요한 것이었으며, 이것을 이해한 것이 아마도 뉴턴의 가장 위대한 업적일 것이다.

아인슈타인은 학계의 도움 없이 혼자 힘으로 위대한 업적을 남긴 가장 중요한 예로 소개되고는 한다. 이 신화는 그에 대한 우리의 기억을 구체화하려고 공모한 사람들이 만든 것이다. 우리 중 대다수는 제1차 세계 대전이 주위를 휘몰아치는 동안 절대적인 것에 대한 고요한 사색에 잠겨 있던 한 사람이 순전히 개인적인 창작 행위로서, 그 자신의 머릿속에서 일반 상대성 이론을 발명해 낸 이야기를 들어본 적이 있다.

이 놀라운 이야기는 여러 세대에 걸쳐 많은 사람들을 매료시켰다. 이 이야기는 올바른 질문에 집중하기만 하면 자신이 다음 세대의 과학 아이콘이 될 수 있다고 상상하며 텁수룩한 머리에 양말도 신지 않은 채 프린스턴이나 케임브리지 같은 과학의 성지들을 돌아다니는 우리 같은 물리학도를 양산했다. 그러나 이것은 실제 일어났던 일과는 거리가 멀다. 최근에 나는 운 좋게도 베를린에 있는 역사가들이 출판을 준비하고 있는, 아인슈타인이 실제로 일반 상대성 이론을 발명한 노트를 읽어 볼 수 있었다. 물리학 연구자로서 볼 때, 무슨 일이 일어나고 있었는지를 한눈에 알 수 있었다. 그 사람은 혼란스러워했으며 어찌 할 바를 모르고 있었다. 그러나 그는 또한 매우 훌륭한 물리학자였다. (물론 진실을 직시할 수 있었던 신화적 성인이라는 뜻은 아니다.) 그 노트에서 나는 한 뛰어난 물리학자가 물리학적 기술과 전략을 연마하는 것을 볼 수 있었다. '천재'라고 불렸던 위대한 물리학자 파인만도 그와 같은 수련이 만들었다. 아인슈타인은 그가 길을 잃었을 때 무엇을 해야 할지 알고 있었다. 그것은 그의 노트를 펴고 그 문제에 도움을 줄 만한 어떤 계산을 시도해 보는 것이었다.

따라서 우리는 기대에 차서 노트를 넘겨 보았다. 그러나 그는 별다른 진전을 이루지 못했다. 훌륭한 물리학자라면 그때 무엇을 할까? 그는 그의 친구들과 이야기한다. 갑자기 휘갈겨 쓴 이름이 하나 등장한다. "그로스만!!!" 아인슈타인의 친구였던 그로스만은 그에게 곡률 텐서(curvature tensor)라는 것에 대해서 이야기한 것으로 보인다. 이것은 아인슈타인이 찾고 있었던 수학적 구조였으며, 지금은 상대성 이론의 열쇠로 이해되고 있다.

사실 나는 아인슈타인이 혼자 힘으로 곡률 텐서를 발명할 수 없었다는 사실을 알게 된 것이 좀 마음에 들었다. 내가 공부한 몇몇 상대성 이론 책에서는 유능한 학생이라면 누구나 아인슈타인이 고려하고 있던 원리들로부터 곡률 텐서를 유도할 수 있어야 한다고 말한다. 그것을 읽으며 정말 그럴 수 있을까 하고 생각했는데, 답을 볼 수 없는 상황에서 그 문제를 풀어야 했던 유일한 사람이 그 문제를 자력으로 풀 수 없었다는 것을 알고 나니 위로가 되었다. 아인슈타인도 자신에게 필요한 수학을 알고 있는 친구에게 도움을 청했던 것이다.

상대성 이론 교과서는 더 나아가 곡률 텐서를 이해하고 나면, 아인슈타인의 중력 이론에 매우 근접한 것이라고 말한다. 그렇다면 아인슈타인이 묻고 있는 질문들은 그가 그 이론을 반 페이지 만에 발명하게 했어야 한다. 오로지 두 단계만 나아가면 되며, 노트를 보면 아인슈타인은 필요한 모든 재료를 가지고 있었다. 그런데 그는 해 낼 수 있었는가? 아니다. 처음에는 가망이 있는 듯하지만, 그는 실수를 범하고 만다. 그의 실수가 실수가 아님을 설명하기 위해서 그는 매우 교묘한 논법을 만들어 낸다. 그의 노트를 읽어 나가는 동안 그의 논법이 그 문제에 대해서 그렇게 생각해서는 안 되는 모범 사례라는 사실을 알게 되니 마음이 무너지는 듯하다. 그 과목을 제대로 배운 학생이라면 아인슈타인이 사용한 논법이 터무니없이 잘못된 것이라는 것을 알지만, 아무도 우리에게 그것을 만들어 낸 사람이 다름 아닌 아인슈타인이라는 것은 말해 주지 않았던 것이다. 그 노트의 끝에 이르러, 그 당시의 누구보다도 이 문제와 관련해 더 많은 경험을 쌓은 우리가 보기에는, 그가 수학적으로도 성립될 수 없는 이론이 참이라고 스스로 확신하게 되는 것을 볼 수 있었다. 그럼에도 불구하고 그는 자신뿐만 아니라 몇몇 다른 사람에게도 그 이론이 유망함을 확신시켰고, 그 후 2년 동안 이 잘못된 이론을 추구했던 것이다. 사실, 올바른 방정식이 거의 우연히 도출되어 노트의 한 페이지에 적혀 있었다. 그러나 아인슈타인은 그것이 무엇인지 깨닫지 못했고, 잘못된 길을 2년 동안이나 따라간 후에야 그의 길을 되짚어 돌아왔다. 그때 그는 그의 훌륭한 친구들의 도움 덕택에 어디서부터 잘못된 길에 들어섰는지 알게 되었다.

이 노트의 기록 중 어떤 것도 아인슈타인의 위대성을 의심하게 하는 것은 없다. 오히려 그 반대로 우리는 한 위대한 인간이 강한 용기와 판단력을 가지고 헤어 나오기 힘든 혼란의 숲을 통과한 발자취를 볼 수 있다. 교훈은 새로운 물리학 법칙을 만들어 내는 것은 힘든 일이라는 것이다. 정말 힘든 일이다. 그것이 지성과 노력뿐만 아니라 직관, 완강함, 인내심과 강한 성격이 필요하다는 것을 아인슈타인은 누구보다 잘 알고 있었다. 이것이 모든 과학자들이 학계에서 공동으로 연구하는 이유다. 그리고 그것이 과학의 역사를 인간적인 이야기로 만든다. 미련함 없이는 환희도 있을 수 없다. 문제가 양자 중력 이론의 발명만큼이나 어려운 경우에는 다른 사람들의 의견이 자신과 달라도 그들의 노력을 존중해야 한다. 우리가 소규모의 친구들과 함께 여행하든 수백 명 전문가와 함께 여행하든 우리는 잘못을 범할 가능성이 있다.

다른 교훈은 아인슈타인이 일반 상대성 이론을 발명하기 위해 분투하는 과정에 그토록 많은 실수가 있었던 이유와 관련이 있다. 그가 알아내기 어려웠던 것은 공간과 시간이 절대적인 의미를 갖지 않으며 단지 관계의 체계라는 것이었다. 아인슈타인이 이것을 어떻게 깨닫게 되었는지, 그리고 그 후 어떻게 다른 어떤 이론보다도 공간과 시간이 관계론적임을 보여 주는 이론을 발명하게 되었는지는 아름다운 이야기다. 그러나 그 이야기를 하는 것은 역사가들에게 맡기는 것이 나으리라 생각한다.

이 장의 주제는 끈 이론이다. 그런데 내가 아인슈타인 이야기를 꺼낸 것에는 두 가지 이유가 있다. 첫째로 끈 이론의 현재 형식이 시공간이 진화하는 관계의 체계라는 일반 상대성 이론의 근본적인 교훈을 아직까지는 제대로 따르지 않는다는 문제를 갖고 있기 때문이다. 내가 앞에서 도입했던 전문 용어로 표현하자면, 일반 상대성 이론이 배경에 무관한 반면, 끈 이론은 배경 의존적이다. 동시에 현재의 끈 이론이 최종 형태라고는 생각되지 않는다. 있음직한 일이지만 끈 이론이 궁극적으로 배경에 무관한 형태로 다시 형식화되기 위해서는, 끈 이론가들이 발전을 이루기 위해 자신들의 근본 원리를 버리는 용기와 판단력을 보여야만 한다. 그렇게 된다면 역사가들은 끈 이론가들을 뉴턴의 굴레에서 벗어난 아인슈타인과 같은 행동을 한 것으로 평가할 것이다.

끈 이론에 대해서 이야기하는 것은 현재까지도 끈 이론이란 게 진정 어떤 것인지 알지 못하기 때문에 쉬운 일이 아니다. 우리는 그것이 정말 놀라운 어떤 것이라는 정도는 충분히 잘 알고 있다. 우리는 끈 이론에서 어떤 종류의 계산을 수행하는 방법에 대해서 많이 알고 있다. 그런 계산들은 적어도 끈 이론이 궁극적인 양자 중력 이론의 일부가 될 수 있으리라는 것을 시사한다. 그러나 우리는 그것을 정확하게 정의할 수 없으며, 그것의 근본 원리들이 무엇인지도 알지 못한다. (흔히 끈 이론은 21세기 수학의 일부이지만 20세기에 사는 우리가 운 좋게 손에 넣은 것이라고 말하고는 한다. 이 말은 예전에 비해서 현재는 그리 훌륭한 비유인 것 같지 않다.) 문제는 우리가 아직 끈 이론을 근본 이론이라고 할 만한 형태로 표현하지 못했다는 것이다. 우리가 지금 알고 있는 것을 그 이론 자체라고 생각할 수는 없다. 우리가 가지고 있는 것은 그 이론의 해의 긴 목록에 불과하며, 우리가 아직 가지고 있지 못한 것은 그것들을 해로 갖는 이론이다. 이것은 마치 우리가 아인슈타인 방정식의 해는 많이 가지고 있지만 일반 상대성 이론의 기본 원리는 알지 못하거나 또는 그 이론을 정의하는 실제 방정식을 쓰는 방법은 모르는 것과 같다.

또는 더 간단한 예를 들자면, 끈 이론의 현재 형태와 그 궁극적 형태의 관계는 케플러 천문학과 뉴턴 물리학의 관계와 같을 것이다. 요하네스 케플러(Johannes Kepler)는 행성이 타원 궤도를 따라서 운동한다는 것을 발견했으며, 그는 이 원리와 그가 발견한 다른 두 법칙을 가지고 무한히 많은 수의 가능한 궤도를 그릴 수 있었다. 그러나 행성의 궤도가 타원을 그리는 이유를 알게 된 것은 뉴턴에 이르러서였다. 이것으로 뉴턴은 행성의 운동을 갈릴레오가 발견한, 지구 위의 투사체가 그리는 포물선 운동 등과 통합해서 설명할 수 있었다. 끈 이론 해의 더 많은 예가 최근 발견되었다. 근본 원리가 없는 상황에서 해를 찾아 헤매는 물리학자들의 노력에는 정말로 머리가 숙여진다. 여러 가지 해들이 그 이론에 대해서 많은 것을 알려 주었지만, 적어도 현재까지는 그 이론이 무엇인지 우리에게 말해 주기에는 충분하지 않다. 아직은 그 누구도 해의 목록에서 그 이론의 원리를 얻을 수 있게 할 결정적인 직관을 가지고 있지 않다.

그렇다면 우리가 끈 이론에 대해서 알고 있는 것에서 시작해 보기로 하자. 이 지식들은 끈 이론을 진지하게 받아들이게 하기에 충분하다. 양자 이론은 모든 파동에 짝이 되는 입자가 있다고 말한다. 전자기파에는 광자가 있다. 전자에는 전자의 파, 즉 전자의 파동 함수가 있다. 그 파동은 꼭 근본적인 것이어야 할 필요는 없다. 소리굽쇠를 때리면 그것을 오르내리는 파동이 만들어진다. 이것은 금속을 통해 전달되는 음파다. 양자 이론은 이 음파도 입자와 관련짓는데, 그것은 포논(phonon)이라고 부른다. 이제 우리가 우리 주위의 빈 공간을 중력파로 교란시킨다고 가정해 보자. 이것은 질량을 가진 것이라면 무엇에서든 만들 수 있다. 예를 들어 한쪽 팔을 흔들고 다녀도 만들어지고 중력 섭동으로 서로 흔들리는 한 쌍의 중성자별에서도 만들어진다. 중력파는 배경에 대해서 움직여 나가는 작은 물결 같은 것으로 이해할 수 있는데, 이 경우 그 배경은 빈 공간이다.

중력파와 연관된 입자를 중력자(graviton)라고 부른다. 지금까지 아무도 중력자를 관측하지 못했다. 중력파를 검출하는 것조차도 아주 어려운데, 그것은 중력파가 물질과 매우 약하게 상호 작용하기 때문이다. 그러나 양자 이론이 중력파에 적용될 수 있는 한, 중력자는 존재해야만 한다. 무엇이든 질량을 가진 것이 진동할 때는 중력파를 만들기 때문에 우리는 중력자가 물질과 상호 작용해야 한다는 것을 알고 있다. 양자 이론에 따르면 광파의 짝인 광자가 존재하는 것과 마찬가지로 중력파에 대응하는 중력자가 있어야만 한다.

우리는 두 중력자가 상호 작용한다는 것을 알고 있다. 이것은 에너지를 가진 모든 것과 상호 작용하는 중력자 자체가 에너지를 갖기 때문이다. 광자와 마찬가지로, 중력자의 에너지는 그 진동수에 비례하며, 중력자의 진동수가 클수록 다른 중력자와 더 강하게 상호 작용한다. 그렇다면 두 중력자가 상호 작용할 때 어떤 일이 일어나는지 질문할 수 있다. 우리는 그것들이 궤도를 바꾸며 상대방으로부터 산란되어 나간다는 것을 알고 있다. 훌륭한 양자 중력 이론이라면 두 중력자가 상호 작용할 때 어떤 일이 생기는지 예측할 수 있어야 한다. 그것은 파동의 세기나 진동수의 높고 낮음에 상관없이 답을 낼 수 있어야 한다. 이것은 양자 이론에서 우리가 어떻게 접근해야 할지 알고 있는 종류의 문제다. 예를 들어 우리는 광자는 전하를 띤 모든 입자, 예를 들면 전자와 상호 작용해야 함을 알고 있다. 우리는 광자와 전자의 상호 작용에 대한 훌륭한 이론을 가지고 있는데, 이것은 바로 '양자 전기 역학(quantum electrodynamics)', 약자로 QED이다. 그것은 리처드 파인만, 줄리언 슈윙거(Julian Schwinger), 도모나가 신이치로(朝永振一郎) 등에 의해서 1940년대 후반에 개발되었다. QED는 광자와 전자, 기타 전하를 띤 입자들의 산란을 실험과 유효 숫자 11자리까지 일치하는 정확도로 예측하게 해 준다.

물리학은 다른 과학과 마찬가지로 가능성의 예술(art of possible, 독일의 정치가 비스마르크가 "정치는 가능성의 예술이다."라고 말한 것에서 유래한 표현—옮긴이)이다. 따라서 여기에 첨가할 이야기가 하나 있는데, 그것은 우리가 사실 QED를 제대로 이해하고 있지 못하다는 것이다. 우리는 그 이론의 원칙들을 알고 있으며, 그로부터 그 이론을 정의하는 기본 방정식들을 이끌어 낼 수 있다. 그러나 우리는 이 방정식들을 실제로 풀 수 없으며, 심지어 그것들이 수학적으로 모순이 없다는 것을 증명할 수도 없다. 대신 그것들의 의미가 통하게 하기 위해서 일종의 속임수를 써야만 한다. 우리는 그 해의 성질에 대한 어떤 가정을 해야 한다. 그 가정은 50년이 지난 지금도 여전히 증명되지 않았지만, 광자와 전자가 상호 작용할 때 어떤 일이 일어나는지 근사적으로 계산할 방법을 준다. 이 가정을 섭동 이론(perturbation theory)이라고 부른다. 그것은 실험과 매우 정확하게 일치하는 답을 준다는 면에서 상당히 유용하다. 그러나 우리는 그 과정에 모순이 있는지 없는지 또는 그것이 진정한 해가 예측할

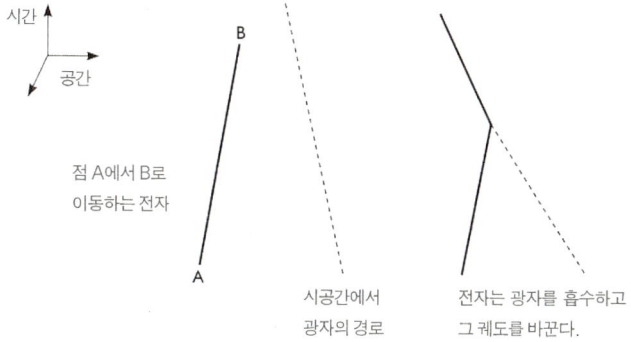

그림 33
전자와 광자 이론(양자 전기 역학 혹은 약자로 QED)에서의 기본 과정들. 전자와 광자는 시공간에서 자유로이 움직이거나 전자가 광자를 흡수하거나 방출하는 사건을 통해 상호 작용할 수 있다.

결과를 제대로 반영하고 있는지 모르고 있다. 끈 이론은 현재 그 이론 자체보다는 주로 이런 근사적 과정을 통해서 이해되고 있다. 이것이 해의 목록만 있는 이론이 만들어진 경위다.

섭동 이론을 기술하는 것은 사실 아주 쉬운 일이다. 그림으로 그것을 간단하게 이해하는 방법이 파인만에 의해서 개발되었다. 세 종류의 일들이 발생할 수 있는 과정의 우주를 그려 보자. 전자는 어느 순간 점 A에 있다가 다음 순간 점 B로 이동할 수 있다. 우

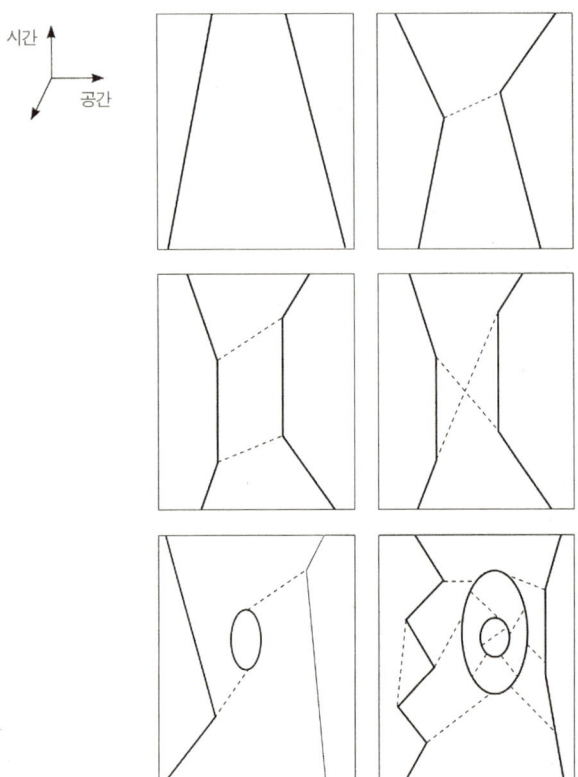

그림 34
그림 33에 묘사된 과정들이 모여 여러 다른 과정을 만든다. 이것 중 몇 가지를 파인만 도형으로 그렸다. 이 도형들은 전자 2개가 단순히 광자를 흡수하거나 방출하며 상호 작용하는 방식들을 보여준다. 각각은 우주 역사의 일부로서 '이야기'를 만든다.

리는 이것을 그림 33과 같이 직선으로 나타낼 수 있다. 광자도 그림에서 점선으로 나타낸 것처럼 운동할 수 있다. 발생할 수 있는 다른 일은 전자와 광자가 상호 작용하는 것으로, 이 상호 작용은 광자의 점선이 전자의 직선과 만나는 점으로 표시된다. 두 전자가 만났을 때 어떤 일이 생기는지 계산하고자 한다면, 그 장면에 두 전자의 등장으로 시작해서 두 전자의 퇴장으로 끝나는 사건들을 발생할 수 있는 모든 경우의 수를 따져서 그리면 된다. 무한히 많은 수의 과정이 가능하며, 그림 34에 몇 가지 예가 나와 있다. 파인만은 각 그림으로 표현된 과정의 확률(사실은 양자 진폭으로서 그 제곱이 확률이 된다.)을 알아내는 방법을 우리에게 가르쳐 주었다. 우리는 파인만이 가르쳐 준 방법을 따라 QED의 모든 예측을 계산할 수 있다.

지금은 '파인만 도형(Feynman diagram)'이라고 부르는 이러한 그림으로 표현하면 끈 이론을 매우 간단하게 설명할 수 있다. 그 이론의 기본 가설은 입자란 없으며 오로지 공간에서 운동하는 끈만 있다. 끈은 단순히 공간에 그려진 고리다. 그것은 입자가 단지 한 점이며 그 이상이 아니었던 것과 마찬가지로, 어떤 다른 것으로 만들어지지 않았다. 오로지 한 종류의 끈이 존재하며, 여러 종류

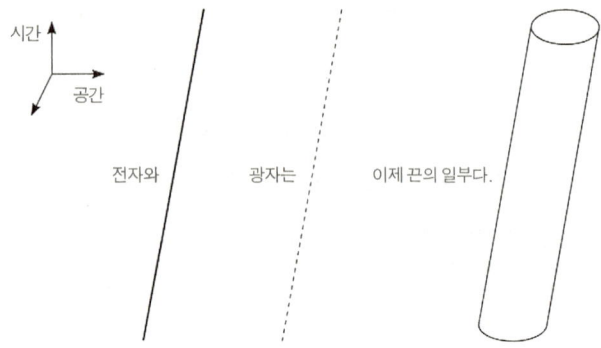

그림 35
끈 이론에서 운동하는 것은 단 한 가지며 그것은 공간에 그려진 고리 또는 끈이다. 이 끈이 다른 방식으로 진동하면 다른 방식이 다른 종류의 근본 입자처럼 보인다.

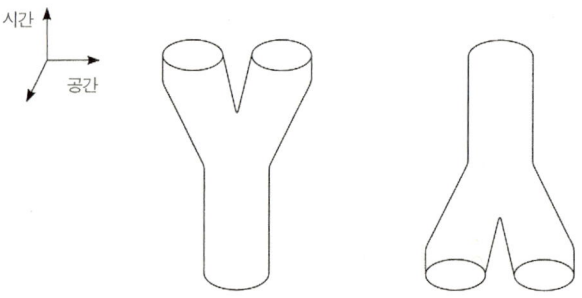

그림 36
입자 사이에서 일어나는 온갖 상호 작용은 끈 이론에서 분할하거나 결합하는 끈으로 해석된다.

의 입자는 서로 다른 것이 아니라 이 고리의 다른 진동 방식이라고 간주된다. 따라서 그림 35와 같이 광자와 전자는 하나의 끈의 서로 다른 진동 방식으로 생각한다. 끈이 시간에 따라 움직일 때 그것은 선이 아니라 관을 만들게 된다 그림 35. 두 끈은 하나로 결합할 수도 있고 하나의 끈이 둘로 분할될 수도 있다 그림 36. 자연에서 나타나는 모든 상호 작용들은, 광자와 전자를 포함해서, 이러한 분할과 결합으로 해석될 수 있다. 우리는 이 그림들로부터 끈 이론이 파인만 도형으로 주어지는 물리 과정들을 충분히 단순하고 통합적으로 설명한다는 것을 알 수 있다. 그 주된 장점은 일관된 물리적 예측을 주는 이론들을 찾을 수도 있는 간단한 방법을 제공한다는 것이다.

파인만 방법의 문제점은 그것이 언제나 무한대의 결과를 준다는 것이다. 이것은 그림에 입자가 생성되고, 상호 반응하고 나서 붕괴하는 고리(loop)가 존재하기 때문이다. 이것들은 매우 짧은 시간 동안만 존재하기 때문에 '가상 입자(virtual particle)'라고 부른다. 불확정성 원리에 따르면, 가상 입자들은 매우 짧은 시간 동안만 존재하기 때문에, 찰나적으로 에너지 보존 법칙이 성립하지 않게 되어 결국 임의의 에너지 값을 가질 수 있다. 이것은 심각한 문제를 불러일으킨다. 그 과정이 일어날 전체 확률을 계산하기 위해서는 모든 파인만 도형들을 합해야 하는데, 만약 어떤 입자들이 0과 무한대 사이의 임의의 에너지 값을 갖는다면, 모두 더해야 하는 가능한 상태가 무한히 많을 것이기 때문이다. 이것은 무한대라는 숫자를 복잡하게 적은 것에 불과한 수학 표현들을 내놓는다. 그 결과 파인만의 방법은 전자와 광자의 상호 작용에 대한 질문들에 얼핏 보기에 무의미한 답을 내놓는 것처럼 보인다.

매우 영리하게도 파인만과 다른 이들은 그 이론이 터무니없는 답을 내놓는 것은 단지 몇 개의 질문에 대해서만임을 간파했다. 그것은 '전자의 질량은 얼마인가?' 나 '그 전하량은 얼마인가?' 같은 것들이었다. 그 이론은 이 양들이 무한대라고 예측하는 것이다! 파인만은 이러한 무한대의 답들이 나타날 때마다 그것들을 단순히 없애고 실제 유한한 값을 대입하면 다른 모든 질문에 대한 답들도 적당한 값이 된다는 것을 알아냈다. 모든 무한대의 항들은 그 이론이 전자의 질량과 전하에 대해서 올바른 답을 주도록 짜맞추면 제거할 수 있다. 이 과정을 '재규격화(renormalization)'라고 부른다. 이 과정이 성립하는 경우 우리는 '재규격화 가능(renormalizable)'이라고 말한다. 이 재규격화 과정은 양자 전기 역학에 서 매우 잘 성립한다.

그것은 양자 색역학에도 적용되며, 방사성 붕괴를 설명한 이론인 와인버그-살람 이론에서도 성립한다. 이 방법을 어떤 이론에 적용해 사리에 맞는 답을 얻을 수 없는 경우 우리는 그 이론이 재규격화될 수 없다고 말한다. 사실 대부분의 물리학 이론은 재규격화할 수 없으며, 오로지 어떤 특별한 것들만이 이러한 방법으로 적당한 답을 줄 수 있다.

이 방법으로 이해할 수 없는 가장 중요한 이론이 아인슈타인의 중력 이론이다. 그 이유는 파인만 도형에서 움직이는 입자들이 임의로 큰 에너지를 가질 수 있다는 것과 관련이 있다. 그런데 중력의 세기는 에너지에 비례한다. 그것은 아인슈타인에 따르면 에너지는 질량이고 뉴턴에 따르면 중력은 질량에 비례하기 때문이다. 따라서 큰 에너지를 가지는 파인만 도형은 상응하는 큰 효과를 갖는다. 그런데 파인만의 방법에 따르면 파인만 도형은 임의의 에너지를 가질 수 있다. 그 결과 에너지가 한없이 커지는 되먹임이 일어나 그 누구도 파인만 도형에서 일어나는 일을 통제할 수 없게 된다. 아무도 중력 이론을 파인만 도형을 따라 움직이는 입자로 표현하는 방법을 찾아내지 못했다. 그러나 끈 이론에서는 중력의 효과를 이해할 수 있다. 이것은 파인만 방법의 가장 큰 성과라고 할 수 있다. 옛 이론들과 마찬가지로, 모든 물리 과정에 무한대의 답을 주는 많은 다른 끈 이론들이 있는데, 이들은 폐기되어야 한다. 살아남는 것은 무한대를 전혀 갖지 않는 일련의 이론들이다. 질량을 무한대가 되게 하는 항들을 격리하고 제거하는 책략을 더 이상 쓸 필요가 없다. 세상에는 오로지 두 종류의 끈 이론이 있는데, 하나는 모순이 있고 다른 한 종류는 모순이 없다. 그리고 모순이 없는 이론은 어느 것이나 모든 물리학 양들에 유한하고 사리에 맞는 답을 주는 것으로 보인다.

모순이 없는 이론들, 즉 정합적인 이론들의 목록은 매우 길다. 1부터 9까지, 어느 차원이나 정합적인 끈 이론이 존재한다. 9차원에는 5개의 모순 없는 끈 이론이 있다. 우리가 살고 있는 것으로 여겨지는 3차원으로 내려오면, 적어도 수십만의 서로 다르며 각각 모순 없는 끈 이론들이 있다. 이 이론들의 대부분은 자유로이 정할 수 있는 인수를 가지고 있어서, 근본 입자들의 질량과 같은 양들을 하나로 결정할 수 없다. 모든 정합적인 끈 이론들은 매우 엄격한 구조를 따른다. 서로 다른 모든 종류의 입자들이 동일한 근본적 존재의 진동에서 유래하므로, 일반적으로 어떤 이론이 임의의 입자를 기술하는 데 적합한지 선택할 자유는 누구에게도 없다. 이 이론들에 따르면 무한히 많은 종류의 진동과, 그에 대응하는 무한히 많은 종류의 입자들이 있다. 그러나 대부분은 에너지가 너무 높아 측정할 수 없다. 가장 낮은 에너지를 가진 진동, 그리고 그에 대응하는 입자가 우리가 관측할 수 있는 질량의 입자들에 해당한다. 놀라운 사실은 우리가 실제로 관측하고 넓은 범주를 채우고 있다고 여기는 입자들과 힘들이 그저 끈의 가장 낮은 진동 상태에 대응하는 입자와 힘에 불과하다는 사실이다. 다른 진동 상태들은 그 질량이 양성자의 10^{19}배에 이르는 입자에 해당한다. 이것이 플랑크 질량이며, 플랑크 길이의 크기를 갖는 블랙홀의 질량에 해당한다.

그러나 끈 이론으로 우리 우주를 기술하기 위해서는 해결해야 할 문제들이 있다. 많은 끈 이론들은 지금까지 관측되지 않은 입자들의 존재를 예측한다. 그중 많은 이론은 중력의 세기가 위치와 시간에 따라 변하는 문제를 안고 있다. 그리고 거의 모든 정합적인 끈 이론은 입자들 사이에 관측되는 것 이상의 대칭성을 예견하고 있다. 그중 가장 중요한 것이 초대칭성(supersymmetry)이다.

초대칭성은 중요한 개념이므로 어느 정도 자세히 설명하는 것이 좋을 것 같다. 초대칭성을 이해하기 위해서는 근본 입자들에 보스 입자와 페르미 입자, 즉 보손(boson)과 페르미온(permion)이라는 두 가지 유형이 있다는 것을 알아야만 한다. 보손들은 광자와 중력자를 포함하는데, 플랑크 상수를 단위로 해서 각운동량을 측정했을 때 그 값이 정수가 되는 입자들이다. 페르미온은 전자, 쿼크와 중성미자를 포함하는데, 각운동량의 값이 1/2, 3/2와 같은 반정수(1/2의 홀수배로 나타내는 수 — 옮긴이)가 된다. 페르미온은 또한 파울리의 배타 원리를 만족하는데, 그것은 어떤 두 페르미온도 완전히 같은 상태에 있을 수 없다는 것이다. 초대칭성은 페르미온과 보손이 각각 같은 질량을 가지고 쌍으로 출현할 것을 요구한다. 이것이 자연에서 관측되는 것과 다르다는 것은 명백하다. 만약 보손인 전자와 쿼크가 있다면 우주는 매우 다른 성질을 갖게 될 것이다. 즉 파울리의 배타 원리가 아무 힘이 없어서 어떤 형태의 물질도 안정하지 않을 것이기 때문이다. 만약 초대칭성이 우리 우주에 대해서 참이라면, 그것은 '자발적인 깨짐'의 과정, 즉 배경을 이루는 장들이 페르미온-보손 쌍의 한 구성원에는 큰 질량을 주고 다른 하나에는 질량을 주지 않는 과정을 거쳤을 것이다. 이렇듯 이상한 대칭성을 고려하는 유일한 이유는 초대칭성이 전부는 아닐지라도 대부분의 끈 이론에 일관된 답을 주는 데 필요한 것으로 생각되기 때문이다.

초대칭성의 증거에 대한 탐구는 현재 진행되고 있는 입자 가속기 실험에서 우선적으로 고려되는 사항이다. 끈 이론 연구자들은 초대칭성의 증거 발견에 큰 희망을 가지고 있다. 만약 초대칭성이 실험적으로 발견되지 않는다고 해도, 실험 사실과 일치하는 끈 이론을 만들어 내는 것은 가능할 것이다. 그러나 초대칭성에 대한 실험적 증거가 나타나는 것보다는 못하다.

끈 이론에는 분명히 무언가 매우 놀라운 점이 있다. 그 장점 중에는 그것이 자연스럽게 모든 입자들과 힘들을 통합한다는 것과, 중력을 포함하면서도 모순을 일으키지 않는 끈 이론이 많이 존재한다는 사실이 있다. 또한 끈 이론에는 9장에서 논의한 이중성 가설이 완벽하게 실현되어 있다. 그뿐만 아니라 아무리 강조해도 지나치지 않은 것은, 끈 이론이 현재 이해되고 있는 형식, 즉 시공간 배경에 대해서 운동하는 양자 입자들을 표현하는 도형을 통해서는 중력을 양자 이론이나 다른 힘들과 모순 없이 통합할 수 있는 유일한 방법이라는 것이다.

그럼에도 불구하고 매우 실망스러운 것은 끈 이론이 일반 상대성 이론의 기본적인 교훈, 즉 공간과 시간은 고정된 것이 아니라 동적이며 절대적이 아니라 상대적이라는 것을 제대로 반영하지 않는다는 것이다. 보통 끈 이론들은 공간과 시간의 기하학을 영원히 고정된 것으로 생각하며, 끈들이 이 고정된 배경에서 운동하며 서로 상호 작용할 때 사건이 일어난다고 여긴다. 공간과 시간은 고정되고 변하지 않는 배경이고 사물들은 그 안에서 운동하고 상호 작용하는 것이라고 여기는 뉴턴 역학의 근본적인 실수를 되풀이하기 때문에 끈 이론은 분명 틀렸다. 앞에서 강조했듯이, 올바른 것은, 관계론적으로 구성된 공간과 시간을 포함하는 계 전체를 하나의 동적인 대상으로 다루는 것이지, 그것을 고정시키는 것이 아니다. 이것이 일반 상대성 이론과 고리 양자 중력 이론이 택한 방식이다.

그렇지만 과학은 절대적 진리로 만들어지지 않는다. 과학의 진보는 가능한 것에 토대를 두고 있다. 이것은 설사 확립된 원칙에 어긋나 보여도 실용적인 일을 하는 것이 가끔은 사리에 맞는다는 것이다. 따라서 비록 어떤 과학 이론이 궁극적으로는 거짓이라고 해도 그 이론의 실용적 가치를 알아보는 것은 유용할 수 있다. 예를 들어 진공에서 운동하던 두 중력자가 서로 산란되는 경우 어떤 일이 일어나는가를 모순 없이 기술할 수 있는 방법이 있는가를 배경 의존적 접근법을 최대한 사용해서 알아보는 것도 여전히 유용한 일이다. 우리가 그러한 기술 방법이 기껏해야 근사적인 설명을 제공하는 데 불과하다는 사실을 잊지 않는 한, 이것은 중력의 양자 이론을 발견하는 데 있어서 중요하고도 필요한 단계가 될 수 있다.

끈 이론의 또 다른 단점은 그것이 하나의 이론이 아니라 많은 이론들의 집합이라는 것이며, 따라서 그것이 근본 입자에 대해서 많은 예측을 하지 못한다는 것이다. 이 단점은 배경 의존성과 밀접하게 연관되어 있다. 각각의 끈 이론은 다른 시공간 배경에서 운동하며, 따라서 끈 이론을 정의하기 의해서는 공간의 차원과 시공간의 기하를 먼저 결정해야 한다. 끈 이론들에서는 많은 경우 공간은 우리가 관측하는 3차원보다 더 많은 차원을 가지고 있다. 이것은 우리 우주에 존재하는 여분의 차원들이 직접 인지할 수 없을 정도로 작게 말려 있다는 가설로 설명할 수 있다. 우리는 여분의 6차원 공간이 조밀화(compactify)되어 있다고 말한다. 끈 이론은 공간이 9차원일 경우 가장 간단하다. 이것은 정합적인 3차원 끈 이론들 중 대다수가 숨겨진 6차원이라는 개념을 가지고 공간 구조를 하려고 하는 이유를 설명해 준다.

6차원의 여분 공간이 조밀화되는 방법은 적어도 수십만 가시가 있다. 각각의 방법에 따라 여분의 6차원은 서로 다른 기하학적,

위상수학적 성질을 갖는다. 따라서 우주가 3개의 큰 차원을 가지고 있다는 기본적인 관측 사항에 부합하는 끈 이론은 적어도 그만큼이나 많이 있다고 할 수 있다. 게다가 이 이론들 각각은 조밀화된 6차원 공간의 크기와 기타 기하학적 성질들을 기술하는 일련의 매개 변수들을 가지고 있다. 이것들이 우리가 보는 3차원 우주의 물리학에 영향을 미치는 것으로 판명되었다. 예를 들어 여분 차원들의 기하학은 우리가 관측하는 근본 입자들의 질량과 상호 작용의 세기에 영향을 미친다.

이 여분 차원들이 말 그대로 존재하는가는 별 의미가 없는 것 같다. 만약 우리의 3차원적 '실재'가 어떤 고차원 영역에 포함된 것이라는 그림을 얻게 된다면, 적어도 그 그림이 배경에 의존하지 않고 실재를 기술하는 한 우리는 여분의 차원을 믿을 수 있을 것이다. 그러나 이 여분의 차원이라는 개념을 단순히 정합적인 3차원 끈 이론들의 목록을 이해하는 데 유용한 이론적 도구로 보는 것도 역시 가능하다. 우리가 배경 독립성을 유지하는 한 그다지 상관없는 일이다.

끈 이론은 결국 통일 이론의 자리를 차지할지도 모른다. 현재 형태의 끈 이론은 우리가 실제로 관측하는 물리학과 관련해서 그다지 많은 예측을 주지는 않는다. 앞으로 건설될 더 강력한 입자 가속기가 발견할 여러 시나리오들도 끈 이론의 많은 형태 가운데 하나와 들어맞게 될 것이다. 그래서 끈 이론은 실험적 확증이 없을 뿐만 아니라, 앞으로 수십 년 안에 그것을 증명하거나 부정할 실험을 생각하는 것마저도 어렵다. 끈 이론의 관점에서 보면, 9차원 중 6차원이 조밀화되고 나머지 3차원이 크게 남는 것도 특별할 것이 없다. 끈 이론에서는 여분의 차원의 수가 9부터 0 중 하나인 우주를 기술하는 것이 어렵지 않다.

따라서 끈 이론은, 우리가 보는 세상은 일어날 수 있는 모든 물리 현상 중 일부일 뿐임을, 그것도 일어날 수 있는 확률이 낮은 제한된 표본일 뿐임을 암시한다. 왜냐하면 끈 이론은 우주의 대부분의 차원과 대부분의 대칭성이 감춰져 있다고 말하기 때문이다. 이런 놀라운 결론에도 불구하고 많은 사람들은 여전히 끈 이론이 통일 이론의 출발점이라고 믿고 있다. 이것은 끈 이론의 현재 형식이 부분적으로 아무리 불완전하더라도, 배경 의존성이 유용한 단계에서는 중력과 다른 힘들을 모순 없이 통합하는 유일한 이론이기 때문이다.

끈 이론의 주된 문제는, 어떻게 하면 약점은 버리고 장점만 취한 이론, 즉 배경 독립적인 이론을 찾을 수 있을까 하는 것이다. 이 문제에 대한 접근법 중 하나는 다음 질문으로부터 출발한다. 모든 끈 이론들을 통합하는 하나의 정합적인 끈 이론이 있고, 다른 끈 이론들은 그 통일된 끈 이론의 해들로 해석할 수 있지 않을까? 다른 끈 이론들은 그들이 살고 있는 시공간과 함께 절대적인 것으로 주어지지 않을 것이다. 대신 그 이론들은 새로운 이론의 해로서 나타날 것이다. 새 이론의 해들이 가능한 모든 배경 시공간을 포함해야 하므로, 새 이론은 고정된 시공간 배경에서 움직이는 대상을 통해서 만들어져서는 안 됨을 명심해야 한다. 이 근본적인 이론과 여러 가지 다른 해들의 관계는 일반 상대성 이론 방정식의 해인 여러 시공간과 일반 상대성 이론의 관계와 유사할 것이다.

이제 우리는 두 이론을 맞대어 비교함으로써 다음과 같이 논증할 수 있다. 아인슈타인 방정식의 해 중에 임의의 시공간을 택해서, 어떤 물질을 그 안에서 흔들어 본다고 생각하자. 이것은 중력파를 발생시킬 것이다. 이 중력파는 시공간 위를 마치 호수 표면 위의 잔물결처럼 퍼져 나갈 것이다. 우리는 근본적 이론의 해에서도 같은 방법으로 잔물결 같은 요동을 만들어 낼 수 있다. 여기에서 이 요동이 어떤 배경에서 움직이는 파동이 아니라 끈을 만들어

낸다고 생각해 보자. 이것을 시각화하는 것은 어려울지 모르지만, 이중성의 가설에 따르면 끈들이 전기장 같은 장을 바라보는 다른 방법일 뿐임을 기억하면 도움이 될 것이다. 그리고 장을 흔들면 우리는 파동을 얻게 된다. 전기장과 자기장의 흔들림은 결국 다름 아닌 빛이다. 그런데 만약 이중성의 가설이 사실이라면, 이것을 공간 내 끈들의 운동으로 이해하는 방법이 분명히 있을 것이다.

이렇게 이해하는 게 맞다면 각각의 끈 이론은 사실 그 자체로는 하나의 이론이라고 할 수 없다. 그것은 미세한 흔들림이 어떻게 그 자신이 다른 이론의 해인 배경 시공간에서 퍼져 나가는가를 근사적으로 기술한 것에 불과하다. 그 이론은 일반 상대성 이론의 일종의 확장으로서, 배경에 의존하지 않고 상대성 이론적 방식으로 형식화되어 있을 것이다.

만약 이 가설이 사실이라면 그토록 많은 끈 이론이 존재하는 이유를 설명해 준다. 근본 이론의 해들은 서로 다른 공간과 시간으로 기술되는 수많은 우주들을 정의할 것이다. 이 우주들은 모두 다 존재 가능하며 다 다르다.

이제 남은 일은 이 가설들을 사실로 확인해 줄 통일된 끈 이론 하나를 세우는 것이다. 이것은 몇몇 사람들이 매우 열심히 연구하고 있는 프로젝트며, 나 역시 많은 시간을 들였다는 것을 고백해야 겠다. 현재로서는 모든 사람의 의견이 일치하는 이론 형식이 있는 것은 아니지만, 적어도 이름은 있다. 우리는 그것을 'M 이론'이라고 부른다. M이 무엇을 의미하는지는 아무도 모른다. 다만 우리는 그 이름이 그 존재만을 추측할 수 있을 뿐인 이론에 대한 적당한 이름이라고 생각하고 있다.

오늘날 끈 이론 연구자들은 M 이론이 존재한다는 증거를 찾기 위해 많은 시간을 보내고 있다. 매우 성공적이었던 전략은 서로 다른 끈 이론들 사이의 관계를 찾아보는 것이다. 분명히 서로 다른 두 끈 이론이 정확히 같은 물리 현상을 기술하는 많은 사례들이 발견되었다. (어떤 경우에는 이것을 명확히 알 수 있지만, 다른 경우에는 상황을 근사화하거나 여분의 대칭성을 부여해 이론을 단순화시켰을 때만 물리 현상과 일치하는 기술을 얻을 수 있다.) 이 관계들은 끈 이론들이 어떤 더 큰 이론의 일부임을 시사한다. 이 관계들에 대한 정보는 M 이론이 존재하는 경우 그것이 어떤 구조를 가질 것인지 알아내는 데 사용될 수 있다. 예를 들어 그것은 M 이론이 가질 대칭성에 관한 정보를 준다. 이것들은 이중성의 가설 아이디어를 크게 확장하는 대칭성들이며, 그것은 하나의 끈 이론에서는 가능하지 않은 것이다.

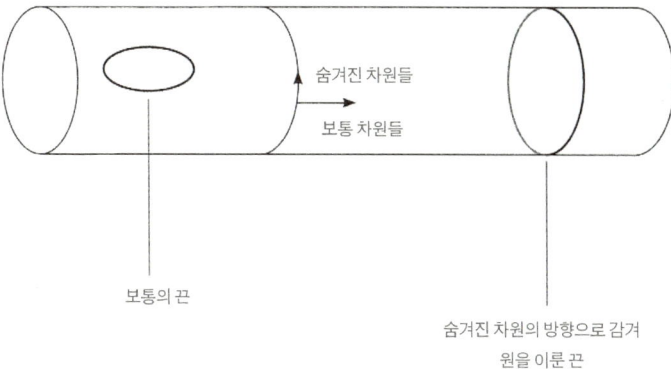

그림 37
원통은 한 방향이 원을 이루는 2차원 공간이다. 우리는 원통 위에 감긴 끈과 보통의 끈을 볼 수 있다. 이 그림은 여분의 차원이 감춰지는 방식을 보여 주는 전형적인 그림이다. 수평 방향은 보통의 3차원 방향이고, 수직 방향은 감춰진 차원 중 하나를 뜻한다. 시간은 나타내지 않았다.

또 다른 매우 중요한 질문은 M 이론의 우주에서 공간과 시간이 연속적일 것인가 아니면 불연속적일 것인가 하는 것이다. 처음에 끈 이론은 공간과 시간에서 연속적으로 운동하는 끈들이라는 그림에 바탕을 두고 있으므로 연속적인 우주를 가리키는 것으로 보였다. 그러나 이것은 오해로 판명되었다. 그것은 매우 가까이에서 바라보면 끈 이론이 세계를 불연속적 공간 구조를 가진 것으로

기술하는 것처럼 보이기 때문이다.

불연속성을 이해하는 한 가지 방법은 감겨 있는 공간에 있는 끈들을 연구하는 것이다. 감겨진 1차원 공간은 그림 37처럼 원을 이룬다. 감긴 원은 반지름 R를 가지고 있다. 여러분은 만약 R를 점점 더 작게 하면 언젠가는 그 이론에 문제가 생길 것이라고 생각할 것이다. 그러나 끈 이론은 R가 매우 작아질 때 생기는 일은 R가 매우 커질 때 생기는 일과 분간할 수 없다는 놀라운 성질을 가지고 있다. 그 결과는 R에 가능한 최솟값이 있다는 것이다. 만약 끈 이론이 참이라면 우주는 이것보다 작아질 수 없다.

여기에 대한 꽤 간단한 설명이 있는데, 이것을 통해 독자들이 끈 이론의 연구에 널리 쓰이는 추론에 대해 조금이나마 음미할 수 있기를 바란다. R가 가능한 최솟값을 가지는 이유는 끈이 원통을 감을 때 두 가지 다른 일을 할 수 있다는 사실과 관련이 있다. (2개의 자유도가 있다고 하기도 한다.) 우선 그것은 마치 기타 줄처럼 진동할 수 있다. 원통의 반지름이 고정되어 있으므로 끈은 정상파처럼 일련의 진동 방식(vibration mode)를 갖는다. 동시에 끈은 다른 자유도도 가지고 있는데, 그것은 끈이 원통을 몇 번 감느냐다. 그리하여 원통 주위를 감은 끈의 특성을 기술하기 위해서는 2개의 수가 필요한데,

하나는 진동 방식을 뜻하고 다른 하나는 감긴 횟수를 나타낸다.

원통의 반지름 R를 어떤 임곗값 이하로 감소시키려고 하면, 이 두 숫자가 그 역할을 바꾼다는 것이 밝혀졌다. 진동 방식이 3이고, 반지름 R가 임곗값보다 약간 작은 원통에 다섯 번 감겨 있는 끈은, 임곗값보다 약간 큰 원통에 세 번 감겨 있고 진동 방식이 5인 끈과 구분할 수 없다. 이것은 가는 원통에 감긴 끈의 모든 진동 방식은 좀 더 굵은 원통에 다른 방식으로 감긴 끈의 진동 방식과 구별할 수 없게 만든다. 우리가 그것들을 식별할 수 없는 이상, 가는 원통에 감긴 끈의 진동 방식은 중복이며 따로 고려할 필요가 없다. 따라서 그 이론에서 다루는 모든 상태들은 임곗값보다 큰 원통을 통해서 기술할 수 있다.

불연속성을 보는 다른 방법은 광속에 가까운 속도로 움직이는 끈을 생각하는 것이다. 그것은 각각 일정한 양의 운동량을 갖는 불연속적인 요소들로 이루어져 있는 것으로 보일 것이다. 이것들을 '끈 조각(string bit)'이라고 부른다 그림 38. 운동량이 커질수록 끈은 더 길어지며, 따라서 끈으로 분석할 수 있는 물체의 크기에는 한계가 있다. 그런데 끈 이론에 따르면 자연의 모든 입자들은 실제로 끈으로 만들어진 것이므로, 만약 그 이론이 옳다면 가장 작은

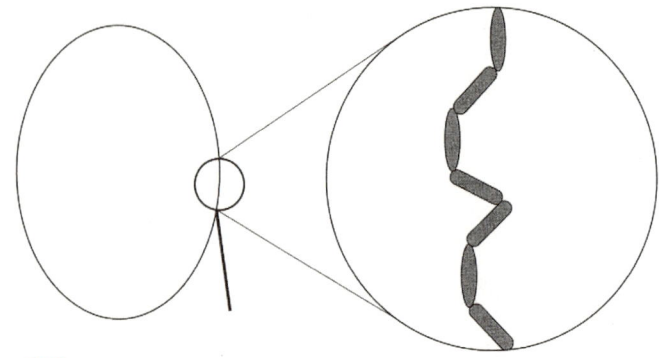

그림 38
플랑크 규모의 확대경을 통해서 관찰한 끈은 나무로 만든 장난감 뱀과 유사하게 불연속적인 끈 조각으로 이루어진 것으로 보인다.

크기가 존재한다. 가장 작은 은 조각, 즉 은 원자가 있는 것과 같이, 전파 가능한 최소의 과정이 있으며 그것이 끈 조각이다.

끈 이론에서 조사할 수 있는 최소의 크기를 표현하는 간단한 방법이 밝혀졌다. 보통의 양자 이론에서는 관찰될 수 있는 것의 한계는 하이젠베르크의 불확정성 원리로 표현된다. 이것은 다음과 같다.

$$\Delta x > \frac{\hbar}{\Delta p}$$

여기서 Δx는 위치의 불확정성이며, $\hbar$는 유명한 플랑크 상수고 Δp는 운동량의 불확정성이다. 끈 이론은 이 방정식을 다음과 같이 수정한다.

$$\Delta x > \frac{\hbar}{\Delta p} + C \Delta p$$

여기서 C는 플랑크 규모와 관련 있는 다른 상수다. 이 새로운 항이 없을 때에는 운동량의 불확정성을 크게 해서 위치의 불확정성을 원하는 만큼 작게 만들 수 있었다. 방정식에 새로운 항이 있을 때는 이것이 불가능한데, 운동량의 불확정성이 충분히 커지면 두 번째 항이 작용해서 위치의 불확정성이 다시 증가하게 된다. 결과적으로 위치의 불확정성에는 최솟값이 있으며, 이것은 어떤 대상이건 공간에서 그 위치를 결정하는 정확도에는 절대적 한계가 있음을 의미한다.

이것은 우리에게 만약 M 이론이 존재한다고 해도 그 이론이 공간이 연속적이고 아무리 작은 부피에라도 무한대의 정보를 채워 넣을 수 있는 우주를 기술하지는 않을 것임을 밀해 준다. 이것은 M 이론이 무엇이든 끈 이론의 직접적인 확장이 아닐 것임을 시사한다. M 이론은 끈 이론과 개념적으로 다른 언어를 통해 형식화되어야 한다. 개념적으로 다른 언어를 통해서 형식화되어야 할 것이므로, 끈 이론 직접적으로 확장시킨 이론은 아닐 것임을 시사한다. 현재 끈 이론의 형식화는 공간과 시간이 연속적이고 무한히 분할할 수 있으며 절대적인 성질을 갖는다는 오래된 뉴턴의 체계와 새로운 물리학의 요소가 혼합된 과도기적 단계에 있다고 생각된다. 남은 문제는 오래된 것과 새로운 것을 분리하고 20세기와 21세기의 실험 물리학으로 입증된 원리만으로 모순 없는 이론을 세울 방법을 찾아내는 것이다.

THREE ROADS TO
QUANTUM GRAVITY

3부 현대의 미개척 영역

12
홀로그래피 원리

<u>2부에서 우리는 양자 중력에 대한</u> 세 가지 접근 방법, 즉 블랙홀의 열역학, 고리 양자 중력 이론과 끈 이론에 대해서 알아보았다. 각각 출발점은 다르지만, 그것들은 모두 플랑크 규모의 공간과 시간이 연속일 수 없다는 점에서 일치한다. 겉보기로는 다른 이유로 해서, 이 길들의 끝에서는 모두 공간과 시간이 연속적이라는 오래된 그림은 폐기되어야 한다는 결론에 도달하게 된다. 플랑크 규모에서 공간은 근본적으로 불연속적인 기본 단위로 구성되어 있는 것으로 보인다.

고리 양자 중력 이론은 스핀 네트워크를 통해 이 구성 단위들에 대한 구체적인 그림을 제공한다. 그것은 우리에게 넓이와 부피

는 양자화되었으며 불연속적 단위로만 표현된다는 것을 말해 준다. 끈 이론은 처음에는 연속적인 공간에서 움직이는 연속적인 끈을 기술하는 것처럼 보인다. 그러나 더 가까이 다가서서 보면 끈은 사실 불연속적인 양의 운동량과 에너지를 갖는 '끈 조각'들로 이루어져 있음이 명확해진다. 이것은 불확정성 원리를 확장한 형태로 간결하고 아름답게 표현되는데, 그것은 가능한 최소한의 거리가 있다는 것을 우리에게 알려 준다.

블랙홀의 열역학은 베켄슈타인 한계라는 더욱 극단적인 결론을 제공한다. 이 원리에 따르면 어떤 영역에 포함될 수 있는 정보의 양은 유한할 뿐만 아니라, 플랑크 단위로 잰 그 영역 경계면의 넓이에 비례한다. 이것은 우주가 플랑크 규모에서는 불연속적이라는 사실을 시사한다. 왜냐하면 우주가 연속적이라면 모든 영역이 무한대의 정보를 포함할 수 있을 것이기 때문이다.

세 가지 길 모두 공간이 플랑크 규모에서는 불연속적이 된다는 일반적 결론에 이르게 된다는 것은 놀라운 일이다. 그러나 양자 시공간에 대한 이 세 가지 기술법은 서로 좀 다른 것 같다. 따라서 이 세 가지 기술법을 한데 결합해서 우리가 일단 이해하게 되면, 양자 중력에 이르는 하나의 최종적 길이 될 단일한 기술을 얻을 수 있어야 한다.

처음에는 이것을 어떻게 해 낼 수 있는지 분명하지 않을 수도 있다. 세 가지 다른 접근 방법은 우주의 다른 측면들을 조사하게 해 준다. 양자 중력의 최종 이론이 하나라고 해도, 그 기본 원리들은 물리학의 영역에 따라 각각 다른 방식으로 드러나게 될 것이다. 이 세 가지 길에서 일어나는 일도 바로 이것이다. 우리가 다른 질문을 한다면 우리는 다른 형태의 불연속성을 관찰할 수 있다. 우리가 두 가지 다른 이론 사이에서 진정한 모순을 발견하는 것은 두 이론이 같은 질문을 했을 때 두 가지 다른 대답을 얻게 되는 경우다. 지금까지 이런 일은 일어나지 않았는데, 그것은 다른 접근 방법들은 각각 다른 종류의 질문을 하기 때문이다. 다른 접근 방법들이 동일한 양자 세계를 보는 다른 창문에 해당할 수도 있는데, 만약 이것이 사실이라면 그것들 모두를 하나의 이론으로 통합할 방법이 분명히 있을 것이다.

만약 다른 접근 방법들이 통합될 수 있다면, 세 가지 방법이 모두 조화를 이루며 양자 기하학의 불연속성을 표현할 원리가 분명히 있을 것이다. 만약 그러한 원리가 발견될 수 있다면, 그것은 세 이론을 하나의 이론으로 결합시키는 지침이 될 것이다. 최근에 그러한 원리가 제안되었다. 바로 '홀로그래피 원리(holographic principle)'다.

이 원리는 몇 가지 형태로 여러 사람들에 의해서 제안되었다. 지난 몇 년간의 많은 토론에도 불구하고 홀로그래피 원리가 정확히 무엇인지에 대해서는 합의를 보지 못했다. 그러나 이 분야의 연구자들은 홀래그래피 원리가 어떤 형태로든 결국은 진실로 규명될 것이라는 강한 느낌을 받고 있다. 그리고 만약 그것이 사실이라면, 그것은 중력의 양자 이론적 맥락에서만 의미를 갖는 첫 번째 원리가 될 것이다. 현재는 홀로그래피 원리가 일반 상대성 이론과 양자 이론 원리들에서 만들어진 것으로 이해되고 있다. 그러나 이 원리가 사실로 확인되면 결국 상황이 반전되어 홀로그래피 원리가 물리학의 근본 원리 중 하나가 되고 그것으로부터 양자 이론과 상대성 이론이 특별한 경우로서 유도될 것이다.

홀로그래피 원리는 무엇보다도 우리가 8장에서 논의한 베켄슈타인 한계로부터 영감을 받은 것이다. 여기에 베켄슈타인 한계를 설명하는 한 가지 방법이 있다. 임의의 물체로 구성된 임의의 물리계를 고려하고 그것을 '물체'라고 부르기로 하자. 우리는 오로지 그 '물체'가 유한한 경계면인 '스크린' 안에 둘러싸여 있을

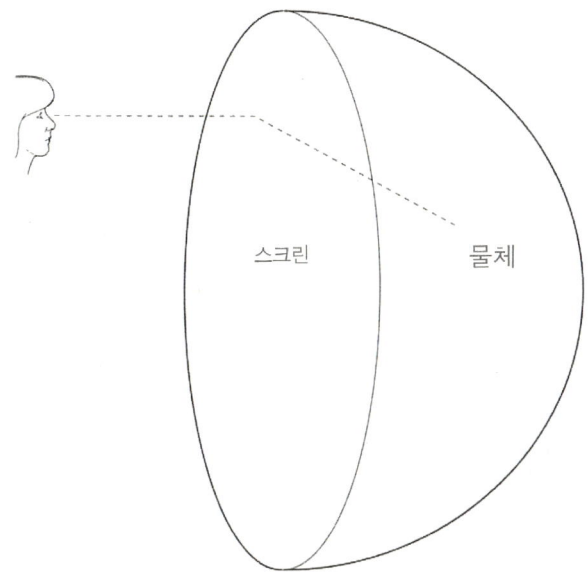

그림 39
베켄슈타인 한계의 논증. 우리는 '물체'를 '스크린'을 통해서 관찰하는데, 그것은 우리가 얻을 수 있는 '물체'에 대한 정보의 양을 스크린 위에 표현될 수 있는 것으로 제한한다.

것만 요구한다 그림 39. 우리는 그 '물체'에 대해서 가능한 한 많이 알기를 바란다. 하지만 우리는 물체를 직접 만질 수는 없으며, '스크린' 위에서만 그 물체를 측정할 수 있다. 우리는 모든 복사선을 '스

크린'을 통해서 보낼 수 있고, 그 '스크린' 위에 나타나는 모든 변화를 기록할 수 있다. 베켄슈타인 한계는, 우리가 '물체'에 대해 던질 수 있는 질문(예/아니오로 답할 수 있는 질문)의 수가 그 '물체'를 둘러싸고 있는 스크린을 통한 관측으로 일반적으로 제한된다는 것을 뜻한다. 그 숫자는 플랑크 단위로 잰 '스크린' 넓이의 4분의 1보다 작아야만 한다. 우리가 더 많은 질문을 한다면 어떻게 될까? 이 원리는 우리에게 두 가지 일 중 하나가 일어날 것이라고 말해 준다. 한계를 넘어서는 질문을 하는 실험의 결과로 스크린의 넓이가 증가하든지, 아니면 한계를 넘어서는 실험은 이전 질문들 중 몇 개에 대한 답을 지우거나 무효로 할 것이다. 어느 경우에나 우리는 그 '물체'에 대해서 '스크린'의 넓이로 주어지는 그 한계 이상은 알 수 없다.

여기에서 가장 놀라운 일은 단순히 '물체'에 부호화될 수 있는 정보의 양에 한계가 있다는 사실이 아니다. 이 사실은 우주가 불연속적 구조를 가진다는 점을 믿는다면 정확히 예측할 수 있었던 일이다. 놀라운 것은 그 정보의 양이 물체를 둘러싼 곡면의 넓이에 비례한다는 것이다. 우리는 보통 '물체'에 부호화될 정보의 양이 물체를 포함하는 곡면의 넓이가 아니라 그 부피에 비례할 것이라고 예측한다. 예를 들어 '물체'가 컴퓨터의 기억 장치라고 해 보자. 만약 컴퓨터를 계속해서 소형화하다 보면, 우리는 결국 순전히 공간의 양자 기하학을 이용해 기계를 설계해야 하는 상황이 올 것이며 그것이 바로 궁극적인 한계가 될 것이다. 이제 우리가 공간의 양자 기하학을 기술하는 스핀 네트워크 상태들을 갖고 컴퓨터 기억 장치를 만든다고 상상해 보자. 서로 다른 스핀 네트워크 상태들의 수는 그 상태들이 기술하는 세계의 부피에 비례한다는 것을 증명할 수 있다. (그 이유는 교점들마다 아주 많은 상태가 있으며 부피가 교점의 수에 비례하기 때문이다.) 베켄슈타인 한계는 이것과 모순되지는 않지만, 외부 관측자로서 우리가 뽑아낼 수 있는 정보의 양은 그 부피가 아니라 넓이에 비례한다고 주장한다. 그리고 그 넓이는 네트워크의 교점의 수가 아니라, 그 스크린을 통과하는 변의 수에 비례한다 그림 40. 이것은 공간의 양자 기하 구조로부터 우리가 만들 수 있는 가장 효율적인 메모리는 표면에 대해서 각 변이 2플랑크 길이인 영역마다 1비트의 메모리를 넣는 경우라는 것을 우리에게 말해 준다. 일단 이렇게 하고 나면, 메모리를 3차원으로 확장하는 것은 아무 노움이 되지 않는다.

이 착상은 매우 놀랍다. 만약 그것을 진지하게 받아들이려 한

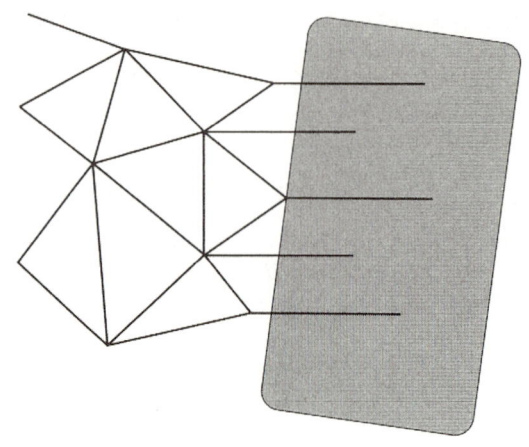

그림 40
공간의 양자 기하학을 기술하는 스핀 네트워크가 유한한 수의 점에서 지평면과 같은 경계면과 교차하고 있다. 각 교점을 다 세면 경계면의 전체 넓이가 된다.

다면, 그것에 대한 훌륭한 이유가 있어야 할 것이다. 사실은 그 이유가 존재하는데, 그것은 베켄슈타인 한계가 열역학 제2법칙의 결과 중 하나라는 것이다. 열역학 법칙에서 베켄슈타인 한계를 유도하는 논증은 사실 그다지 복잡하지 않다. 그 중요성을 감안해서 312쪽의 상자 안에 그 한 가지 논증을 소개했다.

베켄슈타인 한계를 믿을 수 있는 훌륭한 이유가 적어도 두 가지 있다. 하나는 아인슈타인의 이론과 베켄슈타인 한계 사이의 관계를 뒤바꿀 수 있다는 것이다. 내가 312쪽의 상자에서 소개한 베켄슈타인 한계에 대한 논의를 보면 알겠지만, 그 한계는 부분적으로 아인슈타인의 상대성 이론 방정식의 결과다. 그러나 테드 제이콥슨이 그의 유명한 논문에서 증명했듯이, 그 논증의 전후 관계를 뒤집어서 열역학 법칙과 베켄슈타인 한계가 진실이라고 가정하고 아인슈타인 이론의 방정식을 유도하는 것이 가능하다. 그는 이것을 에너지가 '스크린'을 통해서 흐를 때 그 넓이가 변화해야 한다는 것을 보임으로써 해냈는데, 그것은 열역학 법칙에 따르면 에너지와 함께 엔트로피도 흘러가야 하기 때문이다. 그 결과는 '스크린'의 넓이를 결정하는 공간의 기하적 성질은 에너지의 흐름에 대한 반응으로 변화해야 한다는 것이다. 제이콥슨은 이것이 사실은 아인슈타인 이론의 방정식을 의미한다는 것을 증명했다.

베켄슈타인 한계를 믿을 수 있는 다른 이유는 그것을 고리 양자 중력 이론에서 바로 유도할 수 있다는 것이다. 이렇게 하기 위해서는 양자 이론에서 스크린이 어떻게 기술되는지를 연구하기만 하면 된다. 그림 40에서 보인 것과 같이, 고리 양자 중력에서는 스핀 네트워크의 변이 스크린을 관통한다. 스크린과 교차하는 각 변

베켄슈타인 한계에 관한 논증

'물체'가 충분히 커서 정확한 양자 묘사뿐 아니라 평균으로서의 거시적 묘사로도 기술될 수 있다고 가정해 보자. 우리는 모순을 보임으로써 증명할 것이다. 즉 우리는 먼저 우리가 증명하고자 하는 것의 반대를 가정할 것이다. 그래서 우리는 '물체'를 기술하기 위해서 요구되는 정보의 양이 '스크린'의 넓이보다 무척 크다고 가정한다. 간단히 하기 위해서 우리는 '스크린'이 구면이라고 가정한다.

우리는 '물체'가 블랙홀은 아니라는 것을 알고 있는데, 그것은 '스크린' 내부에 들어갈 수 있는 임의의 블랙홀의 엔트로피는 그 스크린보다 작은 어떤 넓이와 동일할 것이기 때문이다. 이 경우 그 엔트로피는 플랑크 단위에서의 그 스크린의 넓이보다 작을 것임에 틀림없다. 만약 블랙홀의 엔트로피가 그 가능한 양자 상태를 세는 것이라면 이것은 '물체'에 포함된 정보보다 무척 작을 것이다.

그렇다면 고전적 일반 상대성 이론의 정리로부터 '물체'는 '스크린'의 내부에 딱 맞아 들어갈 블랙홀보다 적은 에너지를 가져야 한다. 이제 스크린을 통해서 천천히 에너지를 흘려 넣음으로써 그 '물체'의 에너지를 서서히 늘릴 수 있다. 어느 한도에 이르면 공급된 에너지가 너무 커져 일반 상대성 이론의 정리로부터 그 물체는 블랙홀로 붕괴해야 한다. 그러나 그러면 우리는 그 엔트로피가 스크린 넓이의 4분의 1로 주어진다는 사실을 알고 있다. 그것이 초기에 '물체'가

가지고 있던 엔트로피보다 작기 때문에, 우리는 한 열역학적 계의 엔트로피를 낮춘 셈이 되었다. 이것은 열역학 제2법칙에 위배된다.

에너지를 천천히 흘려 넣은 것은 '스크린' 바깥에서 어떤 급작스러운 일이 일어나 엔트로피를 크게 증가시키는 일을 막기 위해서였다. 이 논증은 허점이 없는 것으로 생각된다. 따라서 우리가 만일 열역학 제2법칙을 믿는다면, '스크린' 밖에 있는 우리가 '물체'에 줄 수 있는 최대한의 엔트로피는 '스크린' 넓이의 4분의 1라는 사실을 믿어야만 한다. 그리고 엔트로피란 가부를 묻는 질문의 답변의 수이므로, 이것은 우리가 제시한 대로 베켄슈타인 한계를 의미한다.

은 스크린의 전체 넓이를 증가시킨다. 추가된 각각의 변은 또한 스크린의 양자 이론적 묘사에 저장될 수 있는 정보의 양을 증가시키는 것으로 밝혀졌다. 우리는 더 많은 변을 추가할 수 있지만, 스크린에 저장되는 정보는 그 넓이보다 빠르게 증가하지는 않는다. 이것이 바로 베켄슈타인 한계가 요구하는 사실이다.

아마도 베켄슈타인 한계의 급진적 의미를 처음으로 깨달은 사람은 루이스 크레인일 것이다. 그는 그것으로부터 양자 우주론이란 우주가 외부 관측자에게 어떻게 보이는가에 관한 이론이라기보다는 우주의 구성 부분 사이에서 교환되는 정보의 이론이라는 것을 추론해 냈다. 이것이 훗날 카를로 로벨리, 포티니 폴루칼라마라와 내가 개발한 양자 우주론의 관계론적 이론에 대한 첫걸음이었다. 헤라르뒤스 토프트는 그 후 내가 설명한 것과 같은 맥락에서 블랙홀의 지평선을 일종의 컴퓨터처럼 생각하기 시작했다. 그는 처음으로 홀로그래피 원리를 제안했으며 그 이름을 지었다. 그것은 곧 레너드 서스킨드(Leonard Susskind)에 의해서 옹호되었으며 그는 그것을 어떻게 끈 이론에 적용할 수 있을지 설명했다. 지금까지 무엇이 옳은가에 관한 합의는 없다. 나는 여기에서 강한 홀로그래피 원리와 약한 홀로그래피 원리를 설명할 것이다.

'강한 홀로그래피 원리'의 착상은 매우 간단하다. 관측자는 오로지 '스크린'을 통한 관측으로만 '물체'를 조사할 수 있으므로, 관측자가 보는 것은 모두 '물체'가 아니라 스크린 위에 정의된 어떤 물리계일 것이다 그림 41. 이 물리계는 오로지 '스크린'만을 포함하는 이론에 의해서 기술될 것이다. '스크린 이론'에서는 '스크린'을 각 변이 2플랑크 길이인 화소를 가지고 1비트의 메모리를 가진 양자 컴퓨터 비슷한 것으로 기술할 것이다. 이제 관측자가 어떤 신호를 '스크린'을 통해서 보내고 그것이 '물체'와 상호 작용한다고 가정하자. 그 결과는 '스크린'을 통해서 되돌아 나오는 신호일 것

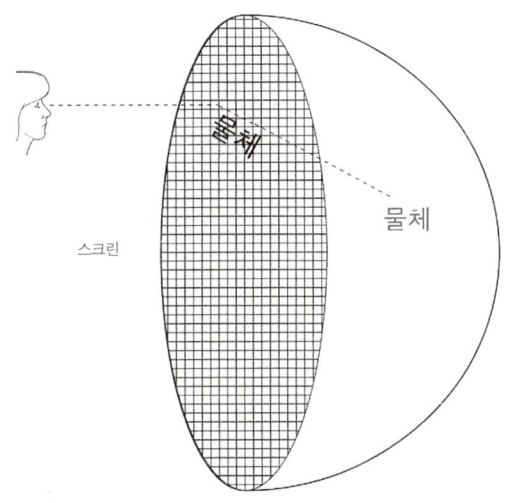

그림 41
스크린은 각 변이 2플랑크 길이의 화소를 가진 텔레비전과 유사하다. 스크린 너머의 우주에 대한 정보는 오로지 스크린 위에 표현된 대로만 볼 수 있다.

이다. 관측자가 이해하는 한, 그 빛이 '스크린' 위에 있는 양자 컴퓨터와 상호 작용하고 적당한 신호가 되돌아온 것이라고 해도 같은 현상으로 해석될 것이다. 요점은 관측자로서는 신호들이 '물체' 자체와 상호 작용한 것인지, 아니면 단지 스크린 이론의 한 상태로 표현되는 그 영상과 상호 작용한 것인지 구분할 길이 없다는

것이다. 만약 스크린이 적절하게 선택되었다면, 또는 스크린 위의 정보를 나타내는 컴퓨터가 적절하게 프로그램되었다면, 스크린 내부에서 성립하는 물리 법칙을 '스크린'의 관측자에 대한 반응으로도 잘 설명할 수 있을 것이다.

이 강한 홀로그래피 원리는, 임의의 표면 너머에 있는 우주의 일부분을 가장 간명하게 기술하는 것은 실제로는 그것의 영상이 그 표면 위에서 어떻게 변화해 가는가를 기술하는 것이라고 주장한다. 이것은 이상하게 보일지도 모르지만, 중요한 것은 이 원리가 베켄슈타인 한계에 의존하는 방식이다. '스크린' 기술이 적절한 것은 '스크린' 위에 있는 화소들의 상태로 표현되는 정보 이상은 절대로 '물체'에 대한 정보를 얻을 수 없기 때문이다. 강한 홀로그래피 원리에 따르면 우주의 성질이란, 자연에 있는 임의의 대상을 물리적으로 기술하는 것은 그것을 둘러싼 곡면 위에 존재하는 것으로 생각하는 컴퓨터의 상태로도 똑같이 잘 표현할 수 있다는 것이다. 즉 '스크린' 안에서 성립할 수 있는 일련의 모든 법칙들에 대해서, 스크린 이론을 표현하는 컴퓨터가 그것이 그 법칙들의 모든 예측을 올바르게 재현하도록 프로그래밍할 수 있다는 것이다.

이것은 충분히 이상한 일이지만 생각만큼 큰 효력이 있는 것은 아니다. 문제는 그것이 물체들을 통해서 우주를 기술한다는 것이다. 그러나 4장에서 이야기했듯이, 근본 이론으로 내려가면 물체는 없으며 오로지 과정만 있다. 만약 이것을 믿는다면 우리는 물체를 통해서 우주를 기술하는 이론을 믿어서는 안된다. 우리는 이론을 재형식화해서 그 이론이 오로지 과정만을 참고하도록 해야 한다. 이것이 '약한 홀로그래피 원리'가 하는 일이다. 이 원리는 공간을 차지하는 '물체'들이 우주를 구성한다고 생각하는 것은 잘못이라고 이야기한다. 대신 우주에 존재하는 모든 것은 '스크린'들이며, 그 위에 우주가 표현된다고 여긴다. 이 원리는 우주에 두 종류의 존재, 즉 부피가 있는 물체들과 그것을 둘러싼 표면에 있는 영상들이나 표현들이 존재한다고 가정하지 않는다. 오로지 한 가지 존재, 즉 우주의 역사에서 일어난 사건들의 집합으로 이루어진 표현들만 있다고 가정한다. 이 사건들은 세계의 한 부분이 가진 정보를 전달받고 다른 부분으로 전달한다.

그러한 우주에서는 우주의 한 부분에서 다른 부분으로 정보가 전달되는 과정을 제외하고는 아무것도 없다. 그리고 스크린의 넓이 또는 실제로는 공간에 있는 임의의 곡면의 넓이는, 사실은 정보의 통로로서 그 표면이 갖는 용량이다. 따라서 약한 홀로그래피 원리에 따르면 공간은 한 관측자에서 다른 관측자로 정보가 전달되게 하는 서로 다른 통신 채널 모두에 대해 이야기하는 방식에 불과하다. 그리고 넓이와 부피를 재는 기하학은 이 스크린들이 가진 정보 전달 용량을 재는 것과 같다.

이렇듯 더욱 급진적인 형태의 홀로그래피 원리는 2장과 3장에서 소개한 아이디어에 바탕을 두고 있다. 즉 우주가 그 바깥에 존재하는 관측자의 관점으로 기술될 수는 없다는 아이디어에 강하게 의존한다. 대신 관측자들은 그들의 과거로부터 정보를 받을 수 있지만 그 정보는 불완전하다. 게다가 관측자들에 따라 그 정보도 달라진다. 홀로그래피 원리에 따르면, 곡면의 넓이와 같은 기하학적 양들은 우주 내부에 있는 관측자에게 흘러가는 정보의 흐름을 측정하는 것에 근원을 두고 있다.

따라서 우주가 홀로그램이라고 말하는 것은 충분하지 않다. 우주는 홀로그램들의 네트워크임에 틀림없으며, 각 홀로그램 안에는 그들의 상호 관계에 대한 정보가 부호화되어 들어 있다. 간단히 말하면 홀로그래피 원리는 우주가 관계의 네트워크라는 아이디어의 완성판이다. 또 이 새로운 원리는 관계를 만드는 것이 정보뿐임을 밝히고 있다. 이 네트워크의 임의의 요소는 다른 요소들 사이의 관계를 부분적으로 실현한 것에 불과하다. 결국은 우주의 역사는 정보의 흐름에 불과하다.

홀로그래피 원리는 아직 논쟁의 여지가 많은 새로운 아이디어다. 그러나 양자 중력의 역사상 처음으로 우리는 완전히 터무니없는 것 같지만 어떻게 해도 그것이 거짓임을 증명할 수 없는 아이디어를 갖게 되었다. 그것이 결국 어떤 형태로 진실로 밝혀지든 그 아이디어는 우리가 현재까지 양자 중력에 대해 이해하게 된 것에 따른다면 그럴 것이다. 그러나 그것은 또한 일단 받아들여지고 나면, 그것 없이 세워진 어떤 옛 이론으로도 되돌아가는 것을 완전히 불가능하게 만드는 종류의 아이디어다. 양자 이론의 불확정성 원리와 아인슈타인의 등가 원리 또한 이러한 성격의 아이디어였다. 그것들은 옛 이론들의 원리와 모순되었으며 처음에는 사리에 맞지 않는 것으로 보였다. 바로 그것들처럼 홀로그래피 원리는 새로운 우주로 가는 모퉁이를 돌 때 만나고 싶은 종류의 아이디어다.

13
끈과 고리를 엮어

플랑크 규모에서 공간의 기하학이 어떻게 보여야 하는지 아주 잘 설명할 수 있는데도 불구하고, 몇몇 물리학자들이 고리 양자 중력 이론에 그다지 흥미를 느끼지 않는 것은 아마도 이 이론이 꽤나 따분하기 때문일 것이다. 이 이론에는 새로운 원리가 하나도 필요없다. 이 이론을 구성할 때 우리는 양자 이론과 상대성 이론의 기본 법칙들만 집어넣었을 뿐이다. 우리는 실험으로 확인할 수 있는 새로운 결과들을 얻을 수 있다. 하지만 기하학을 양자 이론적으로 다루었을 때, 그것이 양자계처럼 행동한다는 것은 그다지 놀라운 일이 아닐 것이다. 공간의 부피처럼 연속적인 값을 갖던 것들이 이제는 불연속적인 값들을 갖게 된다. 주된 교훈은 공간과 시간을 배경과 무관한 방식으로 다룰 수 있으며, 그것들을 단지 관계의 네트워크로 생각할 수 있다는 것이다. 이것은 좋은 결과인 동시에 우리가 고리 양자 중력 이론을 구성할 때 사용한 법칙들의 요구 사항이기도 하다. 그것이 실제로 가능했다는 것은 이론이 정합적임을 잘 보여 주지만 우리는 그것을 놀랍다거나 혁명적이라고 생각해서는 안 된다. 이 접근법의 주된 강점인 단순성과 투명성은 어쩌면 주된 약점일 수도 있다.

끈 이론은 정반대였다. 끈 이론에서는 기본 법칙이 아니라 양자 중력에 대해 가장 확실하다고 생각하는 사실에서 시작했다. 다시 말하면 그것은 배경에 무관한 이론이어야 한다는 것을 부정하고 시작했다. 끈 이론 연구자들은 이 문제를 무시하고 중력자와 다른 입자들이 빈 공간이라는 배경에서 운동하는 이론을 찾았다. 그리고 시행착오를 통해서 그것을 결국 발견해 냈다. 끈 이론을 인도하는 원칙은 무언가 제대로 성립하는 이론을 찾는다는 것이다. 이것을 위해서 규칙을 한 번도 아니고 여러 번 계속해서 바꾸었다. 존재하는 것은 입자가 아니라 끈이다. 공간은 3차원이 아니라 9차원이다. 여분의 대칭성들이 존재한다. 끈 이론은 유일하다. 그런데 사실은 끈 이론은 유일하지 않고, 엄청나게 많은 변형들이 존재한다. 그리고 사실은 끈만 있는 것이 아니라, 다른 차원의 막들이 많이 존재한다. 그리고 9차원이 아니라 사실은 10차원이다. 기타 등등. 끈 이론에서는 경이로운 일들이 꼬리에 꼬리를 물고 일어났다. 끈 이론은 어떤 원리도 집어넣지 않았으며 단지 사리에 맞는 중력자 이론을 찾아 헤맸다. 그리고 예상치 못했던 사실들의 긴 목록과 탐구해야 할 완전히 새로운 세계를 얻게 되었다.

1984년경부터 1996년경까지 10년이 넘는 세월 동안, 양자 중력에 대한 이 두 이론은, 완전히 다른 사람들에 의하여 완전히 독립적으로 개발되었다. 두 그룹은 각각 해결하고자 했던 문제를 풀 수 있었다. 서로의 연구 발표를 경청하기도 하고 단절이 이루어지기 전에 쌓은 우정을 계속 유지하기는 했지만, 사실은 거의 모든 사람이 자신이 속한 그룹이 옳은 길을 가고 있고 다른 이들은 잘못된 방향으로 가고 있다고 생각했다. 각 그룹이 보기에 왜 상대편이 성공할 수 없는가는 명백해 보였다. 고리 쪽 사람들은 끈 쪽 사람들에게 "너희의 이론은 배경에 무관하지 않으니, 시공간에 대한 진정한 양자 이론이 될 수 없어. 우리만이 배경에 무관한 이론을 성공적으로 만드는 법을 알고 있어."라고 말했다. 끈 쪽 사람들은 고리 쪽 사람들에게, "너희의 이론은 중력자와 다른 입자들 사이의 상호 작용을 모순 없이 제대로 기술할 수 없어. 우리의 이론만이 중력과 다른 상호 작용을 모순 없이 통합할 수 있지."라고 말했다. 부끄럽지만 양 진영 어디에서도 이 도전에 맞선 사람이 없었다는 것을 인정해야만 하겠다. 예를 들어 이 기간 동안, 두 이론 모두를 연구한 사람은 단 한 명도 없었다. 많은 사람들이 양자 중력 문제의 일부분에 대한 해를 문제 전체의 해라고 혼동하는, 누구나 할 만한 오류를 범한 것으로 보인다.

그 결과로 많은 오해가 생겨났다. 나는 한 진영에 속한 사람의 연구 발표를 다른 쪽 진영에 속한 사람 옆에 앉아서 들은 적이 여러 번 있다. 내 옆에 앉은 사람은 매우 흥분해서 "저 젊은이는 너무 건방진 걸. 모든 걸 다 해결한 것처럼 말하고 있잖아!"라고 말하고는 했다. 사실, 그 발표자는 요구 조건들을 꼼꼼히 고려하고 일일이 단서를 붙이는, 매우 신중한 발표를 했으며, 그가 실제 수행한 일을 넘어서는 주장을 단 하나도 하지 않았는데 말이다. 문제는 그 발표 내용들이 그 이론 특유의 전문 용어로 표현될 수밖에 없었고, 따라서 내 옆자리에 앉은 반대파의 사람은 그 내용을 이해할 수 없었다는 것이다. 나는 이런 일들을 양쪽에서 모두 경험했다. 심지어 지금도 학회에 참석하면 끈 이론과 고리 양자 중력 이론이 독립된 두 회의에서 동시에 다뤄지는 것을 볼 수 있다. 두 회의에서 실제로 같은 문제를 다룬다는 사실은 양쪽에 다 참석하려고 노력하는 오직 소수만이 알고 있다.

이 상황에는 놀라운 측면들이 많이 있는데, 그중 하나가 이들이 거의 모두 매우 성실하다는 것이다. 자신의 신앙이 유일하게 진실한 것이라는 확신이 이슬람교도가 존재한다는 것의 영향을 전혀 받지 않는 기독교도가 있고 그 반대 경우도 있는 것처럼, 많은 끈 이론 학자와 많은 고리 양자 중력 이론 학자들은 자신들이 일생을 바쳐 연구하는 문제를 다른 접근 방법으로 연구하며 자신들만큼이나 진실하고 재기 넘치는 사람들이 있다는 것 때문에 고민하지 않는다.

하지만 이것은 과학의 문제라기보다는 학계의 사회학에 관한 문제다. 나는 고리 양자 중력 이론 발표장에서 끈 이론 발표장으로 이리저리 급하게 왔다 갔다 하면서, 17세기의 물리학이 현재 과학계의 사회학적 환경에서 수행되었다면 어떤 일이 일어났을까를 생각하고는 했다. 한 번 과학사를 거슬러 올라가 보자. 1630년경에는 아리스토텔레스 과학 체계의 계승에 대해 연구하는, 크게 두 부류의 자연철학자들이 있었을 것이다. 그들의 학술 회의는 요즘처럼 공통의 참석자가 거의 없는 두 병렬 회의로 나뉠 것이다. 한 발표장에는 낙하하는 물체가 새로운 물리학에 실마리를 제공한다고 믿는 사람들이 있을 것이다. 그들은 지구상 물체의 운동을 심오하게 사색하며 시간을 보낸다. 그들은 물건을 공중으로 던지고 흔들리는 추를 관찰하며 경사면을 따라 공을 굴려 볼 것이다. 그들 각각은 낙하하는 물체에 대한 자신만의 의견을 가지고 있을 것이며, 어떠한 이론도 모든 물체는 같은 가속도로 낙하한다는 갈릴레오의 심오한 법칙을 반영하지 않고는 성공할 수 없다는 확신으로 뭉쳐 있을 것이다. 그들은 행성은 원궤도를 따라 운동한다는 오래된 견해를 반대할 이유가 없다고 보기 때문에 행성의 운동에 대해서는 그다지 염려하지 않을 것이다.

　2층의 더 큰 방에서는 타원 이론가들이 회합을 가지고 있을지도 모른다. 그들은 실제 태양계뿐만 아니라 여러 다른 차원을 갖는 가상 세계의 행성 궤도를 연구하며 일생을 보내는 사람들이다. 그들에게 가장 중요한 원칙은 행성은 타원 궤도를 따라 운동한다는 케플러의 위대한 발견이다. 그들은 모든 물체가 복작복작 서로 밀치며 중심으로 향하는 지상의 복잡성에 오염되지 않은 천상에서만 우주의 이면에 있는 참된 대칭성을 볼 수 있다는 견해를 공유한다.

따라서 지구에서 물체들이 어떻게 낙하하는가에는 그다지 관심이 없을 것이다. 어찌 되었건 그들은 지상 물체의 운동을 포함해서 모든 운동은 결국 타원의 복잡한 조합으로 분해할 수 있다고 확신하고 있을 것이다. 그들은 당장은 그런 문제를 연구할 때가 아니지만 적당한 때가 오면 타원 이론으로 낙하하는 물체를 아무 문제 없이 설명할 수 있게 될 것이라고 회의적인 사람들을 설득할 것이다.

대신 그들은 최근에 발견된, 타원이 아니라 포물선 궤도를 도는 이른바 D-행성에 주목하고 있을 것이다. 따라서 타원의 정의는 포물선과 쌍곡선 같은 다른 곡선을 포함하도록 확장되어야 할 것이다. 심지어는 다른 모든 궤도들을 하나의 공통된 이론인 C-이론으로 통합할 수 있다고 추측할지도 모른다. 그러나 C-이론에 대해서는 모든 연구자들이 동의할 수 있는 일련의 원칙들을 발견하지도 못했고, 그것을 연구하는 것이 대개의 물리학자는 이해할 수 없는 수학을 필요로 하는 것임을 깨닫고 있을 것이다.

그동안 파리의 위대한 수학자이자 철학자 르네 데카르트(René Descartes)가 새로운 형태의 수학을 창안했다. 그는 행성의 궤도는 소용돌이와 관련 있다는 세 번째 이론을 제안했다.

갈릴레오와 케플러가 서신을 주고받기는 했지만 그들은 상대

방의 주요 발견에는 거의 관심을 보이지 않았다. 그들은 망원경과 그것으로 밝혀낸 것들에 대해서 써 보냈지만, 갈릴레오는 절대 타원을 언급하지 않았고, 무덤에 갈 때까지도 행성의 궤도는 원이라고 믿었던 것으로 보인다. 케플러가 낙하하는 물체에 대해 생각해 보았다거나 그것들이 행성의 운동을 설명하는 것과 관련이 있을 것이라고 믿었다는 증거도 없다. 갈릴레오가 죽은 해에 태어난 차세대의 젊은 과학자 아이작 뉴턴이 동일한 힘이 사과를 떨어뜨리고 달을 지구로 끌어당기며 행성들을 태양으로 끌어당기는 것이 아닐까 생각했다. 내 이야기가 조금 공상적이기는 하지만, 과학 혁명에 본질적으로 지대한 공헌을 한 갈릴레오나 케플러 수준의 위대한 과학자들조차도 상대방의 발견에는 일체 관심을 갖지 않는 일이 정말로 일어났던 것이다.

양자 중력 이론의 조각들을 맞추는 데에는 케플러와 갈릴레오의 업적 사이에 있는 관계를 찾아내는 것보다는 적은 시간이 걸릴 것이라고 기대할 수 있다. 그 이유는 과거보다 현재 훨씬 더 많은 과학자들이 연구를 하고 있기 때문이다. 만약 누군가가 질문했다면 케플러나 갈릴레오는 너무 바빠서 상대방의 연구에 눈을 돌릴 수 없다고 불평했겠지만, 지금은 연구 결과를 공유할 더 많은 과학자들이 있다. 그러나 지금은 젊은이들이 과연 그들의 평생 직업을 위협받지 않으면서 선배들이 그어 놓은 경계선을 자유롭게 넘나들 수 있는가 하는 문제가 있다. 이것이 중요한 문제가 아니라고 하는 것은 순진하다. 과학의 많은 영역에서 우리는 새로운 영역을 개척하는 것보다는 한정된 문제에 집중하는 것이 득이 되는 학계의 풍토로 인해 큰 대가를 치르고 있다. 이것은 좋은 과학이란 영리함의 문제일 뿐만 아니라 현재, 그리고 앞으로도 언제나, 판단과 품성의 문제이기도 함을 말해 준다.

실제로 끈 이론가들과 고리 양자 중력 이론 학자들을 갈라놓았던 상호 무지와 자기 만족의 풍조는 지난 5년 동안 서서히 사라지기 시작했다. 그것은 각 그룹이 풀 수 없는 문제가 있다는 것이 점점 명백해졌기 때문이다. 끈 이론의 문제는 이론을 배경에 무관하게 만들고 M 이론이 실제 무엇인가를 알아내는 것이다. 이것은 다른 끈 이론들을 통합하기 위해서뿐만 아니라 끈 이론을 진정한 중력의 양자 이론으로 만들기 위해서도 필요하다. 고리 양자 중력 이론은 진화하는 스핀 네트워크로 기술되는 양자 시공간이 어떻게 통싱직인 기하학과 아인슈타인의 일반 상내성 이론으로 기술되는 거시적·고전 역학적 우주로 변화하는가 하는 어려운 문제가 있다. 이 문제는 1995년에 당시 하버드 대학교에서 일하던 토마스 티만(Thomas Thiemann)이라는 젊은 독일 물리학자가 당시까지 알려졌던 고리 양자 중력 이론의 모든 문제를 해결하는 완벽한 형식화를 발표하면서 제기되었다. 티만의 형식화는 이전의 모든 연구에 그만의 훌륭한 혁신안을 더해서 이루어졌다. 그 결과는 원칙적으로 모든 질문에 답할 수 있는 완벽한 이론이었다. 게다가 그 이론은 잘 정의되고 수학적으로 엄밀한 절차를 통해 아인슈타인의 일반 상대성 이론에서 곧바로 유도할 수 있었다.

이 이론을 갖자마자 우리는 계산을 시작했다. 첫 번째로 계산할 것은 스핀 네트워크를 지나가는 조그만 파동 또는 요동을 기술한 것에서 중력자를 유도해 내는 것이었다. 그러나 이것을 수행하기 전에, 우리가 관찰하는 규모에서는 반들반들하고 정연한 시공간의 기하학이 어떻게 스핀 네트워크를 이용한 원자론적 기술에서 유도될 수 있는지를 해결해야만 했다.

이런 종류의 문제는 우리에게는 새로울지 몰라도, 물성을 연구하는 물리학자에게는 매우 낯익은 것이다. 손바닥을 오목하게 오므려 개울에 손을 담그면 그 오목한 공간을 채울 만큼의 물만 옮길 수 있다. 반면에 물이 얼음이 되면 큰 얼음 덩어리도 양쪽을 붙잡고 들 수 있다. 이러한 차이는 물과 얼음의 원자 배열이 다르기 때문에 생긴다. 마찬가지로 공간의 원자 구조를 형성하는 스핀 네트워크는 여러 가지 다른 방식으로 조직될 수 있다. 이들 중 일부만이 시공간의 성질을 재현하는 정연한 구조를 가질 것이다.

거의 기적적이라고 할 만한 놀라운 사실은 각 진영이 당면한 가장 어려운 문제가 정확히 상대방 진영이 해결한 주요 문제에 해당한다는 것이다. 고리 양자 중력 이론은 배경에 무관한 양자 시공간의 이론을 어떻게 만드는지 말해 준다. 그것은 M 이론가들에게 끈 이론을 배경에 무관하게 만드는 방법에 대해 아주 넓은 시야를 제공해 준다. 반면 만약 끈들이 고리 양자 중력 이론적 시공간 기술에서 유도되어야 한다고 믿는다면, 그 이론이 고전적인 시공간을 기술할 수 있도록 하는 많은 정보를 얻을 수 있다. 그 이론은 중력자가 그 자체로서가 아니라, 끈과 같은 펼쳐진 사물의 들뜬 상태로서 나타나도록 형식화되어야 할 것이다.

그렇다면 다음 가설을 상정해 볼 수 있다. 끈 이론과 고리 양자 중력은 각각 무엇인가 단일한 이론의 일부분이다. 이 새로운 이론은 뉴턴 역학이 갈릴레오의 낙하체 이론이나 케플러의 행성 궤도 이론과 맺는 것과 같은 관계를 현존하는 이론과 맺고 있다. 각각의 이론은 어떤 제한된 영역에서 일어나는 일들을 근사적으로 잘 기술한다는 면에서 옳다. 각각은 문제의 일부분을 해결한다. 그러나 각각은 자연의 완전한 이론을 구성하는 토대가 되기에는 어려운 한계를 지니고 있다. 현재의 증거로 미루어 보아, 한계가 있는 여러 이론을 상정하는 것이 양자 중력 이론을 완성하는 방법일 것이라고 믿는다. 마지막에서 두 번째인 이 장에서 나는 그 증거들을 기술할 것이다. 또한 끈 이론과 고리 양자 중력 이론을 통합하는 이론을 고안하는 분야의 최근 발전 사항들을 기술하고자 한다.

첫 단계로 우리는 두 이론의 결합을 대략적으로라도 기술해야 한다. 공교롭게도 끈과 고리가 같은 이론에서 발현할 수 있는 자연스러운 방법이 있다. 해결의 열쇠는 내가 지금까지 넌지시 비추기만 했던 치밀함에 있다. 고리 양자 중력 이론과 끈 이론은 모두 플랑크 길이 같은 아주 작은 규모의 물리학을 기술한다. 그러나 끈의 크기를 정하는 척도는 플랑크 길이와 정확히 일치하지 않으며, 우리는 그것을 '끈 길이(string length)'라고 부른다. 플랑크 길이와 끈 길이의 비율은 끈 이론에서 아주 중요한 수다. 그것은 끈들이 서로 얼마나 강하게 상호 작용하는지를 알려 주는 일종의 전하량과 같다. 끈 길이가 플랑크 길이보다 훨씬 클 때 이 전하량은 작으며 끈들은 별로 상호 작용하지 않는다.

그러면 우리는 어떤 길이가 더 큰지 물어볼 수 있다. 적어도 우리 우주에서는 끈 길이가 플랑크 길이보다 크다는 증거가 있다. 그것들의 비율이 전하량의 기본 단위를 결정하는데 전하량의 기본 단위가 작은 숫자이기 때문이다. 그렇다면 우리는 고리가 더 근본적이라는 시나리오를 마음속에 그릴 수 있다. 끈들은 스핀 네트워크를 진행하는 작은 파동이나 요동을 기술한 것일 수 있을 것이다. 끈 길이가 더 크기 때문에, 우리는 끈 이론이 고리의 네트워크에 의해 주어지는 특정 배경에 의존한다고 설명할 수 있다. 끈들이 배경을 연속적 공간으로 체험한다는 사실은 끈 이론이 반들반들한 배경과 고리의 네트워크를 분간할 수 있을 정도로 작은 길이까지 탐사할 수 없다는 것으로 설명할 수 있다 그림 38.

이것을 논하는 한 가지 방법은, 그림 38에서처럼, 실로 천을 만들듯 공간이 고리들의 네트워크가 엮인 것이라고 생각하는 것이다. 그 유사성은 상당히 잘 맞는다. 천의 성질은 직조법의 종류, 말하자면 실들이 어떻게 매듭지어지고 연결되었는지를 통해 설명할 수 있다. 마찬가지로 큰 스핀 네트워크가 엮여 만들어진 공간의 기하학은 고리들이 서로 연결되고 교차하는 방식으로부터 결정되는 것이다.

그러면 우리는 끈을 직물 위에 일종의 수를 놓는 큰 고리라고 생각할 수 있다. 미시적 관점에서 끈은 그것이 직물의 고리를 어떻게 매듭짓는가로 기술될 수 있다. 그러나 더 큰 규모에서는 끈을 만드는 고리만 볼 뿐이다. 공간을 구성하는 고운 직물을 볼 수 없다면, 끈은 배경으로서, 일견 반들반들해 보이는 어떤 공간으로 나타날 것이다. 이것이 고리 양자 중력 이론으로 배경 공간에 나타나는 끈을 묘사하는 방식이다.

만약 이것이 옳다면 끈 이론은 스핀 네트워크로 기술되는, 보다 근본적인 이론의 근사임이 판명되는 것이다. 물론 우리가 이런 기술법을 주장할 수 있다고 해서 그것이 세부까지 잘 작동하도록 만들 수 있다는 것은 아니다. 특히 고리 양자 중력 이론의 경우에는 이 이론의 어떤 변형에서도 성립할 수 없을 것이다. 큰 고리들이 끈처럼 행동하게 만들기 위해, 우리는 고리 양자 중력 이론의 세부 사항을 주도면밀하게 선택해야 할 수도 있다. 이것은 끈 이론에 의해서 이미 밝혀진 우주에 대한 정보가 시공간의 원자론적 구조를 기술하는 근본 이론의 일부가 되기 위해 어떻게 부호화되는지 우리에게 알려 준다는 측면에서, 나쁘다기보다는 오히려 바람직한 일이다. 현재 이 착상을 토대로 끈 이론과 고리 양자 중력 이론을 통합하려는 연구가 진행되고 있다. 아주 최근에는 끈 이론과 일종의 고리 양자 중력 이론을 모두 포함하는 새로운 이론이 발견되었다. 유망해 보이지만, 진행 중인 일이기 때문에 더 이상 말하지는 않겠다.

그러나 이 연구가 정말 성공한다면 그것은 정확히 내가 9장에서 논했던 이중성의 가설을 현실화하는 것이 된다. 이 새로운 이론은 고리 접근 방법이 끈 이론과 밀접하게 연관되어 있다고 여겨지는 초중력 이론의 양자화를 이해하기 위한 노력에서 생겨났으므로, 아미타바 센의 목표를 실현하는 것이기도 하다.

내 가설이 증명된 것은 아니지만, 끈 이론과 고리 양자 중력 이론이 같은 세계를 기술할 수 있다는 증거는 점차 많아지고 있다. 바로 앞 장에서 논한 증거 하나는 두 이론이 모두 홀로그래피 원리의 변형임을 가르쳐 준다. 또 하나는 같은 수학적 아이디어와 구조가 양쪽에서 계속 출현한다는 것이다. 한 가지 예가 비가환 기하학(non-commutative geometry)이다. 이것은 양자 이론과 상대성 이론을 통합할 수 있는 방법으로 프랑스의 수학자인 알랭 콘이 창안한 개념이다. 그 기본적인 아이디어는 매우 간단하다. 양자 물리학에서 우리는 한 입자의 위치와 속도를 동시에 정확히 잴 수 없다. 그러나 원한다면 적어도 그중 하나인 위치는 정확히 결정할 수 있다. 그러나 입자의 위치를 정하는 것이 실제로는 세 좌표축에 따른 위치 측정, 즉 위치 벡터의 세 성분을 구하는 것이므로, 세 가지 다른 측정이 필요하다. 따라서 우리는 이 성분들 중 오로지 하나만 정확히 측정할 수 있다는 식으로 불확정성 원리를 확장해 볼 수 있다. 두 양을 동시에 측정하는 것이 불가능한 경우, 우리는 그들이 교환 가능하지 않다, 즉 비가환(非可換)이라고 한다. 이 아이디어는 비가환이라는 이름이 붙은 새로운 종류의 기하학을 낳았다. 그런 세계에서는 위치를 정확히 결정하는 지점을 생각한다는 것조차 불가능하다.

그러므로 알랭 콘의 비가환 기하학은 통상적인 공간의 개념이 무너져 내린 세상을 기술하는 방법을 제공한다. 점들이 없으므로, 주어진 영역 안에 무한히 많은 점들이 있는지 묻는 것조차 사리에 맞지 않는다. 그럼에도 불구하고 정말 놀라운 일은, 상대성 이론, 양자 이론과 입자 물리학의 많은 부분이 그러한 세계에도 적용된다는 사실이다. 그 결과는 가장 심오한 수학 문제 몇 개를 관통하는 것으로 보이는 매우 정밀한 구조인 것이다.

처음에 알랭 콘의 아이디어는 다른 접근법들과 무관하게 개발되었다. 그러나 지난 몇 년 동안 사람들은 고리 양자 중력 이론과 끈 이론 모두 비가환 기하의 세계를 기술한다는 것을 발견하고 놀랐다. 두 이론을 비교할 새로운 언어를 갖게 된 것이다.

끈과 고리가 같은 물리학을 기술하는 다른 방법이라는 가설을 확인하는 또 한 가지 방법은 한 문제를 두 방식으로 풀어 보는 것이다. 블랙홀의 양자 이론적 기술이라는 문제를 두고 생각해 보자. 5장과 8장에서 논했듯, 우리의 핵심 목표는 블랙홀의 엔트로피와 온도가 어디서 오는지와, 엔트로피가 왜 블랙홀 지평선의 넓이에 비례하는지를 어떤 근본 이론을 통해 설명하는 것이다. 끈 이론과 고리 양자 중력 이론 모두 양자 블랙홀을 연구하는 데 사용되었으며 지난 몇 년 동안 각각 멋진 결과를 얻을 수 있었다.

주된 아이디어는 양쪽 모두 같다. 원자의 운동에 통계학을 적용해서 열역학을 얻은 것처럼 시공간의 원자론적 구조를 평균했을 때 얻게 되는 거시적 묘사가 아인슈타인의 일반 상대성 이론이라는 것이다. 원자에 대한 언급 없이도 밀도와 온도 같은 연속적인 양들로 기체를 개략적으로 기술할 수 있듯이, 아인슈타인의 이론도 플랑크 규모에서 나타날지도 모르는 불연속적이고 원자론적인 구조를 언급하지 않고 공간과 시간을 연속적인 것으로 취급할 수 있는 것이다.

이런 상황에서, 블랙홀의 엔트로피가 그 주위 시공간 기하를 양자 이론적으로 엄밀하게 기술했을 때 얻을 수 있는 분실된 정보의 양이 아닐까 묻는 것은 자연스러운 일이다. 블랙홀의 엔트로피가 그 지평선의 넓이에 비례한다는 사실은 그 의미에 대한 중요한 실마리임에 틀림없다. 끈 이론과 고리 양자 중력 이론은 각각 이 실마리를 이용해서 양자 블랙홀을 묘사하는 방법을 찾아냈다.

끈 이론 연구가들은 블랙홀 엔트로피로 측정할 수 있는 분실된 정보가 그 블랙홀이 어떻게 형성되었는지를 기술한다는 추측으로부터 상당한 발전을 이루었다. 블랙홀은 매우 단순한 물체다. 한 번 만들어지면 그것은 특색이 없다. 외부에서는 단지 질량, 전하량, 각운동량 같은 몇 가지의 특성만 잴 수 있다. 이것은 특정한 하나의 블랙홀이 여러 가지 방법으로 만들어질 수 있었음을 뜻한다. 별의 붕괴는 물론이고 최소한 이론적으로는 공상 과학 잡지 한 무더기를 어마어마한 밀도로 압축해서도 만들 수 있다. 일단 블랙홀이 만들어지면 그 내부를 들여다보고 그것이 어떻게 만들어졌는지 알 방법은 없다. 블랙홀은 복사를 방출하지만 완벽하게 무작위이어서 그것의 근원에 대한 어떤 실마리도 주지 않는다. 블랙홀이 어떻게 형성되었는가에 대한 정보는 블랙홀 안에 갇혀 있다. 따라서 블랙홀의 엔트로피로 측정할 수 있는 것은 바로 이 분실된 정보라는 가설을 세울 수 있다.

지난 몇 년간 끈 이론가들은 끈 이론이 끈만의 이론이 아니라는 것을 깨달았다. 그들은 양자 중력의 세상은, 여러 방향으로 뻗어 있다는 측면에서 끈의 고차원적 변형인 새로운 종류의 존재들로 가득 차 있음을 발견했다. 몇 차원인가에 관계없이 이 존재들은 '브레인(brane)'이라고 불린다. 이것은 2차원 공간의 물체를 일컫는 '멤브레인(membrane, 얇은 막 혹은 막피를 뜻한다.—옮긴이)'이라는 단어를 줄여 만든 것이다. 브레인은 끈 이론의 무모순성을 검증할 새로운 방법의 발견과 함께 알려졌다. 이 발견에 따르면 이론이 수학적으로 무모순적이기 위해서는 여러 다른 차원을 갖는 이 새로운 존재들을 반드시 포함해야 한다.

끈 이론 학자들은 어떤 매우 특별한 경우, 일군의 브레인들을 한데 모았을 때 블랙홀이 만들어질 수 있다는 것을 밝혔다. 이것을 밝혀내기 위해 그들은 중력의 세기를 조절할 수 있다는 끈 이론의 특징을 이용한다. 끈 이론에는 그 값이 커지거나 작아지면 중력도 강해지거나 약해지는 물리적 장이 있다. 우리는 그 물리적 장의 값을 조정함으로써 중력을 켜거나 끌 수 있다. 블랙홀을 만들기 위해서 우리는 중력장이 제거된 경우부터 생각해, 만들고자 하는 블랙홀과 같은 질량과 전하를 갖는 한 무리의 브레인을 모은다고 생각한다. 그것은 아직 블랙홀이 아니다. 하지만 우리가 중력의 세기를 점점 키우면 블랙홀로 변화시킬 수 있다. 이 과정에서 블랙홀은 형성될 수밖에 없다.

끈 이론 학자들은 아직 블랙홀이 형성되는 과정을 상세하게 모형화하지 못했다. 앞의 결과에서 얻은 블랙홀의 양자 기하학을 연구하는 것도 불가능했다. 그러나 그들은 아주 멋진 일을 해 냈다. 그것은 앞의 과정에서 블랙홀이 형성되는 방식이 몇 가지인지 세는 것이었다. 그 다음에는 그 블랙홀의 엔트로피가 이 수의 척도라고 추정했다. 그들은 그 계산을 실행했고, 블랙홀의 엔트로피에 대해 정확히 맞는 답을 얻을 수 있었다.

현재까지는 아주 특별한 블랙홀들만 이 방법으로 연구할 수 있었다. 그것들은 전하량과 질량이 같은 블랙홀들이다. 이 블랙홀들에서는 전기적 반발 작용이 중력에 의한 만유인력으로 정확히 상쇄된다는 것을 의미한다. 따라서 두 블랙홀을 가까이 놓아도 그것들 사이에는 알짜 힘이 작용하지 않기 때문에 그것들은 움직이지 않는다. 이 블랙홀들은 전하량과 질량이 같다는 조건에 따라 그 성질이 제한되므로 매우 특별한 종류다. 이 조건이 정밀한 계산을 가능하게 하며 얻어지는 결과는 매우 훌륭한 것이다. 그러나 이 방법을 다른 모든 블랙홀로 확장하는 것은 알려져 있지 않다. 사실은 끈 이론 학자들은 조금은 더 나아가 이 방법으로 전하량과 질량이 그다지 차이 나지 않는 경우도 연구했다. 이 계산도 역시 매우 놀라운 결과를 주었다. 특히 블랙홀로부터 방출되는 복사선의 공식, 즉 호킹 복사 공식의 인수인 2와 π까지도 정확히 재현해 냈다.

블랙홀의 엔트로피에 대한 두 번째 아이디어는 그것이 블랙홀을 만드는 방법의 수가 아니라, 지평선을 정확하게 기술했을 때 나타나는 정보의 양이라는 생각이다. 엔트로피가 지평선의 넓이에 비례한다는 사실이 이 생각을 암시하고 있다. 따라서 지평선은 각 변이 2플랑크 길이를 가지는 화소로 이루어지며, 각 화소에 1비트의 정보가 부호화되어 있는 메모리 칩 같은 것이다. 이런 묘사는 고리 양자 중력 이론의 계산을 통해 확실한 것으로 밝혀졌다.

블랙홀의 지평선에 대한 자세한 기술법이 고리 양자 중력 이론의 방법을 사용해 개발되었다. 이 일은 1995년에 크레인, 토프트 그리고 서스킨드의 착상에 영감을 받아서 내가 홀로그래피 원리를 고리 양자 중력 이론에서 검증하기로 결심하면서 시작되었다. 나는 경계면 또는 스크린의 양자 기하학을 연구할 방법을 개발해 냈다. 이전에 언급한 바와 같이 그 결과는 베켄슈타인의 부등식이 언제나 성립한다는 것으로, 경계면에 저장된 정보의 양은 항상 그 넓이의 특정 배수보다 작다는 것이었다.

그동안 카를로 로벨리는 블랙홀 지평선의 대략적인 기술법을 개발하고 있었다. 우리 연구팀의 대학원생이었던 키릴 크라스노프(Kirill Krasnov)는 내가 발견한 방법이 어떻게 카를로의 아이디어를 더 정밀하게 만들 수 있는지 보여 주었다. 나는 그것이 불가능할 것이라고 생각하고 있었기에 매우 놀랐다. 나는 불확정성 원리 때문에 양자 이론에서는 지평선의 위치를 정확히 결정하는 것이 불가능할 것이라고 여겼다. 키릴은 내 우려를 무시하고 엔트로피와 온도를 모두 설명하는 블랙홀의 지평선에 대한 아름다운 기술법을 발견해 냈다. (한참 후에야 폴란드의 물리학자인 예르주 레반도브크시(Jerzu Lewandowksi)가 고리 양자 중력에 대한 우리의 이해를 대폭 개선하고, 위의 경우에 불확정성 원리를 어떻게 우회할 수 있었는지를 설명했다.)

키릴의 일은 매우 훌륭했지만 좀 개략적이었다. 그는 계속해서 아브하이 아슈테카르, 존 바에즈, 알레얀드로 코리치(Alejandro Corichi), 그리고 더 수학적인 성향을 가진 다른 사람들과 함께, 그의 통찰력을 바탕으로 지평선의 양자 기하학에 대한 매우 아름답고 강력한 기술법을 개발해 냈다. 그 결과는 매우 폭넓게 응용될 수 있으며, 플랑크 규모에서 탐사하는 경우 지평선이 어떻게 보이는지에 관한 일반적이고 완벽하게 세세한 기술법을 주었다.

이 연구는 끈 이론이 다룰 수 있는 것보다 훨씬 더 많은 부류의 블랙홀에 응용될 수 있는 반면, 끈 이론과 비교해서 한 가지 단점을 가지고 있다. 엔트로피와 온도를 정확하게 얻기 위해서 상수 하나를 조절해야 한다. 이 상수는 거시적 규모에서 측정되는 뉴턴의 중력 상수를 결정한다. 플랑크 단위에서 계산한 이 상수의 값은 큰 길이 단위에서 계산한 값과 비교하면 약간의 차이가 있다는 것이 밝혀졌다. 이것은 놀라운 것이 아니다. 이런 변화는 고체 물리학에서 물질의 원자 구조의 효과를 고려하는 경우 빈번히 일어나는 것이다. 이 보정치는 유한하며 전체 이론에 대해 단 한 번만 고려해 주면 된다. (그 값은 실제로는 $\frac{\sqrt{3}}{\log 2}$ 이다.) 한 번 고려하면 다른 모든 종류의 블랙홀에 대해 6~8장에서 논했던 베켄슈타인과 호킹의 예상과 완벽히 들어맞는 결과를 얻게 된다.

그리하여 끈 이론과 고리 양자 중력은 각각 블랙홀에 대한 무언가 본질적인 이해를 우리에게 제공한다. 누군가 두 결과 사이에 상충하는 것은 없는지 물어볼 수 있다. 지금까지는 아무것도 알려지지 않았지만, 그것은 주로 현재 두 방법이 다른 종류의 블랙홀에 적용되기 때문이다. 물론 우리는 한 방법을 확장하여 다른 방법이 다루는 경우까지 망라할 수 있는 길을 찾아야 한다. 이것이 가능하다면 우리는 블랙홀에 대한 고리 양자 중력 이론과 끈 이론의 설명이 서로 일치하는지 철저하게 검증할 수 있을 것이다.

이것이 대체로 미시적인 관점에서 블랙홀에 대해 우리가 지금까지 이해할 수 있었던 것이다. 많은 것을 이해했지만, 아주 중요한 몇 가지 문제가 답이 없는 채로 남아 있다는 것도 인정해야 한다. 이 문제들 중 가장 중요한 것은 블랙홀의 내부에 관한 것이다. 양자 중력 이론은 물질의 밀도와 중력장의 세기가 무한대가 되는 블랙홀 내부의 특이 영역에 대해서도 설명할 수 있어야 한다. 추측하기로는 양자 효과가 특이성을 제거하고, 그 결과로 지평선 내부에 새로운 우주가 탄생할 수도 있을 것이다. 이 착상은 블랙홀을 형성하는 물질은 양자 역학적으로 취급하지만 시공간의 기하학은 고전 역학적으로 취급하는 근사법을 사용해 연구되었다. 그 결과는 특이점이 정말 제거된다는 것을 시사하는데, 이것이 정확한 분석을 통해 확증된다면 좋을 것이다. 그러나 적어도 지금까지는, 끈 이론이나 고리 양자 중력 이론 또는 어떤 다른 접근 방법도 이 문제를 다룰 수 있을 만큼 강력하지 않았다.

1995년까지는 양자 중력에 대한 어떤 접근 방법도 블랙홀을 세밀하게 다룰 수 없었다. 블랙홀 엔트로피의 의미를 설명하거나, 플랑크 규모에서 블랙홀을 탐사하면 어떻게 보일지 아무도 이야기할 수 없었다. 지금 우리에게는 적어도 어떤 특정한 경우에는 이것들을 다 해 낼 수 있는 두 가지 접근법이 있다. 어떤 이론에서건 우리는 블랙홀에 대해 무언가 계산할 때마다 올바른 결과를 얻는다. 아직 답할 수 없는 많은 문제가 있지만, 우리는 공간과 시간의 속성에 대해 무언가 진정한 것을 이해했다는 인상을 지우기 어렵다.

게다가 끈 이론과 고리 양자 중력 이론 모두 블랙홀의 양자 역학적 문제에 올바른 답을 주는 데 성공했다는 사실은, 두 접근법이 단일한 이론의 다른 측면을 보여 주는 것일 수도 있다는 강력한 증거가 된다. 갈릴레오의 투사체와 케플러의 행성들처럼, 우리가 다른 창문을 통해서 같은 세상을 희미하게나마 감지하고 있다는 증거가 점점 많아지고 있다. 그의 연구와 케플러의 연구 결과를 연결하기 위해서, 갈릴레오는 공을 위성이 될 수 있을 만큼 충분히 멀리, 그리고 빨리 던지는 것만 상상하면 되었을 것이었다. 케플러의 관점에서 출발한다면, 태양에 매우 근접한 행성이 태양에 살고 있는 사람들에게는 어떻게 보일지 상상할 수도 있었을 것이다. 당면한 문제에 관해 우리는 고리의 네트워크로 끈을 엮을 수 있는지, 또는 끈을 충분히 가까이에서 관찰하면 고리의 띄엄띄엄한 구조를 발견할 수 있는지 물어보기만 하면 된다. 나는 개인적으로 결국은 고리 양자 중력 이론과 끈 이론이 한 이론의 두 부분이라는 것을 알게 될 것이라고 믿어 의심치 않는다. 뉴턴처럼 비범한 사람이 그 이론을 찾을 수 있을지, 또는 우리처럼 평범한 사람도 할 수 있을지는 시간만이 말해 줄 것이다.

14
무엇이 자연 법칙을 선택하는가

돌이켜 보면 1970년대에는 물리학이 완성될 것이라는 순박한 꿈이 있었다. 양자 이론, 일반 상대성 이론 그리고 우리가 알고 있는 여러 입자들과 힘들을 하나로 합칠 통일 이론이 발견될 것이라고 믿었다. 이것은 모든 것의 이론일 뿐 아니라, 유일무이한 이론일 터였다. 우리는 입자 물리학을 중력과 통합하는 수학적으로 정합적인 양자 이론은 단 하나뿐임을 발견할 것이었다. 올바른 이론은 단 하나뿐이며, 우리는 그것을 찾게 될 것이었다. 유일하므로 이 이론에서는 자유롭게 택할 수 있는 매개 변수가 있을 수 없었다. 이를테면 조절할 수 있는 질량이나 전하가 없을 것이었다. 만약 선택의 여지가 있다면, 그 이론에는 여러 변형이 있다는 이야기고 유일하지 않을 것이었다. 오로지 하나의 규모만 있을 것이고, 그것을 기준으로 모든 것을 측정할 것이며, 그것이 바로 플랑크 규모일 터였다. 그 이론은 어떤 실험의 결과도 우리가 원하는 임의의 정확도까지 계산할 수 있게 할 것이었다. 우리는 전자, 양성자, 중성자, 중성미자와 다른 모든 입자들의 질량을 계산할 수 있을 것이며, 우리의 결과는 실험과 정확히 일치할 것이었다.

이 계산들은 입자 질량의 측정값에 대한 매우 이상한 특색을 설명해야 할 것이었다. 예를 들어 양성자와 중성자의 질량은 플랑크 단위로 볼 때 왜 그렇게 작은가? 그것들의 질량은 플랑크 질량의 10^{-19} 정도다. 어디서 그렇게 작은 숫자가 나왔을까? 자유롭게 조절할 수 있는 매개 변수가 없는 이론에서 어떻게 그런 숫자가 나올 수 있을까? 만약 공간의 근본 원자가 플랑크 크기를 갖는다면, 우리는 근본 입자들도 비슷한 크기를 가질 것으로 예상할 것이다. 양성자와 중성자가 플랑크 질량보다 차수가 거의 20이나 차이 나도록 가볍다는 사실은 매우 이해하기 어렵다. 그러나 그 이론은 유일해야 하므로, 올바른 값들을 주어야 할 것이었다.

끈 이론은 바로 이러한 궁극 이론이 될 것이라는 희망을 한몸에 모으며 고안되었다. 이 이론이 예측하는 입자의 질량을 실험적으로 확인하기 쉽지 않다는 것이 명백해졌음에도 불구하고 끈 이론을 연구할 만한 가치가 있게 한 것은 이 이론이 가진 잠재적 유일성이었다. 어쨌든 만약 이론이 유일하다면 실험으로 확인할 필요도 없을 것이다. 필요한 것은 그것이 수학적으로 모순이 없다는 사실을 보이는 것뿐이다. 유일한 이론은 필연적으로 실험을 통해 옳은 것으로 판명될 것이므로, 수세기가 지나야 그 이론을 검증할 수 있다고 해도 아무 상관이 없다. 만약 우리가 유일무이한 이론이 있다는 가정을 받아들인다면, 그 이론을 검증할 실험을 개발하는 것보다 수학적 무모순성을 테스트하는 데 집중하는 게 더 나을 것이다.

문제는 끈 이론이 유일하지 않은 것으로 판명되었다는 것이다. 오히려 끈 이론은 수많은 변형이 가능한 것으로 밝혀졌다. 각각의 끈 이론들 나름대로 정합적이며 서로 동등하다. 알려진 결과만을 놓고 볼 때 우리의 현재 전망으로는 유일무이한 이론에 대한 희망은 그릇된 것으로 보인다. 끈 이론에서 현재 통용되는 말을 빌리자면, 수많은 이론들을 '차별화'할 방법은 전혀 없다. 그것들은 모두 동등하게 무모순적이다. 게다가 그것들 중 대다수는 조절할 수 있는 매개 변수가 있어서, 적절히 변화시켜 실험과 일치하도록 할 수 있다.

돌이켜 보면 통일 이론이 유일무이할 것이라는 가정은 단지 가정일 뿐, 그 이상이 아니었던 것이다. 수학적으로 무모순인 이론이 단 하나라는 것을 보증할 수학적 또는 철학적 원리는 없다. 사실 우리는 지금 그런 이론은 있을 수 없음을 알고 있다. 예를 들어 우주가 3차원이 아니라 1차원 또는 2차원이라고 상상해 보자. 1차원과 2차원의 경우에는, 중력을 가진 경우를 포함해, 모순 없는 양자 이론이 많이 만들어졌다. 이것들은 여러 가지 연구 프로그램에 대한 준비 운동격인 연습 문제로 수행되었다. 우리가 그것들에 대해 지속적인 관심을 갖는 것은 그것이 우리의 새로운 아이디어를 검증할 수 있는 일종의 실험실이었기 때문이다. 공간이 2차원 이상인 우주를 기술하는 모순 없는 이론이 단 하나만 가능하다는 것은 물론 진실일 수도 있다. 그러나 왜 그것이 진실이어야 하는지에 대한 논거는 없다. 그 역에 대한 아무런 증거가 없는 이상, 1차원과 2차원의 우주를 기술하는 모순 없는 이론이 많다는 사실을 생각하면, 수학적 무모순성이라는 조건 하나만으로 자연을 기술하는 단 하나의 이론을 정할 수 있다는 가정을 의심하기에 충분하다.

물론 해결책은 있다. 그것은 끈 이론이 궁극 이론이 아닐 가능성이다. 많은 변형이 있다는 것 외에도, 그렇게 생각할 만한 충분한 이유가 있다. 끈 이론은 배경에 따라 달라지며 어떤 특정한 근사 방법을 통해서만 이해할 수 있다. 근본 이론은 배경에 무관해야 하며 정확한 형식화가 가능해야 한다. 따라서 끈 이론을 연구하는 대부분의 사람들은 11장에서 설명한 M 이론의 가설, 즉 다른 모든 끈 이론을 통합하는 유일무이한 이론이 존재하며, 그것은 주어진 임의의 시공간에 관계 없이 정확하게 적을 수 있다고 믿는다.

이 M 이론 가설을 뒷받침하는 몇몇 증거들이 있다. 나를 포함해 많은 물리학자들은 현재 그 이론을 고안하려 노력하고 있다. 여기에 대한 세 가지 가능성을 생각할 수 있다.

1. 자연을 기술하는 정확한 이론은 끈 이론이 아니다.
2. M 이론의 가설은 잘못된 것이다. 통일된 끈 이론은 없으며, 끈 이론 중 하나가 실험과 일치하는 예측값을 줄 것이다.
3. M 이론 가설은 참이며, 유일무이한 통일 이론이 존재한다. 하지만 그 통일 이론은 우주가 수없이 많은 가능한 상태를 취할 수 있다고 예측한다. 이 상태들은 각각 다른 사연 법칙을 갖는 것으로 보이며, 우리 우주는 이것들 중 한 상태에 존재한다.

만약 첫 번째 가능성이 진실이라면, 끈 이론은 단지 한 번쯤 주의해 볼 만한 이야기로만 받아들일 수 있을 뿐이다. 따라서 이 가능성은 제쳐 두고 다른 것들을 생각해 보자. 만약 두 번째 가능성이 참이라면 한 가지 수수께끼가 생긴다. 무엇이, 혹은 누가 모순없는 이론 중에서 어떤 특정한 것을 우리 우주에 적용되는 이론으로 선택한 것일까? 서로 다른 가능한 정합적 이론들 가운데, 어떻게 하나가 우리 우주에 적용되도록 선택되었는가?

이 문제에 대한 답은 단 하나인 것으로 생각된다. 무엇인가 우주 바깥에 있는 것이 선택한 것이다. 만약 이것이 진실로 밝혀진다면, 이것은 바로 과학이 종교화하는 지점이 될 것이다. 또는 좀 더 잘 표현한다면, 과학을 종교에 대한 논거로 사용하는 것도 무리가 없을 것이다. 이것은 이미 과학계뿐만 아니라 신학계에서도, 이른바 '인간 원리적 관측(anthropic principle anthropic observation, 인류 원리적 관측이라고도 번역한다.—옮긴이)'에 바탕을 둔 논증의 형태로 흔히 들을 수 있는 이야기가 되었다. 이 논증에 따르면 우리가 사는 우주는 매우 특별하다. 우주가 수십억 년 동안 존재하고 생명체가 탄생하기 위한 구성 요소를 포함하기 위해서는, 어떤 특수한 조건들이 만족되어야 한다. 근본 입자들의 질량이나 근본적인 힘들의 세기가 우리가 실제로 관측하는 값들에 매우 가깝도록 맞추어지지 않으면 안 된다. 만약 이 매개 변수들이 어떤 좁은 범위를 벗어난다면, 우주는 생명체가 존재할 수 없는 곳이 된다. 이것은 과학적으로 정당한 다음 문제를 제기한다. 모순 없는 자연 법칙이 하나 이상 있을 수 있다고 할 때, 그 법칙의 매개 변수들이 생명체가 존재할 수 있게 해 주는 좁은 범위에서 조정된 것은 도대체 무엇 때문인가? 우리는 이것을 '인간 원리적 문제(anthropic question)'라고 부른다.

만약 서로 다르지만 가능한 모순 없는 자연 법칙들이 있고 그것들을 통합하는 체계를 찾을 수 없다면, 인간 원리적 문제에 대해서는 오직 두 가지 대답이 가능하다. 첫 번째는 우리가 매우 운이 좋았다는 것이다. 두 번째는 법칙을 지정한 존재가 무엇이건, 그것은 생명체를 탄생시키려는 목적을 가지고 그 법칙들을 만들었다는 것이다. 이것은 신학자들에게는 잘 알려진 논증, 즉 '간극의 신(God of The Gap, 과학이 설명할 수 없는 틈을 신이나 종교가 설명할 수 있다고 보고 신의 존재를 정당화하는 논증.—옮긴이)' 논증의 하나의 변형이라고 할 수 있다. 과학이 인간 원리직 문제처럼 자연 법칙만으로 설명할 수 없는 질문을 제기하는 경우, 신과 같은 외재적 매개자를 생각하는 것은 온당하다. 이 논증의 과학적 설명을 '강한 인간 원리'라고 부른다.

이 논증은 우리 우주 바깥에 있는 어떤 존재를 불러들이지 않고서는 자연 법칙이 어떻게 선택되었는가를 설명할 방법이 없을 때에만 정당하다는 것에 유의해야 한다. 여러분은 내가 이 책의 첫 부분에서 설명한, 우주 바깥에는 아무것도 없다는 원리를 기억할 것이다. 이 원리를 위배하지 않고 우리의 모든 질문에 답할 수 있는 방법이 있는 한 다른 형태의 설명은 필요하지 않다. 따라서 강한 인간 원리에 근거한 논증은 다른 가능성이 전혀 없을 때에만 논리적 효력이 있다.

그러나 또 다른 제3의 가능성이 있다. 이것은 2번 가능성과 유사하지만 중요한 차이점이 있다. 만약 다른 끈 이론들이 단일한 이론의 다른 상태를 기술한다면, 적당한 환경에서 한 상태에서 다른 상태로 전이하는 것이 가능하다. 얼음이 녹아 물이 되듯이, 우주도 하나의 끈 이론으로 기술되는 특정 상태에서 '녹아서', 다른 끈 이론으로 기술되는 다른 상태가 될 수 있을 것이다. 우리에게는 여전히, 왜 다른 게 아니라 바로 이 상태가 우리 우주를 기술하는가라는 문제가 남겨지지만, 위와 같이 이해한다면 우주의 상(相)이 시간의 흐름에 따라 바뀔 수 있기 때문에 그리 해결하기 어렵지 않다. 우주가 영역에 따라 다른 상을 갖는 것도 가능한 일이다.

이런 가능성에 비추어 볼 때, 간극의 신 논증에는 최소한 두 가지 대안이 있다. 첫째는 많은 우주를 창조하는 어떤 과정이 있다는 것이다. (일단은 그 과정이 과연 어떤 것인가에 대해서는 고민하지 말도록 하자. 우주론 연구자들은 한 우주가 연속해서 새로운 우주들을 만들어 내는 몇 가지 매력적인 방법을 찾아낸 바 있다.) 그렇다면 대폭발은 존재하는 모든 것의 근원은 아니며, 단지 그것을 통하여 시공간의 새로운 영역이 창조되는 일종의 상전이일 뿐이다. 창조된 우주는 그것을 낳은 우주와는 다른 상을 가지며, 대폭발 후에는 식으면서 팽창하게 된다. 이와 같은 시나리오에서는 많은 대폭발이 가능하며 따라서 많은 우주가 만들어질 수 있다. 천체 물리학자인 마틴 리스(Martin Rees)는 여기에 '다중 우주(multiverse)'라는 멋진 이름을 붙였다. 우주가 만들어지는 과정에서 임의의 상을 갖는 우주가 창조될 수 있다. 이 우주들은 각각 서로 다른 수의 차원과 기하학적 성질을 가질 것이며, 또한 다른 법칙들에 따라 상호 작용하는 다른 근본 입자들을 가지고 있을 것이다. 만약 우주의 상을 결정하는 매개 변수가 있고 그것이 변화·조절 가능하다면, 그 변수는 새 우주가 창조될 때마다 임의로 결정될 것이다(마틴 리스의 다중 우주 아이디어는 『여섯 개의 수』 (사이언스북스, 2006)에 잘 소개되어 있다.—옮긴이).

따라서 인간 원리적 문제에 대한 간단한 답이 존재한다. 가능한 모든 우주 중에 소수의 우주는 그 법칙이 생명체가 가능하도록 하는 성질을 가질 것이다. 우리가 살아 있으므로 당연히 우리 우주는 그 소수의 우주에 속한다. 그리고 대단히 많은 수의 우주가 가능하므로, 우리는 그중 임의의 한 우주에 생명체가 존재할 가능성이 적다고 고민할 필요가 없다. 왜냐하면 적어도 생명의 탄생을 허용할 우주가 존재할 가능성은 적지 않을 것이기 때문이다. 그렇다면 아무것도 더 설명할 것이 없다. 마틴 리스는 이것을 다음과 같이 표현하기 좋아한다. "만약 당신이 길가에서 당신 몸에 딱 맞는 옷이 한 벌 들어 있는 가방을 발견한다면, 그것은 놀라운 일이다. 그러나 당신이 옷가게에서 몸에 잘 맞는 옷을 찾을 수 있었다면 그것은 전혀 놀라운 일이 아니다. 왜냐하면 그 가게는 크기가 다른 옷을 많이 갖추고 있을 것이기 때문이다." 우리는 이것을 '간극의 신'이라고 부를 수도 있겠다. 이것을 또한 때로는 '약한 인간 원리'라고 부른다.

이런 종류의 설명이 갖는 유일한 문제점은 그것을 반박하기가 어렵다는 것이다. 당신의 이론이 매우 많은 수의 우주를 낳는 한, 그중 적어도 하나가 우리 우주와 비슷하기만 하면 된다. 그 이론은 우리 우주와 비슷한 적어도 하나의 우주가 존재한다는 것 이외에는 어떤 다른 예측도 주지 않는다. 그러나 우리는 이미 그 사실을 알고 있으므로 이 이론을 논박하는 것은 불가능하다. 이것은 잘된 일처럼 보일지 모르지만 사실은 그렇지 않다. 논리적으로 부정할 수 없는 이론은 진정으로 과학의 일부일 수 없기 때문이다. 그것은 큰 해석적 중요성을 가질 수 없다. 왜냐하면 우리 우주가 어떤 특징을 가졌든 많은 수의 끈 이론 중 하나로 기술할 수 있는 한 우리의 이론은 반박할 수 없기 때문이다. 따라서 그 이론은 우리 우주에 대해 어떤 새로운 예측도 할 수 없다.

인간 원리에 대해 과학적으로 답할 수 있는 이론을 찾을 수 있을 것인가? 그런 이론은 우주가 한 상에서 다른 상으로 물리적으로 전이할 수 있다는 가능성을 중심으로 짜 나갈 수 있다. 만약 우리가 대폭발 이전의 우주 역사까지 돌이켜 볼 수 있다면, 우주가 각각 다른 수의 차원을 갖게 되고 시간에 따라 다른 법칙을 만족시키며 끊임없이 변화하는 상들을 연달아 모두 보게 될시도 모른다. 그렇다면 대폭발은 단지 우주가 겪었던 일련의 전이 중 가장 최근의 것에 불과할 것이다. 그리고 비록 각 상이 다른 끈 이론의 지배를 받기는 하지만, 우주의 전체 역사는 유일무이한 법칙인 M 이론의 지배를 받을 것이다. 그러면 우리는 왜 우주가 수십억 년 이상 존재할 수 있고 생명체가 살 수 있는 현재의 상에 존재하도록 선택되었는지를 물리학적으로 설명할 필요가 있다. 이 문제에 대해서는 몇 가지 가능한 설명이 있는데, 나의 다른 책인 『우주의 생명(The Life of the Cosmos)』에 자세히 기술되어 있으므로 여기서는 간략하게 말하도록 하겠다.

한 가지 아이디어는 새로운 우주가 블랙홀 내부에서 형성될 수 있다는 것이다. 이 경우 10^{18}개 정도의 블랙홀을 가지고 있는 우리 우주는 많은 자손을 낳을 수 있을 것이다. 또한 옛 우주와 새 우주 사이의 법칙은 차이가 적을 것이라고 추측할 수 있고, 우리 우주로부터 생성된 각각의 새 우주에서 성립되는 법칙은 우리 우주의 법칙과 유사할 것으로 생각된다. 이것은 또한 우리 우주를 생성시킨 우주의 법칙도 우리 우주의 법칙과 그리 다르지 않다는 것을 의미한다. 이 두 가정에 따르면, 자연선택과 비슷한 메커니즘이 작동해 여러 세대가 지난 후에는 블랙홀을 많이 가질 수 있는 우주들이 대다수를 차지할 것이다. 그렇다면 임의로 택한 우주는 좀 다른 매개 변수를 가지는 우주들보다 더 많은 블랙홀을 만드는 성질을 가질 것이라고 예상할 수 있다. 그렇다면 우리 우주가 이 조건을 만족시키는지 물어볼 수 있다. 단도직입적으로 말하면 현재는 그것이 사실로 보인다. 그 이유는 탄소의 화학적 성질은 생명에 도움이 될 뿐만 아니라, 결국 블랙홀이 되는 무거운 별의 형성 과정에서도 중요한 역할을 하기 때문이다. 그러나 그 이론을 반증할 만한 몇 가지 관측 사실이 있다. 그리하여 간극의 신 같은 이론들과는 달리, 이 이론은 그르다는 것이 쉽게 증명될 것이다. 물론 이것은 아마도 결국 그른 것으로 밝혀지기 쉽다는 것을 뜻한다.

이 이론이 중요한 이유는 강한 인간 원리와 약한 인간 원리 모두에 대한 대안이 있음을 보여 준다는 것이다. 그리고 만약 그것이 사실이라면 인간 원리들은 논리적 타당성을 잃게 된다. 그뿐만 아니라 이른바 우주적 자연선택의 이론은 물리학자가 생물학으로부터 과학적 설명과 관련된 중요한 교훈을 얻을 수 있다는 것을 보여 준다. 만약 우주 바깥에는 아무것도 없다는 원칙을 고수하고 싶다면, 우리는 외부의 작인(作因)에 의해 우리 우주에 규칙이 부과되었다는 설명은 어떤 것이든 거부해야 한다. 우주에 관한 모든 것은 우주의 물리 법칙이 전 역사를 통틀어 우주에 어떻게 작용해 왔는

가로 설명할 수 있어야 한다.

　　이것은 생물학자들이 150년 이상이나 정면으로 맞서 온 문제였다. 그들은 하나의 계가 스스로를 유기 조직화하는 몇몇 종류의 메커니즘의 효력을 이해하게 되었다. 자연선택도 그중 하나지만 유일한 가능성은 아니다. 더욱 최근에는 자기 조직화의 다른 메커니즘도 발견되었다. 이것들은 퍼 백(Per Bak)과 그의 공동 연구자들이 고안하고 그 후 많은 이들이 연구한 자기 조직화된 임계 현상을 포함한다. 자기 조직화의 다른 메커니즘은 스튜어트 카우프만(Stuart Kauffman)과 해럴드 모로비츠(Harold Morowitz) 같은 이론 생물학자들에 의해 연구되어 왔다. 따라서 이 상황에 연계해 우리가 고려할 만한 자기 조직화의 메커니즘은 많이 있다고 할 수 있다. 교훈이라면 만약 우주론이 진정한 과학으로 인정받으려면 우주의 기원을 외부의 작인을 통해 설명하려는 본능을 억눌러야 한다는 것이다. 우주론은, 지구의 생물권이 뜨거운 수프의 화학 반응에서 시작해 수십억 년을 거쳐 스스로 형성되었듯이, 우주도 시간의 흐름 속에서 스스로 형성된 계라는 것을 이해하기 위해 노력해야 한다.

　　우주를 생물학적 또는 생태학적 시스템과 유사한 것으로 생각하는 것은 기상천외하게 보일지 모르지만, 그것은 우리가 아는 한 가장 장대한 아름다움과 복잡성을 띠는 세계를 형성하는 자기 조직화 과정의 위력을 보여 주는 가장 좋은 예이다. 만약 이 관점을 진지하게 고려해야 한다면, 우리는 그것의 증거가 과연 무엇인지 물어보아야 한다. 자기 조직화의 메커니즘을 통해 설명되어야만 하는 우주의 특성 또는 우주를 지배하는 법칙이 존재하는가? 우리는 이것에 대한 한 가지 증거가 될 수 있는 인간 원리적 관찰 사항, 즉 언뜻 보기에는 그렇지 않을 것 같은데 아주 특수한 값을 갖는 기본 입자의 질량이나 근본 상호 작용의 크기에 대해 이미 논했다. 우리는 기본 입자들과 우주론에 대한 표준 모형에 들어 있는 물리 상수들이 임의로 선택될 경우 유기 화학을 허용하는 우주가 만들어질 확률이 얼마나 될지 계산해 볼 수 있다. 그 확률은 10^{220}분의 1보다도 작다. 그러나 유기 화학이 없는 우주는 블랙홀이 될 수 있을 만한 무거운 별들을 많이 만들기 어렵고, 생명이 존재하기도 극히 어렵다. 이것은 일종의 자기 조직화 메커니즘의 증거라고 할 수 있는데, 그것은 우리가 자기 조직화라고 부르는 것은 개연성 있는 구성에서 덜 개연성 있는 구성으로 진화하는 것이기 때문이다. 따라서 과거에 그러한 메커니즘이 삭동했다는 것에 우리가 제시할 수 있는 최선의 논거는 두 부분으로 이루어져야 한다. 첫째, 그

계는 개연성이 터무니없이 적은 어떤 방식으로 조직화하였다는 것이고, 둘째는 외부의 어떤 작용도 그 계가 특정한 구조를 띠도록 지시하지 않았다는 것이다. 우리 우주에 대해 우리는 두 번째 요소를 대원칙으로 받아들인다. 그러면 논증의 두 부분을 모두 만족시킬 수 있으며 자연 법칙의 상수들이 그렇게 개연성 없는 값들을 갖는 이유를 설명하기 위해 자기 조직화의 메커니즘을 탐구하는 것이 정당화된다.

그러나 같은 결론에 대한 더 좋은 증거가 있다. 그것은 바로 우리 앞에 놓여 있으며 너무 친숙해서 처음에는 그것 역시 개연성이 없는 구조라는 것을 이해하기 어렵다. 그것은 우주 그 자체다. 우주가 3차원 공간으로 이루어졌으며 그 기하학적 성질이 거의 유클리드 기하학에 가깝다는 것, 그리고 그것이 모든 방향으로 대단히 넓게 뻗어 있다는 단순한 사실들 자체가 놀랍도록 개연성 없는 상황이다. 이것이 터무니없는 소리로 들리겠지만, 그것은 우리의 정신이 우주에 관한 뉴턴적 관점에 전적으로 의존하고 있기 때문이다. 우리는 우리 우주에 주어진 배열이 얼마나 개연성이 있는 것인지는 선험적으로 대답할 수 없다. 오히려 그 개연성은 공간이 무엇인지 정의하는 우리의 이론에 따라서 결정된다. 뉴턴의 이론에서는 우주가 3차원의 무한 공간에 놓여 있다고 가정한다. 이 가정에 따르면 우리가 주위를 볼 때 무한히 뻗어 나간 3차원 공간을 감지할 확률은 1(100퍼센트 — 옮긴이)이다. 하지만 우리는 우주가 정확히 유클리드 기하학을 따르지 않으며 유클리드 기하학은 단지 근사적으로 참이라는 것을 알고 있다. 큰 규모에서 우주는 중력이 광선을 휘게 하므로 굽어져 있다. 이것이 뉴턴 이론의 예측을 정면으로 부인하기 때문에, 우리는 확률 1로서 뉴턴의 이론이 잘못되었다고 추론할 수 있다.

아인슈타인의 시공간 이론에서는 이 문제를 제기하기가 좀 더 어려운데, 그것은 아인슈타인의 이론이 무한히 많은 해를 갖기 때문이다. 공간이 근사적으로 평평한 해도 많이 있지만 그렇지 않은 해도 많다. 각각에 대해 무한히 많은 수의 해가 있음을 받아들이면, 해를 임의로 선택한 경우에 우주가 결과적으로 3차원 유클리드 공간과 흡사해 보일 확률이 얼마나 될지 질문하는 것도 간단한 일이 아니다.

같은 질문을 양자 중력 이론에서 묻는 것이 더 쉽다. 그 질문을 하기 위해서 우리는 고전적인 배경의 존재를 가정하지 않는 이론이 필요하다. 고리 양자 중력 이론은 그런 이론의 한 예다. 9장과

10장에서 설명한 것처럼 고리 양자 중력 이론은 공간이 로저 펜로즈가 고안한 스핀 네트워크로 기술되는 원자론적 구조로 이루어져 있다는 사실을 설명해 준다. 앞에서 살펴본 것처럼 공간의 기하에서 가능한 각각의 양자 상태는 그림 24~27의 그래프로 묘사될 수 있다. 그러면 이제 그 질문을 이런 방식으로 제시할 수 있다. 플랑크 규모보다 엄청나게 큰 규모에서 살고 있는 우리와 같은 관측자가 인지하기에, 그런 그래프가 거의 유클리드 기하학적인 3차원 공간을 나타내는 것은 과연 얼마나 개연적인가? 그런데 스핀 네트워크의 각 교점은 대략 각 모서리가 플랑크 길이 정도인 입방체의 부피를 갖는다. 그렇다면 1세제곱센티미터당 10^{99}개의 교점이 있을 것이다. 우주는 그 크기가 최소한 10^{27}센티미터 이상이므로, 적어도 10^{180}개의 교점을 포함할 것이다. 우주가 우주론적 규모의 모든 영역에서 거의 평평한 유클리드의 3차원 공간처럼 보일 확률이 얼마인가 하는 문제는 다음과 같이 제기될 수 있다. 10^{180}개의 교점을 가지는 스핀 네트워크가 그만큼 평평한 유클리드 기하학적 공간을 나타낼 확률은 얼마인가?

그 답은 굉장히 작다는 것이다. 왜 그런지 알기 위해 비유를 하나 드는 것이 좋을 것 같다. 반들반들하고 특색 없는 3차원 공간을 나타내기 위하여, 스핀 네트워크는 결정과 흡사한 일종의 규칙적인 배열을 이뤄야 한다. 유클리드 공간의 한 점은 다른 점과 구별할 수 없다. 우주를 양자 역학적으로 묘사하는 경우에도 마찬가지로, 그것은 상당히 우량한 근사로 참이어야 할 것이다. 그렇다면 그러한 스핀 네트워크는 어딘가 금속과 유사한 것이라고 할 수 있다. 금속은 내부의 원자들이 규칙적인 배열을 따르며 어마어마하게 많은 수의 원자를 포함하는 거의 완벽한 결정을 이루기 때문에 반들반들해 보인다. 따라서 우리가 제기하는 문제는 우주의 원자들이 우주의 한쪽 끝부터 다른 쪽 끝까지, 흡사 금속 결정의 원자들처럼 배열될 확률이 얼마나 되는가 하는 것과 비슷하다. 이것은 물론 대단히 개연성이 적은 일이다. 그러나 각 원자 안에는 약 10^{75}개의 스핀 네트워크의 교점이 있으므로, 그것들 모두가 규칙적으로 배열될 확률은 10^{75}분의 1만큼이나 작다.

확률에 대한 앞의 논의가 과소평가고 사실은 확률이 그렇게 작지 않을 수도 있을 것이다. 우주의 원자들이 완벽한 결정 구조에 따라 스스로 배열되도록 하는 방법이 하나 있다. 그것은 우주를 절대 영도까지 냉각시켜 얼리고 압축해 수소 고체가 형성되도록 밀도를 높이는 것이다. 그러면 아마도 우주의 기하학적 성질을 나타내는 스핀 네트워크는 동결되어 규칙적으로 배열될 것이다.

우리는 이것이 얼마나 개연성 있는 일인지 질문할 수 있다. 우리는 만약 우주가 완전히 우연에 의하여 형성되었다면 그 온도는 가능한 최대 온도의 적당한 분수배가 될 것이라고 추론할 수 있다. 최대 가능 온도에서는 기체의 각 원자가 플랑크 질량을 갖고 광속에 가까운 속도로 운동하게 된다. 그 이유는 만약 온도가 플랑크 온도 이상 올라가게 되면, 분자들이 모두 찌부러져 블랙홀이 될 것이기 때문이다. 공간의 원자적 요소가 규칙적 배열을 보이기 위해서는 우선 그 온도는 앞의 최대 온도에 비해서 아주 낮아야 한다. 실제로 우주의 온도는 플랑크 온도의 10^{-32}배보다도 낮다. 따라서 임의로 골라잡은 우주가 이런 온도를 가질 확률은 10^{32}분의 1보다도 작다고 할 수 있다. 따라서 우리는 우주의 실제 온도가 보여 주는 정도로 차가울 확률은 딱 그만큼 작다고 결론지을 수 있다

어떤 방법으로 어림잡든지 공간이 진정으로 불연속적 원자 구조를 가졌다면, 그것이 우리가 관측하는 대로 반들반들하고 규칙적인 배열을 갖는 것은 엄청나게 개연성이 적은 일이라고 추론할 수 있다. 따라서 이것은 진정으로 규명할 필요가 있는 일이다. 만약 어떤 외부의 매개자가 우주의 상태를 결정한 것이 아니라면,

우리의 과거에 작용했던 어떤 자기 조직화의 메커니즘이 우주를 이렇게 믿을 수 없을 만큼 비개연적인 상태로 몰아왔음에 틀림없다. 우주론 연구자들은 이 문제를 오랫동안 고민해 왔다. 한 가지 해결안은 소위 인플레이션(inflation, 급팽창이라고도 한다.— 옮긴이)이라고 불리는 것이다. 이것은 우주가 우리가 현재 관측하는 대로 평평하고 거의 유클리드적인 공간이 될 때까지 지수 함수처럼 급팽창하는 메커니즘이다. 인플레이션은 문제를 일부 해결하기는 하지만, 그 자체가 어떤 개연성 적은 조건을 요구한다. 인플레이션이 작동하기 시작할 때, 우주는 적어도 10^5플랑크 규모의 세계에서는 반들반들해야만 한다. 또한 적어도 우리가 지금까지 알고 있는 바로는 인플레이션은 두 매개 변수의 미세 조정을 필요로 한다. 그중 하나는 우주 상수로서 양자 중력에서의 자연스러운 값에 비해 적어도 10^{60}분의 1만큼 작아야 한다. 다른 하나는 어떤 힘의 세기인데, 인플레이션 이론의 많은 예에서 10^{-6}보다 작아야 한다. 최종 결과는 인플레이션이 작동하기 위해서는 확률이 기껏해야 10^{-81} 정도인 상황을 필요로 한다는 것이다. 우리가 우주 상수의 문제를 제외한다고 해도, 확률이 기껏해야 10^{-21} 정도인 상황이 필요하다. 따라서 인플레이션이 해답의 일부일 수는 있어도, 완전한 해답일 수는 없을 것이다.

모종의 자기 조직화 방식이, 공간이 플랑크 길이보다 어마어마하게 큰 척도에서 완벽하게 반들반들하고 규칙적으로 보인다는 사실을 설명하는 것이 가능할 것인가? 최근에 이 질문에 답하기 위한 몇몇 연구가 있었지만, 현재로서는 분명한 해답은 알려지지 않았다. 그러나 우리가 종교에 호소하는 일을 피하고자 한다면, 이것은 답이 있어야만 하는 문제다.

결국은 우주의 양상 중 가장 참말 같지 않고 따라서 가장 영문 모를 것은 바로 우주라는 존재 자체다. 우리가 일견 반들반들하고 규칙적인 3차원의 우주에 살고 있다는 단순한 사실이 중력의 양자 이론을 개발하는 데 가장 큰 어려움이 된다. 만약 당신이 불가사의함을 좇아 우주를 둘러본다면, 가장 큰 불가사의 중 하나는 우리가 살고 있는 우주를 둘러볼 수 있으며 또한 우리가 원하는 만큼 멀리까지 볼 수 있다는 사실임을 깨닫게 될 것이다. 중력의 양자 이론이 가져올 최고의 개가는 바로 그것을 설명하는 일일 것이다. 만약 그렇지 못하다면 하느님은 우리 주위에 어디나 계신다고 말한 신비주의자의 말이 옳았던 것으로 드러나게 될 것이다. 그러나 우리가 우주의 존재에 대한 과학적 설명을 발견하고 유신론적 신비주의자의 허를 찌를 수 있게 되어도, 신은 스스로 조직화하는 우주의 총괄적 힘 자체라고 설교하는 신비주의자는 여전히 남아 있을 것이다. 어쨌든 양자 중력 이론이 인류에게 줄 수 있는 가장 큰 선물은, 우주가 존재한다는 기적과도 같은 사실에 대한 새로운 인식, 또한 이 불가사의한 사실의 적어도 일부나마 파악할 수 있다는 새로운 신념일 것이다.

맺음말

**한 가지
가능한 미래**

 내가 내 일을 잘 해 냈다면 여러분이 20세기의 물리학 혁명을 완성하고자 노력하는 사람들이 제기한 질문들을 어느 정도 이해하게 되었으리라 믿는다. 우리가 논의한 이론들 중 아마도 한두 개, 혹은 몇몇이 진실로 밝혀질 것이라 여겨지지만 어쩌면 모두 그릇된 것으로 드러날 수도 있다. 하지만 나는 적어도 여러분이 무엇이 문제가 되고 있는지, 또 우리가 마침내 중력의 양자 이론을 찾아낸다는 것이 무엇을 의미하는지에 대한 올바른 인식을 갖게 되었기를 바란다. 내 자신의 견해는 내가 여기 소개한 모든 아이디어들이 결국 올바른 이론의 일부분으로 밝혀질 것이라는 것이다. 그렇기 때문에 나는 그 아이디어를 이 책에서 소개했다. 내 자신의 의견에 대해서는 충분히 명확하게 밝혔으므로, 여러분이 그것들과 양자 이론이나 일반 상대성 이론처럼 완전히 확립된 학문 분야의 사실을 구분하는 데 어려움을 겪지는 않을 것이라고 생각한다.

그러나 무엇보다도 나는 여러분이 근본 법칙과 원리에 대한 탐구야말로 지원할 가치가 있는 것임을 납득하게 되었기를 바란다. 왜냐하면 우리 연구자 집단은 우리의 노력을 지원하는 전체 사회에 의존하기 때문이다. 이 의존 관계는 두 가지다. 첫째, 공간과 시간이 무엇인지, 또는 우주는 어디에서 온 것인지에 관심을 갖는 사람이 우리만이 아니라는 것이 우리에게는 아주 중요한 일이다. 첫 번째 책을 쓰는 동안 나는 과학 연구를 하지 않고 보내는 시간들에 대해서 많은 걱정을 했다. 그러나 오히려 책을 쓰면서 나는 내가 우리가 하는 일을 이해하려고 애쓰는 일반 대중과의 상호 작용에서 엄청난 힘을 얻는다는 것을 알게 되었다. 이야기를 나누어 본 동료들도 같은 경험을 가지고 있었다. 과학의 최첨단 분야를 대중에게 전달하는 일을 하면서 가장 흥분되는 것은 얼마나 많은 사람이 우리 일이 성공일지 실패일지에 관심을 갖고 있는지를 알게 되는 일이다. 이런 반응이 없다면 진부하고 자기 만족에 그치는 일이 되어 우리의 공헌을 오로지 학계의 성공이라는 좁은 판단 기준으로만 보게 될 위험성이 있다. 이것을 피하기 위해서 우리는 우리의 일이 자연의 진실과의 접점을 찾게 해 준다는 느낌을 유지해야만 한다. 많은 젊은 과학자들은 이런 열정을 가지고 있지만, 오늘날처럼 경쟁이 심한 학계 분위기에서 모든 연구자가 일생 동안 그런 열정을 계속 유지하기는 어렵다. 이 열정을 되찾는 데에는 전문 지식은 부족해도 배우려는 강렬한 의지를 가진 사람들과의 의사 소통 이상의 좋은 방법은 없을 것이다.

우리가 대중의 지지를 필요로 하는 두 번째 이유는 우리 중 대다수가 학문적 활동 이외에는 산출하는 것이 따로 없다는 것이다. 납득할 만한 다른 이유가 없기 때문에, 우리의 활동은 사회가 얼마나 관대하게 지원해 주느냐에 달려 있다. 이런 종류의 연구 활동은 의학 분야나 실험 입자 물리학에 비하면 비용이 적게 들지만, 그렇다고 안심하기는 어렵다. 과학계가 당면하고 있는 오늘날의 정치적, 관료주의적인 환경은 어떤 과학 분야를 지원할 것인지 결정을 내리는 위치에 있는 사람들의 출세에 크게 도움이 될 정도로 막대한 자금이 조달되는 거대 과학 분야에 훨씬 유리하다. 더구나 양자 중력처럼 현재까지는 실험적인 뒷받침이 없는, 모험성이 큰 분야에 자금을 대기로 결정하는 것은 책임을 지는 자리에 있는 사람에게는 쉬운 일이 아니다. 게다가 학계의 정략적 상황은 어떤 문제에 관해서건 접근 방법을 다양화하기보다는 단일화하는 방향으로 작용한다. 더 많은 직책이 대형 프로젝트와 확립된 연구 프로그램에 배정됨에 따라, 자기만의 아이디어를 가지고 연구하는 젊은이들에게 주어질 자리는 더 적어진다. 불행히도 이것은 양자 중력 분야의 최근 경향이기도 했다. 이것은 고의는 아니지만, 연구비 지원 담당 관료들과 대학 학장들이 학문적 성공을 계량화함으로써 빚어진 명확한 결과다. 몇몇 연구비 지원 담당 관료들과 몇몇 학장들, 그리고 무엇보다도 몇몇 사립 재단의 도움이 아니었다면, 이런 종류의 기초적, 고위험, 고배당의 속성을 가진 연구는 무대에서 사라졌을지도 모른다.

그리고 양자 중력 이론은 모험성을 빼면 아무것도 아니다. 실험적 검증이 결핍되어 있다는 불행한 사실은, 비교적 많은 사람들이 수십 년의 연구 끝에 그들이 완전히 시간을 허비했다는 것을 알게 된다거나, 또는 적어도 처음에는 매력적으로 보였던 가능성들을 제거하는 정도밖에는 할 수 없을지도 모른다는 것을 의미한다. 사회학적으로 판단하면 끈 이론은 현재 1,000명 정도의 학자들이 활동하고 있는 매우 왕성한 연구 분야다. 고리 양자 중력 이론은 강건하지만 사람이 적어서 100명 정도의 연구자가 있다. 다른 연구 방향, 예를 들면 펜로즈의 트위스터 이론 같은 경우는 아직 소수만 연구하고 있다. 그러나 지금으로부터 30년 후에 중요한 것은 어떤 이론의 어떤 부분이 옳은가 하는 것이다. 그리고 한 사람의 좋은 아이디어는 여전히 수백 명이 점진적으로 연구해 근본적 문제를 해결하지 않고도 이론을 발전시킬 만한 가치가 있다. 따라서 우리는 학계의 정치적 상황이 너무 큰 영향을 미치지 않도록 할 필요가 있으며, 그렇지 않으면 조만간 우리는 모두 한 가지 일만 하게 될 것이다. 이런 일을 피하기 위해서는, 모든 좋은 아이디어를 살릴 필요가 있다. 더욱 중요한 것은 젊은이들이 그들의 아이디어가 처음에는 아무리 가망 없어 보이고 학문적 주류에서 많이 벗어난 것으로 보이더라도, 받아들여질 자리가 있다고 느낄 수 있는 풍토를 조성하는 것이다. 거북한 질문과 멋진 아이디어를 가진 젊은 과학자를 받아들일 여지가 있는 한, 양자 중력 이론이 완성되는 날까지 현재와 같은 빠른 발전 추세가 지속되는 것을 아무도 막을 수 없다고 나는 생각한다.

위험을 각오하면서 양자 중력의 문제가 결국 어떻게 해결될지 몇 가지 예측을 하면서 이 책을 마칠까 한다. 나는 지난 20년간 우리가 이룩한 큰 성공이 양자 중력 탐구의 마지막 단계가 어떻게 진행될 것인지 경험에 근거해 예측할 수 있게 해 준다고 믿는다. 최근까지만 해도 우리는 단지 명백한 오류가 아닌 몇 개의 좋은 아이디어들을 이야기할 수 있었을 뿐이다. 현재 우리는 충분히 올바르고 충분히 확고해 모두 그릇되었다고 상상하기 힘든, 잘 알려진 몇 가지 제안을 가지고 있다. 내가 이 책에서 제시한 정황 묘사는 그 모든 아이디어들을 신중하게 취합해 이루어진 것이다. 같은 취지로 나는 현재 진행되고 있는 물리학 혁명이 어떤 결말을 볼 것인가에 대해 다음 시나리오를 예상해 보고자 한다.

- 끈 이론의 변형판 중 어떤 것은 양자 역학적 물체가 고전적 시공간에서 운동하는 경우를 근사적으로 올바르게 기술하는 이론으로 남아 있을 것이다. 그러나 근본 이론은 현존하는 끈 이론과는 완전히 다른 형태를 가질 것이다.
- 홀로그래피 원리의 변형판 중 어떤 것이 옳은 것으로 판명될 것이며, 새로운 이론의 근본 원리 중 하나가 될 것이다. 그러나 그것은 12장에서 논했던 것과 같은 강한 형태의 원리는 아닐 것이다.
- 고리 양자 중력 이론의 기본 구조는 근본 이론에 대한 기본 틀을 제

공할 것이다. 양자 상태와 양자 과정들은 스핀 네트워크와 유사하게 도형화해 표현할 수 있을 것이다. 공간 또는 시공간에 대한 연속적 기하학의 개념은 근사적 고려를 제외하면 없어질 것이다. 넓이와 부피 같은 기하학적 양들은 불연속적인 값을 가지고 최솟값이 있다는 것이 밝혀질 것이다.

• 최종적인 통합에서 양자 중력에 대한 몇 가지 다른 접근법이 중요한 역할을 하는 것으로 밝혀질 것이다. 그것들 중에는 로저 펜로즈의 트위스터 이론과 알랭 콘의 비가환 기하학이 있을 것이다. 이것들은 시공간의 양자 기하학적 속성에 본질적인 통찰력을 줄 것이다.

• 양자 중력 이론의 현재 형식화가 근본적인 것으로 밝혀지지는 않을 것이다. 현재의 양자 이론은 우선 3장에서 서술한 것과 같은 토포스 이론의 언어로 형식화될 관계론적 양자 이론으로 대체될 것이다. 그러나 시간이 흐르면 이것은 사건들 사이의 정보의 흐름에 대한 이론으로 재형식화될 것이다. 최종 이론은 열량과 온도 같은 열역학적 양이 많은 원자를 포함하고 있는 계의 평균적 성질을 기술하는 것으로서만 의미를 갖는 것과 같이, 공간 자체가 어떤 특정한 종류의 우주에 대한 적당한 묘사로 이해될 수 있을 것이므로, 비국소적이거나 그보다는 초국소적일 것이다. '상태'라는 개념은 과정들과

그것들 사이에 전달되고 변형되는 정보를 토대로 구성될 최종 이론에서는 존재하지 않을 것이다.

- 인과율은 근본 이론의 필수 요소일 것이다. 그 이론은 양자 역학적 우주를 불연속적 사건들과 그것들의 인과적 관계를 통해 기술할 것이다. 인과율이라는 개념은 공간이 더 이상 의미심장한 개념이 아닌 경우에도 여전히 중요한 개념으로 남을 것이다.
- 최종 이론은 근본 입자들의 질량을 유일한 값으로 예측할 수는 없을 것이다. 그 이론은 이것들 그리고 여타 물리학의 기본적인 양들에 대해 일련의 가능한 값들을 허용할 것이다. 그러나 우리가 관측하는 매개 변수 값들에 대한 합리적이고, 인간 원리에 의존하지 않으며 거짓임을 확인할 수 있는 설명이 가능할 것이다.
- 우리는 2010년 또는 적어도 2015년까지는 중력의 양자 이론에 대한 기본 틀을 갖추게 될 것이다. 마지막 단계는 양자 시공간의 언어로 뉴턴의 관성 법칙을 재형식화하는 방법을 발견하는 일이 될 것이다. 이 모든 결과를 알아내는 데에는 더 오랜 시간이 필요하겠지만, 그 기본 틀은 아주 매력적이고 자연스러워서 일단 발견되면 고정된 형태를 띨 것이다.
- 그 이론을 가지게 된 지 10년 내에, 그것을 확인할 수 있는 새로운 종

류의 실험이 고안될 것이다. 중력의 양자 이론이 초기 우주에 관한 어떤 값들을 예측할 것이고 우리는 대폭발로부터의 복사선을 관측함으로써 이것을 확인할 수 있을 것이다.

- 21세기 말이 되면 전 세계 고등학생이 중력의 양자 이론을 배우게 될 것이다.

후기

세 가지 길이
만나는 곳에서

나는 이 책을 1999년 가을에 쓰기 시작해서 마지막 교정본을 2000년 10월 출판사에 보냈다. 그 후 양자 중력 이론 분야에서는 극적인 발전이 이루어졌다.

가장 흥미로운 발전은 공간의 원자 구조 자체를 관측할 수 있는 가능성이 발견된 것이다. 나는 이 가능성을 10장의 끝 부분에서 간략하게 언급했다. 물리학자들은 현재의 실험으로 공간의 원자 구조를 관측할 수 있다는 징후를 발견했다. 실제로 조반니 아멜리노카멜리아와 츠비 피란(Tsvi Piran)은 그러한 관측이 이미 일어났을 수도 있다고 지적했다.

만약 새로운 관측들이 어떤 이들이 믿는 그대로의 의미를 함축하고 있다면, 한 시대의 끝과 새로운 시대의 개막을 나타내므로 물리학의 역사에서 일어난 어떤 중대한 관측보다 중요할지도 모른다.

우리 우주는 광대하지만 공허하지 않다. 다른 것이 없어도 복사선이 존재한다. 우리는 은하들 사이를 여행하는 몇 가지 다른 형태의 복사선을 알고 있다. 그중 하나는 우리가 우주선이라고 부르는 것으로, 매우 큰 에너지를 갖는 입자들로 이루어져 있다. 이것들은 주로 양성자와 기타 더 무거운 입자들의 혼합으로 보인다. 하늘에는 이것들이 균일하게 분포되어 있다. 따라서 그것들은 우리 은하의 외부에서 온 것이라고 생각된다. 과학자들은 이 우주선들이 가장 거대한 입자 가속기가 만들 수 있는 것보다 1000만 배나 큰 에너지를 가지고 지구의 대기를 때린다는 것을 관측했다.

이 우주선들은 어떤 은하계의 중심에서 일어나는 에너지가 매우 높은 핵물리학 과정에서 비롯된다고 여겨진다. 그 우주선들은 거대한 자기장이 있는 영역, 아마도 엄청난 질량을 갖는 블랙홀에 의해서 발생하는 것으로 여겨진다. 한때는 몽상의 산물로 여겨졌을지 모르지만 우리는 거대 블랙홀의 존재에 대한 더 많은 증거들을 갖게 되었다. 우주선의 근원에 대한 우리의 이해에 아직 불

명확한 점이 있지만, 가장 높은 에너지를 갖는 것들은 우리 은하계의 외부에서 온 것이라는 생각이 가장 가능성이 높다고 생각된다.

그렇다면 멀리 떨어진 은하계로부터 우리에게 도달하는 가장 높은 에너지를 갖는 우주선의 양성자들을 고려해 보자. 정지한 양성자 에너지의 10^{10}배, 또는 인류가 건설한 가장 큰 입자 가속기로 도달할 수 있는 것의 1000만 배나 되는 에너지를 가지고 움직이기 때문에, 그것들은 광속에 매우 가까운 속도로 여행한다. 우주를 지나오는 동안 그 양성자들은 은하계 사이의 공간을 채우는 다른 형태의 복사선, 즉 우주 배경 복사와 충돌하게 된다.

우주 배경 복사는 극초단파의 저장고로서 대폭발의 흔적으로 이해되고 있다. 이 복사선은 수십만분의 1 정도의 작은 편차를 제외하면 모든 방향에서 균일하게 우리에게 오는 것으로 관측되었다. 그것은 현재 절대 온도 2.7도지만, 한때는 별의 중심부만큼이나 뜨거웠으며 우주가 팽창함에 따라 지금의 온도까지 차가워졌다. 우주의 모든 방향으로부터 오는 균일성으로 미루어 볼 때, 이 복사선이 모든 공간을 채운다고 믿지 않을 수 없다.

결과적으로 우리는 우주선의 양성자가 우주 공간을 여행하는 동안 배경 복사의 낮은 광자와 충돌하리라는 것을 알 수 있다. 대부분은 이러한 상호 작용의 결과로 아무 일도 생기지 않는데, 그것은 우주선의 양성자가 배경 복사의 광자보다 훨씬 많은 에너지와 운동량을 가지고 있기 때문이다. 그러나 만약 그 양성자가 충분한 에너지를 가지고 있다면, 그것은 때때로 다른 근본 입자를 만들어 낼 수 있다. 이러한 일이 생기는 경우 새 입자를 생성하는 데에 에너지가 필요하므로 우주선은 에너지를 잃고 감속된다.

이런 방식으로 만들 수 있는 가장 가벼운 입자는 파이온이라고 불리는 것이다. 아인슈타인의 특수 상대성 이론을 비롯한 물리학의 기본 법칙을 이용하면, 우주선의 양성자와 우주 배경 복사의 광자가 상호 작용해서 파이온을 만드는 과정을 간단하게 예측하고 그 결과를 계산할 수 있다. 그 예상은 문턱값이라는 특정 에너지 값이 존재하고 그 값 이상에서는 이 과정이 매우 나타나기 쉽다는 것이다. 이 에너지 값 이상을 갖는 양성자는 매번 에너지를 잃으며 감속해서 그 에너지 값이 문턱값보다 작아질 때까지 계속해서 이러한 방식으로 상호 작용할 것이다.

이것은 어떤 면에서 100퍼센트 세율과 비슷하게 작용한다. 예를 들어 10억 달러 이상의 소득에는 100퍼센트의 세율이 매겨진다고 해 보자. 그렇다면 어느 누구도 1년에 10억 달러 이상은 벌어들일 수 없을 것이다. 어떤 액수건 10억 달러 이상이라면 100퍼센트 세금으로 납부해야 하기 때문이다. 우리의 경우는 에너지에 대한 100퍼센트 세율과 유사하다. 우주선의 양성자가 갖고 있는 그 문턱값 이상의 모든 에너지는 우주 배경 복사와 상호 작용해서 파이온을 만들며 사라질 것이기 때문이다.

이 공식은 우주선의 양성자는 그 문턱값 에너지 이상의 에너지를 가지고 지구를 타격할 수는 없음을 말한다. 양성자가 여행하는 데는 모든 잉여 에너지를 파이온의 생성 과정에 써 버릴 만큼 오랜 시간이 걸린다.

이 공식은 엄밀하게 검증되어 있는 특수 상대성 이론의 법칙에서 유도되므로 그 결과가 매우 신뢰할 만한 것이라고 강조하고 싶다. 따라서 그라이센(Greisen), 자체핀(Zatsepin) 그리고 쿠즈민(Kuzmin)이라는 세 명의 러시아 물리학자들이 1960년대에 처음 이 예측을 제안했을 때, 학계에 매우 잘 받아들여졌다. 연구자들은 문턱값보다 큰 에너지를 가진 우주선 양성자를 관찰할 수 있으리라고 믿을 이유가 하나도 없었다.

그 결과는 수긍할 만했지만, 그라이센, 자체핀, 쿠즈민의 예측은 잘못된 것으로 판명되었다. 지난 수년간 문턱값보다 큰 에너지를 갖는 우주선이 많이 관측된 것이다. 이 놀라운 뉴스는 그 분야의 과학자들에게 활기를 주었다. 그것은 초고에너지 우주선(ultra high energy cosmic ray), 또는 UHECR의 비정상이라고 한다.

이 효과에 대해 세 가지 설명이 제안되었다. 첫 번째는 천체 물리학적인 것으로, 적어도 문턱값 이상의 에너지를 갖는 우주선들은 우리의 은하계 내부 충분히 가까운 곳에서 생성되어 충돌 효과가 그 에너지를 모두 제거할 수 없었다고 한다. 두 번째 설명은 물리학적인 것으로, 매우 큰 에너지를 갖는 우주선을 구성하는 입자들은 양성자가 아니라 사실은 훨씬 무거운 입자들이어서 극초단파 복사와 상호 작용해도 에너지를 그다지 많이 잃지 않는다고 가정한다. 하지만 그 입자들의 평균 수명은 그들이 붕괴하기 전까지 수백만년을 여행할 수 있을 만큼 극히 긴 것으로 가정한다.

이 두 가지 설명은 모두 부자연스러워 보인다. 가까운 곳에 우주선의 근원이 있다는 것과, 무겁지만 거의 안정한 입자의 존재에 대해서는 아무 증거가 없다. 게다가 두 이론 모두 관측 사실에 맞추려면 매개 변수들을 조심스럽게 이상한 값들로 조절해야만 한다.

세 번째 설명은 양자 중력 이론과 관계가 있다. 9장과 10장에서 설명한 고리 양자 중력 이론이 예측하는 원자 구조는 근본 입자의 상호 작용을 지배하는 법칙을 수정할 것이라고 예상된다. 이 변형은 문턱값의 위치를 변화시키는 효과가 있으며, 그 결과 아마도 문턱값이 충분히 높아져서 현재까지 이루어진 모든 관측을 설명할 수 있을 것이다.

이 설명은 새로운 예측들을 가능하게 한다. 첫째로, 문턱값은 더 큰 에너지를 갖는 우주선을 검출할 수 있는 새로운 실험에서 아마도 더 높은 에너지 값으로 관측될 것이다. 다른 두 설명에서는 그렇지 않다. 둘째로, 그 효과에서는 시공간의 양자 기하학이 운동하는 모든 입자들에 영향을 미칠 것이므로 틀림없이 보편적일 것이다. 그리하여 다른 입자들에서도 같은 효과가 관측될 것이다.

사실은 비슷한 효과가 이미 관측되었을지도 모른다. 지구는 매우 큰 에너지를 갖는 빛의 타격을 받고 있다. 이 빛은 감마선 폭발 혹은 블레이저(blazar)라고 부르는 현상에서 만들어진 것이다. 이 빛은 우리 은하계 바깥 멀리에서 생성되어 지구에 도착하기까지 수십억 년 동안 여행했을 것으로 생각된다. 그 기원에는 논란의 여지가 있지만, 그것은 중성자별이나 블랙홀과의 충돌 결과일 수도 있다. 관측된 감마선 폭발 중 가장 큰 에너지를 갖는 것들은 비슷한 이유로 문턱값을 가지는데, 그 이유는 그것들이 우주의 모든 별로부터 발생해 널리 퍼져 있는 별빛의 배경과 상호 작용할 수 있기 때문이다. 우주선의 경우와 마찬가지로 문턱값을 넘어서는 에너지를 갖는 광자들이 마카리안 501(Markarian 501)이라고 부르는 천체로부터 오는 것이 관측되었다.

그리하여 갑자기 양자 중력의 실험 과학화가 현실적으로 가능하게 되었다. 이것은 발생할 수 있었던 사건 중에서 가장 중요한 일이다. 그것은 개인적인 선호도나 동료들 사이의 압력이 아니라, 실험적 연관성이 양자 중력에 관한 아이디어의 정확성을 결정하는 요인이 되어야 한다는 것을 의미한다.

게다가 지난 몇 개월 동안, 양자 중력의 놀라운 시사점이 알려졌다. 이것은 광자가 갖는 에너지에 따라서 빛의 속도가 달라질 수 있다는 가능성이다. 이 효과는 빛이 공간의 원자 구조와 상호 작용한 결과처럼 보인다. 이 효과는 매우 작아서 현재까지의 모든 관측이 결론내린 광속이 일정하다는 사실과 모순되지 않는다. 그러나 우주를 가로질러 매우 먼 거리를 여행하는 광자들에는 그 효과가 누적되어 중대한 영향을 미치며, 그 영향은 현재의 기술로도 관측할 수 있다.

그 효과는 매우 간단하다. 만약 높은 주파수의 빛이 낮은 주파

수의 빛보다 약간 빨리 진행한다면, 매우 멀리 떨어진 곳에서 오는 매우 짧은 빛의 폭발을 관찰하는 경우 에너지가 큰 광자는 에너지가 작은 광자들보다 약간 먼저 도착할 것이다. 이것은 감마선 폭발에서 관측할 수 있을 것이다. 그 효과는 아직 관찰되지 않았지만, 만약 그것이 실제로 존재한다면 가까운 장래에 예정되어 있는 실험에서 관측될 수 있으리라 생각된다.

처음에 나는 이 아이디어를 듣고 큰 충격을 받았다. 그것이 어떻게 올바를 수 있는가? 광속이 일정하다는 가설에 기초를 둔 상대성 이론은 공간과 시간에 대한 우리의 모든 이해의 토대가 된다.

그러나 몇몇 현명한 이들이 나에게 설명한 대로, 이 새로운 발전들이 꼭 아인슈타인의 이론과 모순되는 것은 아니다. 아인슈타인이 발표했던 기본 원리들, 예를 들어 운동의 상대성 같은 것들은 여전히 진실일 수 있다. 그리고 가장 에너지가 작은 빛의 속도는 여전히 보편적이다. 이 새로운 생각이 의미하는 것은 아인슈타인이 운동의 상대성에 관한 데카르트와 갈릴레오의 직관을 더 심화시켰듯이, 공간과 시간의 양자 구조를 고려하기 위해서는 아인슈타인의 직관도 심화시켜야 한다는 것이다. 운동이란 무엇인가에 관한 우리의 이해에 새로운 층위의 직관을 더해야 할 시점일지도 모른다.

상대성 이론이 정확히 어떻게 변형되는가는 현재 열띤 토론의 대상이 되고 있는 주제다. 어떤 사람들은 고리 양자 중력 이론이 예측하는 시공간의 원자 구조를 설명하기 위해서는 특수 상대성 이론이 변형되어야 한다고 주장한다.

고리 양자 중력 이론에 따르면, 모든 관측자는 플랑크 길이 이하 공간의 불연속적 구조를 보게 된다. 이것은 상대성 이론과 모순되는 것으로 보인다. 상대성 이론은 다른 관측자에게는 길이가 다르게 측정된다는 것(유명한 길이 축소 효과)을 우리에게 이야기해 주기 때문이다. 한 가지 해결 방법은 모든 관측자가 동의할 수 있는 하나의 길이 척도 또는 에너지 척도가 존재하도록 특수 상대성 이론을 변형하는 것이다. 그렇게 하면 다른 모든 길이는 관측자에 따라서 다르게 측량되더라도, 플랑크 길이라는 특별한 경우는 모든 관측자에 의해 똑같이 측량될 것이다. 갈릴레오와 아인슈타인이 가정했던 대로, 여전히 운동은 완전히 상대적이다. 그러나 변형된 상대성 이론 결과 중 하나는 빛의 속도가 작게나마 에너지에 의존할 수 있다는 것이다.

나는 상대성에 관한 이러한 새로운 비틀기의 가능성을 몇몇 사람에게서 동시에 들었다. 그들은 조반니 아멜리노카멜리아, 쥬렉 코발스키글리크만(Jurek Kowalski-Glikman), 그리고 호아오 마게호(Joao Magueijo)였다. 처음에 나는 그들에게 지금껏 그렇게 터무니없는 것은 들어본 적이 없다고 말했지만, 그 당시 런던에서 나의 동료였던 호아오는 내가 결국 그것을 이해하게 되기까지 끈기 있게 여러 번 설명해 주었다. 그 후 나는 다른 사람들이 이 과정을 통과하는 것을 목격했다. 토머스 쿤(Thomas Kuhn)의 패러다임 이동을 관찰하는 것은 흥미로운 일이다.

다른 열띤 주제는 에너지에 따라 빛의 속도가 변화하는 것이 우주의 역사에 관한 우리의 이해에 영향을 미치는가 하는 것이다. 광속이 에너지에 따라 증가한다고 해 보자. (이것은 유일한 가능성은 아니지만 우리가 현재 가지고 있는 관측 결과에 따르면 택할 수 있는 가정이다.) 그렇다면 우주가 초기 단계에 있을 때 빛의 평균 속도는 더 컸을 것이다. 그것은 우주가 그때는 매우 뜨거웠고, 뜨거운 광자들은 더 큰 에너지를 갖기 때문이다. 이 아이디어는 우주론 학자들을 괴롭히고 있는 많은 수수께끼들을 해결할 가능성을 가지고 있다. 예를 들어 우리는 우주의 초기에 모든 영역이 상호 작용할 시간이 없었음에도 불구하고 우주의 온도가 어디에서나 거의 같았던 이유를 알지 못한다. 만약 빛의 속도가 우리가 현재 생각하는 것보다 더 컸다면 아마도 우주의 모든 부분이 서로 접촉했을 시간이 있었을 것이고, 그렇다면 그 불가사의는 해결된다! 실제로 앤드루 알브레히트(Andrew Albrecht)와 호아오 마게호 같은 우주론 학자들은 이미 이 가능성에 대해 심사숙고한 바 있다.

이 수수께끼들은 우주 역사의 초창기에 우주가 기하급수적으로 팽창했다고 가정하는, 급팽창 이론이 만들어지는 데 영감을 주었다. 이 이론에는 성공적인 면이 있지만, 더 근본적인 이론인 양자 중력 이론과의 연관성에서 미해결 문제를 가지고 있다. 이 수수께끼를 해결할 만한 새로운 아이디어가 양자 중력에 대한 우리의 이론에 기초를 두고 나타났다는 것은 매혹적인 일이다. 이것은 좋은 일인데, 그 이유는 그것이 어떤 해법이 옳은 것인지 결정할 새로운 관측에 박차를 가할 것이기 때문이다. 실험을 통해서 한 이론의 옳고 그름을 증명하는 것보다는 경쟁하는 두 이론 중에서 선택하는 것이 보통 더 쉽다. 물론 실험이 하나를 선택하는 것보다 두 이론의 어떤 조합이 옳다는 것을 증명할 수도 있다.

그러나 가장 중요한 것은, 빛의 전파에 관한 양자 중력의 효과에 대해서 가부간 어느 쪽이건 증거를 제공하게 될 새로운 관측은 이 책에서 설명한 이론들의 정당성을 증명할 기회도 제공할 것이다. 예를 들어 끈 이론과 고리 양자 중력 이론은 이런 실험 결과에 대해서 다른 예측을 내놓을 가능성이 있다. 고리 양자 중력 이론은 특수 상대성 이론을 변형할 것을 요구하는 것으로 보인다. 반면에 끈 이론은 적어도 가장 간단한 형태에서는 아무리 작은 거리를 탐사하더라도 특수 상대성 이론은 여전히 성립한다고 가정한다.

세 가지 길 중 어느 것이 옳은지 알게 되는 것은 좋은 소식이다. 왜냐하면 실험이 시작되는 순간, 학계의 정치 논리나 유행 같은 사회학적 요소들은 그림자 속으로 사라질 것이며 자연의 판결이 교수들의 판단을 대신할 것이기 때문이다.

빛의 전파에 관한 양자 중력의 효과가 우주론적 관측과 근본 이론이 서로 맞서는 유일한 장소는 아니다. 더욱 흥미로운, 그리고 어떤 이들에게는 혼란스러운 사례는 우주 상수와 관련이 있다. 이것은 아인슈타인에 의해서 최초로 인지된 것으로 진공이 0이 아닌 에너지 밀도를 가질 수 있다는 가능성을 일컫는 것이다. 이 에너지 밀도는 그것이 우주의 팽창에 미치는 효과로부터 관측할 수 있을 것이다.

이 가능성이 일단 받아들여지자, 그것은 이론 물리학에 큰 위기를 불러왔다. 그 이유는 이 진공의 에너지 밀도에 대한 가장 자연스러운 가능성은 그것이 엄청나게 크다는 것, 관측과 모순되지 않는 값에 비해서 10의 수백 제곱이나 더 크다는 것이기 때문이다. 현재의 이론으로 우주 상수라는 이름으로 표현되는 정확한 값을 예측할 수는 없다. 사실 우리는 매개 변수를 변화시켜서 원하는 어떤 우주 상수의 값이건 얻을 수 있다. 문제는 막대한 우주 상수를 피하기 위해서 그 매개 변수는 적어도 120자리까지 정확하게 조절되어야만 한다는 것이다. 어떻게 그렇게 정확한 조정을 얻을 수 있을지는 불가사의다.

이것은 근본 물리학이 당면한 가장 심각한 문제고, 최근에 상황은 더욱 악화되었다. 몇 년 전까지 매우 정확한 조절이 필요하다고는 해도, 결국 우주 상수는 정확히 0일 것이라고 거의 보편적으로 믿어졌다. 우주 상수가 왜 정확히 0이어야 하는지는 알지 못했지만, 적어도 0은 간단한 답이다. 하지만 최근의 관측은 우주 상수가 0이 아님을 시사하고 있다. 그것은 그 대신에 매우 작지만 양의 값을 가지고 있다. 이 값은 근본 물리학의 척도로 보아서는 극히 작아서, 플랑크 단위로 그것은 약 10^{-120}, 또는 소수점 아래 0이 아닌 숫자를 만나기까지 120개의 0이 필요하다.

그러나 근본적인 단위로 측량할 때는 극히 작을지라도, 이 값은 우주의 진화에 대해서 심오한 효과를 줄 만큼 충분히 크다. 이 우주 상수는 진공의 에너지 밀도를, 관측된 다른 모든 것의 총에너지 밀도의 현재 값의 두 배가 되게 할 것이다. 이것은 놀랍게 생각될지 모르지만, 결론은 지금까지 관측된 모든 종류의 물질의 에너지 밀도는 매우 작다는 것이다. 이것은 우주가 매우 오래되었기 때문이다. 근본적 단위로 쟀을 때, 현재의 나이는 약 10^{60} 플랑크 시간이다. 그리고 그것은 그동안 계속 팽창했으며 따라서 물질의 밀도는 희석되어 왔다.

우리가 아는 한 우주 상수에 의한 에너지 밀도는 우주가 팽창해도 희석되지 않는다. 이것은 매우 골치 아픈 다음 문제를 제기한다. 물질의 밀도가 우주 상수에 의한 밀도와 같은 정도의 크기까지 희석된 바로 이 시기에 우리가 살고 있는 이유는 무엇인가?

나는 위의 어떤 질문에 대해서도 그 해답을 알고 있지 못하다. 비록 몇 가지 흥미로운 아이디어가 제안되었지만, 나는 현재 어느 누구도 그 대답을 모른다고 생각한다.

하지만 우주 상수가 0이 아니라는 명백한 사실은 중력의 양자 이론에 대한 큰 함의를 가지고 있다. 한 가지 이유는 그것이 끈 이론과 조화를 이루지 않는 것으로 생각된다는 것이다. 끈 이론이 모순을 가지지 않기 위해서 필요한 수학적 구조, 흔히 초대칭성이라고 부르는 이것은 우주 상수가 현재 관측되는 것의 반대 부호를 갖는 것만 허용하는 것으로 판명되었다. 음의 우주 상수가 있는 경우의 끈 이론에 대한 약간의 흥미로운 연구가 있지만, 지금까지 어느 누구도 우주 상수가 양수인 경우에 모순 없이 끈 이론을 쓸 수 있는 방법을 알아내지 못했다.

나는 미래에 이 장애물이 끈 이론의 기세를 꺾게 될지의 여부는 알지 못한다. 끈 이론 연구자들은 매우 기략이 넘쳐서, 종종 끈 이론의 정의를 확장해서 한때는 불가능한 것으로 여겨졌던 경우를 포함시키고는 했다. 끈 이론이 양의 우주 상수와 조화를 이루지 못하는 상황에서 천문학자들이 계속 양의 우주 상수를 관측한다면, 결국 그 이론이 폐기될 것이므로, 끈 이론가들은 그것을 걱정하고 있다.

그러나 양의 우주 상수가 끈 이론을 포함해서 중력의 양자 이론에서도 왜 골칫거리가 되는지에 대한 두 번째 이유가 있다. 우주가 계속 팽창하면, 물질에 의한 에너지 밀도는 계속 희석될 것이다. 그러나 우주 상수는 계속 안정할 것으로 믿어진다. 이것은 미래의 그 언젠가는 우주 상수가 우주에 있는 에너지 밀도의 대부분을 구성하게 될 것임을 의미한다. 이후로 팽창은 가속될 것이다. 진실로 이 효과는 초기 우주에 대해서 제안된 급팽창과 매우 유사하다.

급팽창하는 우주 내부의 관측자가 되는 것은 매우 불행하다. 우주가 급팽창함에 따라 우리가 볼 수 있는 부분은 점점 더 작아질 것이다. 빛은 우주의 팽창을 따라잡지 못하고, 머나먼 은하로부터 오는 빛은 더 이상 우리에게 닿지 못할 것이다. 그것은 마치 우주의 많은 영역이 블랙홀 지평선 뒤로 사라지는 것과 같을 것이다. 은하들은 하나씩 차례로 지평선을 넘어 그들의 빛이 영원히 우리에게 다시 닿지 못할 지역으로 갈 것이다. 측정된 값에 따르면, 불과 수백억 년 안에 은하의 관측자가 진공에 둘러싸인 그들 자신의 은하계를 제외하고 아무것도 보지 못하게 된다.

그러한 우주에서는 1~3장에서 고려했던 것들이 결정적인 요소가 된다. 한 관측자는 우주의 작은 부분만을 볼 수 있으며, 그 작은 부분은 시간에 따라 줄어들기만 할 뿐이다. 아무리 오래 기다려도 우주에 대해서 우리가 지금 보는 것보다 더 많은 부분을 절대 볼 수 없을 것이다.

톰 뱅크스(Tom Banks)는 이 원리를 아름답게 표현했다. 급팽창하는 우주의 임의의 관측자가 볼 수 있는 정보의 양에는 유한한 한계가 있다. 그 한계는 각 관측자가 $\frac{3\pi}{G^2L}$ 비트 정보 이상은 볼 수 없다는 것이다. 여기에서 G는 뉴턴 상수고 L은 우주 상수이다. 라파엘 부소(Raphael Bousso)는 이것을 N-한계라고 불렀으며 이 원리를 8장과 12장에서 설명한 베켄슈타인 한계와 밀접하게 연관된 논증으로 유도할 수 있다고 주장했다. 이 원리는 열역학의 제2법칙에 의해서 요구되는 것으로 보인다.

우리는 우주가 팽창하는 동안 더 많은 정보를 포함하게 되리라고 예상한다. 하지만 이 원리에 따르면, 어떤 관측자도 오로지 N-한계로 주어지는 고정된 양의 정보를 볼 수 있을 뿐이다.

이 상황에서는 양자 이론의 전통적인 형식화가 유지될 수 없다. 전통적 양자 이론은 한 관측자가 충분한 시간이 주어졌을 때 우주에서 일어나는 모든 것을 볼 수 있다고 가정하기 때문이다. 그래서 나는 3장에서 설명했으며 포티니 마르코풀루에 의해서 제안된 프로그램, 즉 물리학을 우주 내부의 관측자가 실제로 볼 수 있는 것만으로 재형식화하는 것 외에는 대안이 없다고 생각한다. 결과적으로 마르코풀루의 제안은 끈 이론과 고리 양자 중력 양대 분파 모두로부터 점점 더 많은 주목을 받고 있다.

지금까지 끈 이론을 그러한 방식으로 어떻게 재형식화할 수 있는지에 대한 제안은 없다. 그러한 형식화에 대한 한 가지 가능한 시도는 홀로그래피 원리를 양의 우주 상수를 갖는 시공간에 적용하는 앤드루 스트로민저(Andrew Strominger)의 새로운 제안이다.

그와 동시에 고리 양자 중력 이론은 분명히 양자 이론의 그러한 재형식화와 조화를 이룬다. 그것은 이미 배경에 무관하며 플랑크 규모의 인과 관계까지 기술할 수 있는 언어로 표현되었다.

사실 뱅크스의 N-한계는 고리 양자 중력에서는 블랙홀의 지평선에서의 양자 상태의 기술을 가능하게 했던 것과 같은 방법을 사용하면 쉽게 유도할 수 있다. 게다가 고리 양자 중력에는 오로지 양의 우주 상수만 존재하는 양자 우주의 완벽한 기술이 가능하다. 이것은 일본인 물리학자 고다마 히데오(小玉英雄)에 의해서 발견된 어떤 수학적 표현으로 주어진다. 고다마의 결과를 이용하면 우리는 정확히 어떻게 아인슈타인의 일반 상대성 이론의 해가 양자 이론으로부터 출현하는지와 같은, 그 전까지 풀 수 없었던 문제들에 답할 수 있다. 그리하여 적어도 우리가 현재 알고 있는 정도의 단계에서는, 끈 이론은 관측되는 양의 우주 상수를 포함하는 데 어려움을 겪고 있는 반면, 고리 양자 중력은 그 경우를 선호하는 것으로 생각된다.

이밖에도 고리 양자 중력에는 꾸준한 발전이 있었다. 쇼팽 수(Chopin Soo)와 마르틴 보요발트(Martin Bojowald)라는 두 젊은 물리학자의 연구에 힘입어, 고전 우주론이 어떻게 고리 양자 중력 이론으로부터 나타나는지에 대한 이해가 크게 개선되었다. 스핀 거품에 대한 새로운 계산 방법은 매우 만족스러운 결과를 주었다. 예를 들어 통상적인 양자 이론에서는 무한대가 되는 많은 부류의 계산이 유한하고 잘 정의된 답을 주는 것으로 밝혀졌다. 이 결과들은 고리 양자 중력이 중력의 양자 이론에 대한 모순 없는 체계를 제공한다는 것에 더 많은 증거를 보여 준다.

마지막으로 나는 이 책이 '현재 만들어지고 있는' 과학을 기술한다는 점을 다시 강조하고자 한다. 어떤 이들은 대중 과학 서적은 실험적으로 완벽하게 확인되어 전문가들 사이에 아무런 논란의 여지도 남아 있지 않은 발견을 보고해야 한다고 생각한다. 그러나 대중 과학을 이런 방식으로 제한하는 것은 과학과 도그마 사이의 경계를 모호하게 하며 대중이 어떻게 생각해야 하는지를 지시하는 것이다. 과학이 정말로 작동하는 방식을 알리기 위해서는 문을 열고 대중이 우리가 진리를 탐구하는 것을 볼 수 있도록 해야 한다. 우리의 임무는 모든 증거를 제시하고 독자가 스스로 사고하도록 이끄는 것이다.

바로 이것이 과학의 역설이다. 과학이란 많은 사람들이 그들이 얻게 되는 결론을 스스로 생각해 내고, 토론하며, 논증하는 과정을 돕도록 고안된 조직과 의식화된 공동체에서 만들어진다.

양자 중력 이론과 같은 분야의 논쟁을 일으키는 것은 또한 전문가 사이에서 논란을 불러일으킬 수밖에 없다. 이 책에서 나는 양자 중력에 관한 여러 접근 방법을 최대한 공평하게 다루려고 노력했다. 그럼에도 불구하고 어떤 전문가들은 나에게 끈 이론을 충분히 찬미하지 않았다고 이야기하고, 또 어떤 이들은 그것의 단점을 충분히 자세히 강조하지 않았다고 이야기했다. 어떤 동료들은 끈 이론 학자들이 고리 양자 중력 이론을 비롯한 끈 이론 이외의 어떤 것도 그들의 책이나 대중 강연에서 언급조차 하지 않는 상황에서, 내가 자신의 분야인 고리 양자 중력 이론을 충분히 강하게 옹호하지 않았다고 불평했다. 이 책을 비평한 한 끈 이론 학자는 양자 중력의 중요한 발견을 이루어 낸 선구자들이 끈 이론을 연구하지 않았다는 것을 언급했다는 사실만으로 나를 "독불장군"이라고 부르기도 했다. 이러한 종류의 비판이 양쪽에서 모두 대두되었다는 것을 나는 고리 양자 중력 이론, 끈 이론, 양자 중력 이론에 대한 다른 접근 방법의 성공과 실패에 대한 공평한 관점을 제시하는 데 완전히 실패하지는 않았다는 증거로 삼으려 한다.

그와 동시에 나는 시간이 지남에 따라 몇몇 (물론 다는 아니다.) 끈 이론 연구자들의 사고방식을 특징짓는 편견이 진정한 발전을 가로막는다는 것을 알아챘다. 많은 끈 이론가들은, 끈 이론의 현존하는 체계가 잘 설명할 수 없는 문제들을 생각하는 데 관심이 없는 것처럼 보인다. 이것은 아마도 그들이 시공간이 동적이며 관계론적 실재라는 일반 상대성 이론의 교훈보다도 초대칭성을 더욱 근본적인 것이라고 확신하고 있기 때문인지도 모른다. 그럼에도 불구하고 나는 이것이 끈 이론을 배경과 무관하게 만들거나 인과 구조의 동역학의 역할을 이해하는 것과 같이, 현재의 끈 이론을 넘어서지 않고는 다룰 수 없는 긴요한 문제들에 대한 발전이 더디게 일어나는 주된 이유가 아닌가 생각한다. 물론 다른 사람들이 이 문제를 연구할 수 있고, 또 실제로 연구하고 있으며, 우리의 반대파가 우리를 '진정한 끈 이론가'로 생각하지 않을지라도 우리는 발전을 이루어 내고 있다.

　　나의 관점은 여전히 낙관적이다. 나는 우리가 현재 중력의 양자 이론을 구성하기 위해서 필요한 재료들을 모두 가지고 있으며 단지 조각들을 맞추는 것이 문제라고 믿고 있다. 지금까지 고리 양자 중력 이론이 시공간의 완전한 양자 이론에 대한 모순 없는 체계며, 끈 이론은 아직 그러한 이론의 배경에 의존하는 근사 이상은 제공하지 못하고 있다는 나의 이해를 바꿀 만한 것은 없었다. 끈 이론의 어떤 측면들은 진실한 이론의 근사로서의 역할을 할 것임에 분명하지만, 그럼에도 불구하고 나는 둘 사이에서 선택해야 한다면 고리 양자 중력이 분명 더 심오하고 광범위한 이론이라고 믿는다. 게다가 고리 양자 중력으로 예측한 시공간의 원자 구조가 광속이 에너지에 따라서 변하는 것과 같은 특수 상대성 이론의 변형을 요구한다면, 이것은 현재 형태로서는 그러한 효과 없이 의미가 통한다고 가정하고 있는 끈 이론에서는 난점이 될 것이다. 따라서 14장에서 추측한 것같이 만약 어떤 끈 이론이 고리 양자 중력으로부터 유도될 수 있다면, 그것은 변형된 형태를 가질 것이다.

　　그러나 무엇보다 중요한 것은 나를 비롯한 또 다른 이론가가 생각하는 것은 중요하지 않다는 사실이다. 모든 것은 실험이 결정할 것이다. 그리고 그것이 앞으로 가까운 몇 년 안에 이루어질 가능성도 꽤 있다.

2002년 3월 3일

캐나다 워털루

리 스몰린

용어 해설

각운동량 운동의 척도 중 하나로서, 운동량과 유사한 점이 있다. 예를 들어, 운동량과 마찬가지로, 고립된 계의 전체 각운동량은 보존된다.

격자 가까운 점들이 모서리라고 부르는 선들로 연결되어 있는 유한한 수의 점들로 이루어진 공간. 보통 규칙적인 구조를 갖는 경우에 사용하는 용어이며, 규칙성이 없는 경우까지 포함하는 용어는 '그래프'이다. 격자의 한 예는 그림 22에서 볼 수 있다.

고리 공간에 그려진 원

고리 양자 중력 공간이 고리 사이의 관계에 의해서 구성되어 있다는 양자 중력의 접근 방법. 센과 아슈테카르가 양자 이론을 일반 상대성 이론의 형식화에 적용함으로써 유도하였다.

고전 물리학 현재에 의해서 미래가 완전히 결정된다거나 관측의 행위가 연구되고 있는 계에 아무 영향도 미치지 않는다는 '뉴턴 물리학'의 특징들을 공유하는 물리학 이론. 이 용어는 주로 양자 이론이 아닌 이론을 가리킬 때 사용된다. 아인슈타인의 일반 상대성 이론은 고전 이론으로 간주된다.

곡률 텐서 아인슈타인의 일반 상대성 이론에서의 기본적인 수학적 대상. '빛 원뿔'의 기울기가 시시각각 우주의 역사 속에서 어떻게 변화하는지를 결정한다.

과거 빛 원뿔 한 사건의 과거 빛 원뿔은 그리로 빛 신호를 보낼 수 있었던 모든 사건들로 이루어져 있다.

과거, 인과적 과거 한 특정 사건에 대하여, 에너지나 정보를 보내 영향을 미칠 수 있었던 모든 사건들.

관계론적 양자 이론 양자 이론의 한 가지 해석 방법. 그에 따르면 입자 또는 우주의 임의의 부속 시스템의 '양자 상태'는 절대적인 것이 아니라, 관측자의 존재에 의해서 창조된 상황, 그리고 우주를 관측자를 포함하는 부분과 관측자가 정보를 받을 수 있는 부분을 포함하는 부분으로 분할하는 상황에서만 정의될 수 있다. 관계론적 양자 우주론은 양자 우주론에 대한 한 접근 방법으로서 우주의 양자 상태가 하나가 아니라 상황의 수 같은 많은 경우의 상태들이 존재한다고 이야기한다.

관계성 두 대상 사이의 관계를 기술하는 성질.

광속 빛이 진행하는 속도. 에너지와 정보 전달의 최대 속도라고 알려져 있다.

그래프 정점이라고 부르는 일련의 점들과 그것을 연결하는 선, 또는 모서리로 이루어진 도형. '격자' 참조.

끈 '끈 이론'에서의 기본적인 물리적 실재. 그것의 다른 상태들이 가능한 다른 기본 입자를 나타낸다. 끈은 '배경 공간'을 통해서 전파하는 경로 혹은 고리로 시각화할 수 있다.

끈 이론 '배경' 시공간에서 '끈'의 진행과 상호 작용에 대한 이론.

뉴턴 물리학 뉴턴의 운동 법칙의 형태로 공식화된 모든 물리 이론. 동의어는 '고전 물리학' 참조.

뉴턴의 중력 상수 중력의 세기를 재는 근본 상수.

다중 세계 해석 양자계를 관측함으로써 얻는 다른 가능한 결과가 공존하고 있는 다른 우주에 들어 있다고 하는 양자 이론의 해석.

대칭성 계의 가능한 상태이거나 역사라는 사실에 영향을 주지 않고 물리계를 변환할 수 있는 작용. 대칭성에 의해서 연결된 두 상태는 같은 에너지를 가진다.

매듭 이론 매듭을 짓는 다른 방법들의 분류법과 관련 있는 수학의 한 분야.

모순없는 역사 역사 양자 이론의 해석에 대한 한 가지 접근법. 그 이론이 가능한 경우, 일련의 대안적 역사들의 확률에 관한 예측을 준다는 주장.

미래 어떤 사건의 미래, 혹은 인과적 미래는 그것이 에너지 또는 정보를 보내서 영향을 줄 수 있는 모든 사건들로 이루어져 있다.

미래 빛 원뿔 특정한 사건에 대해서, 그것으로부터 빛의 속도로 보낸 신호에 의해서 닿을 수 있는 모든 사건들. 빛의 속도가 에너지 또는 정보가 진행할 수 있는 최대 속도이므로, 어떤 사건의 미래 빛 원뿔은 그 사건의 인과적 '미래'의 경계를 표시한다. '빛 원뿔' 참조.

미분 동형 사상 어느 점이 다른 점 가까이에 있는가를 정의하는 데 쓰이는 관계만을 보존하며 공간의 점들을 움직이는 작용.

배경 과학적인 모형 또는 이론은 종종 우주의 일부분만을 기술한다. 우주의 나머지 부분의 어떤 특징들은 우주에서 연구되는 일부분의 성질을 정의하기 위해서 필요한 것으로 포함될 수 있다. 이러한 특징을 배경이라고 한다. 예를 들어 뉴턴 물리학에서 공간과 시간은 절대적인 것으로 받아들이기 때문에 배경의 일부분이다.

배경 의존성 뉴턴의 물리학처럼 특정한 '배경'에서 정의해야 하는 이론의 성질.

베켄슈타인 한계 곡면의 면적과 그것의 한쪽에 있는 우주에 대한 정보가 그것을 통과해서 다른 쪽에 있는 관측자에게 전달될 수 있는 최대치 사이의 관계. 그 관계는 그 관측자가 얻을 수 있는 정보의 비트 수는 플랑크 단위로 잰 그 표면적의 4분의 1보다 클 수 없다는 것이다.

보손 '각운동량'이 플랑크 상수의 정수배로 주어지는 입자. 보손들은 '파울리의 배타 원리'를 따르지 않는다.

불확정성 원리 '양자론'의 한 원리. 그에 따르면 입자의 위치와 운동량(혹은 속도), 또는 더 일반적으로 상태와 계의 변화율 모두를 측정할 수는 없다.

브레인 끈 이론에서 기술되는 기하학의 한 특질. 공간 안에 품어져 있으며 시간에 따라 변화하는 어떤 차원을 가진 곡면으로 이루어져 있다. 예를 들어 끈은 1차원의 브레인이다.

블랙홀 공간과 시간의 어떤 영역. 방출한 모든 빛이 되돌아오기 때문에 외부 세계로 신호를 보낼 수 없는 부분. 블랙홀이 형성될 수 있는 방식 중에는 매우 무거운 별이 그 핵 연료를 다 써버렸을 때의 붕괴가 있다.

블랙홀의 지평선 블랙홀을 둘러싸는 곡면. 그 안에는 그로부터의 빛 신호가 빠져나올 수 없는 영역이 있다.

비가환 기하학 공간의 기술 방법 중 하나. 한 점의 위치를 결정하기에 충분한 정보를 결정하는 것은 불가능하지만 시간에 따라서 변화하는 입자와 장들의 기술 방법은 허용하는 것과 같은 많은 다른 성질을 공간이 가지게 된다.

빛 원뿔 하나의 사건에 대해서 그로부터 미래로 진행하거나 과거로부터 그곳으로 빛 신호에 의해서 닿을 수 있는 모든 사건들. 미래로 나아가는 빛에 의해서 닿을 수 있는 사건들을 포함하는 '미래 빛 원뿔'과 과거로부터 오는 빛에 의해서 닿을 수 있는 사건들을 포함하는 '과거 빛 원뿔'로 나뉜다.

사건 상대론에서 특정한 순간에 특정한 장소에서 발생하는 어떤 일.

상대성 이론 공간과 시간에 대한 아인슈타인의 이론. 중력을 제외하고 '시공간의 인과적 구조'를 기술하는 특수 상대성 이론과 인과적 구조가 동역학적 실재가 되며 물질과 에너지의 분포에 의해 어느 정도 결정되는 일반 상대성 이론으로 이루어져 있다.

상태 임의의 물리 이론에서 특정 순간에서의 계의 형태

섭동 이론 현상들을, 안정된 어떤 상태들의 작은 편향, 진동 또는 그러한 진동 사이의 상호 작용으로 표현해서 물리학의 계산을 수행하는 접근 방법.

숨은 변수 양자 이론의 통계적 불확실성의 근저에 있다고 추측되는 자유도. 숨은 변수가 존재한다면 양자 이론의 불확정성은 단지 우리가 숨은 변수의 값을 알지 못한 결과에 불과하며 근본적인 것이 아닐 가능성이 있다.

스핀 기본 입자의 각운동량 중 그 운동과는 관계없는 내재적 성질인 것.

스핀 네트워크 모서리에 스핀을 나타내는 숫자가 표시되어 있는 그래프. '고리 양자 중력'에서 공간 기하학의 각 양자 상태는 스핀 네트워크로 표현된다.

시공간 우주의 역사로서 그 모든 사건들과 관계들로 이루어져 있다.

실수 '연속적' 숫자 선 위의 한 점.

아인슈타인 방정식 일반 상대성 이론의 기본 방정식. '빛 원뿔'이 얼마나 기울어지며 그것이 우주에서의 물질의 분포와 어떻게 관련되어 있는지 결정한다.

양자론, 양자 역학 물질과 복사의 관측 성질을 설명하는 물리학 이론. '불확정성 원리'와 '파동-입자 이중성'에 기초하고 있다.

양자 색역학(QCD) 쿼크 사이의 힘을 기술하는 이론.

양자 우주론 전체 우주를 '양자론'의 언어로 기술하려고 시도하는 이론.

양자 전기역학(QED) 양자 이론과 전자기학의 결합. 빛과 전기, 자기력을 양자론을 통해서 기술한다.

양자 중력 양자 이론과 아인슈타인의 일반 상대성 이론을 통합하는 이론

엔트로피 물리계의 무질서도에 대한 척도. 계를 구성하는 원자의 미시적 운동에 대한 '정보' 중 그 계의 거시적 상태의 기술로 결정되지 않는 부분의 양으로 정의된다.

M 이론 서로 다른 여러 끈 이론들을 통합할 것이라고 추정되는 이론.

연결 3차원 공간에서 두 곡선은 서로를 지나치지 않고는 분리할 수 없을 때 연결되어 있다고 말한다.

연속적 숫자 축과 같은 성질, 즉 '실수'로 표현되는 좌표들로 정량화할 수 있는 성질을 갖는 매끈하고 중단되지 않은 공간을 묘사하는 용어. 연속적 공간에서 유한한 부피를 갖는 임의의 영역은 셀 수 없이 무한히 많은 수의 점들을 가지고 있다.

열역학 제2법칙 고립계의 엔트로피는 시간에 따라 증가하는 것만이 가능하다고 하는 법칙.

온도 큰 계에서의 입자의 운동 에너지 또는 진동 방식의 평균 운동 에너지.

이산 유한한 수의 점들로 이루어진 공간을 일컫는 용어

이중성 이중성의 원리는 두 가지 기술이 같은 대상을 바라보는 다른 방법들일 때 적용된다. 입자 물리학에서 그것은 보통 끈을 통한 묘사와 전기장 다발을 통한 묘사, 또는 그것의 일반화를 의미한다.

인과 구조 에너지와 정보가 전달될 수 있는 최대 속도가 있기 때문에, 우주의 역사에서의 사건들을 그것들의 가능한 인과 구조에 따라서 조직화할 수 있다. 이것을 위해서는 사건의 모든 쌍에 대하여, 한쪽이 다른 쪽의 인과적 미래에 있는지, 그 반대인지, 또는 그들 사이에 어떤 신호도 전해질 수 없기 때문에 가능한 인과적 관계가 없는지를 나타내는 것이 필요하다. 그러한 완전한 묘사가 우주의 인과 구조를 정의한다.

인과율 사건들은 그보다 과거에 있는 사건들의 영향을 받는다는 원리. 상대성 이론에서 한 사건이 다른 사건에 대해서 인과적 영향을 줄 수 있는 것은 전자에서 출발한 에너지 또는 정보가 후자에 가 닿을 수 있는 경우에 한한다.

일반 상대성 이론 중력은 물질의 분포가 시공간의 인과적 구조에 미치는 영향과 관련되어 있다는 아인슈타인의 중력 이론.

자발적 대칭성 깨짐 계의 안정적인 '상태'가 그 계를 지배하는 법칙보다 적은 '대칭성'을 갖게 되는 현상.

자유도 물리학 이론에서 다른 변수와 무관하게 한 번 결정되면 동역학 법칙에 따라 시간이 흐르면서 변화하는 모든 변수. 예로는 입자의 위치, 전기장과 자기장의 값 등이 있다.

장(場) 공간과 시간의 각 점에서의 어떤 양을 결정함으로써 기술되는 물리적 실재. 예로는 전기장과 자기장이 있다.

전자기학 전기와 자기의 이론으로서 빛을 포함하며 19세기에 마이클 패러데이와 제임스

클러크 맥스웰에 의해서 발전되었다.

절대 공간과 시간 우주에 존재하는 것, 그리고 그 안에서 일어나는 일에 관계없이 공간과 시간이 영속적으로 존재한다는 뉴턴의 관점.

정보 신호의 조직에 대한 척도. 그 신호에 답이 부호화될 수 있는 가부간의 질문의 숫자와 같다.

지평선 '시공간'의 각 관측자에 대해서, 그것을 넘어서서는 어떤 신호도 관측하거나 받을 수 없는 면. 예로는 블랙홀의 '지평선'이 있다.

초대칭성 기본 입자 물리학과 '끈 이론'에서 추측되는 한 가지 '대칭성'. 보손과 '페르미온'이 같은 질량과 상호 작용을 가지고 쌍으로 존재한다고 진술한다.

초중력 일반 상대성 이론의 한 가지 확장. 다른 종류의 근본 입자들이 서로 하나 이상의 '초대칭성'에 의해서 연결되어 있다.

쿼크 양성자 또는 중성자의 구성 요소인 근본 입자.

토포스 이론 '관계론적 양자 이론'과 같이 성질들이 상황에 의존하는 이론을 기술하는 데 적합한 수학적 언어.

트위스터 이론 로저 펜로즈에 의해 개발된 양자 중력 접근법. 주된 요소는 인과적 과정이며 시공간의 사건들은 인과적 과정 사이의 관계를 통해서 구성된다.

파동 – 입자 이중성 '양자론'의 한 원리로서 이에 따르면 기본 입자는 상황에 따라 입자와 파동 양쪽으로 기술할 수 있다.

파울리의 배타 원리 어떤 두 페르미온도 정확히 같은 '양자 상태'에 있을 수 없다는 원리. 볼프강 파울리의 이름을 따서 지어졌다.

파인만 도형 여러 개 기본 입자의 상호 작용에서 가능한 과정의 기술 방법. 양자 이론은 각 도형에 그 과정이 발생할 확률 진폭을 지정해 준다. 총 확률은 각각이 파인만 도형에 의해서 기술되는 가능한 과정들의 진폭들의 합의 제곱에 비례한다.

페르미온 각운동량이 '플랑크 상수'의 반정수 값을 가지는 입자. 페르미온은 '파울리의 배타 원리'를 만족한다.

평형 계가 가능한 최대의 '엔트로피'를 가지고 있을 때 평형 또는 열역학적 평형 상태에 있다고 말한다.

플랑크 규모 양자 중력 효과가 중요해지는 거리, 시간과 에너지의 척도. 대략적으로 '플랑크 단위'들로 정의되며 예를 들어 플랑크 척도에서의 과정들은 '플랑크 시간', 즉 약 10^{-43}초만큼 걸린다. 플랑크 규모에서 관측하려면 '플랑크 길이' 정도의 거리를 탐사해야 하며, 이것은 10^{-33}센티미터 정도다.

플랑크 단위 중력의 양자 이론에서의 척도의 기본 단위들. 각각은 세 가지 기본 상수들, 즉 '플랑크 상수', '뉴턴의 중력 상수'와 광속의 유일한 조합으로 주어진다. 플랑크 단위들은 플랑크 길이, 플랑크 에너지, 플랑크 질량, 플랑크 시간과 플랑크 온도를 포함한다.

플랑크 상수 양자 효과의 척도를 결정하는 근본 상수. 보통 $\hbar$로 표시한다.

호킹 복사 블랙홀이 내놓을 것으로 예상되는 열적 복사선으로서 블랙홀의 질량에 반비례하는 온도를 가지고 있다. 호킹 복사는 양자 효과로 발생한다.

참고 문헌

논의된 주제에 흥미를 느낀 독자가 더 많은 정보를 찾을 수 있도록 자료의 간단한 목록을 제공하려고 한다. 더 많은 정보는 웹사이트 http://www.qgravity.org에서 찾을 수 있다.

개론과 대중 서적

독자에게 양자 이론과 일반 상대성 이론의 기초 개념을 소개하는 것을 목표로 하는 많은 책들이 있다. 그것들은 만화책, 아동 서적부터 철학적 논고에 이르기까지 모든 수준에 걸쳐 있다. 너무 많은 책이 있기 때문에 독자는 큰 서점의 과학 서적 코너를 찾아서 양자 이론과 상대성 이론에 대한 여러 가지 책들을 살펴보고 몇 쪽을 읽어 본 후 가장 마음에 드는 것을 고르는 것이 나을 것이다. 이론들을 발명한 사람들이 대중을 위해서 쓴 책들을 읽는 것도 흥미로울 것이다. 보어, 아인슈타인, 하이젠베르크와 슈뢰딩거 모두 비전문가를 대상으로 자신의 연구에 대한 소개서를 썼다.

나의 책 *Life of the Cosmos*(Oxford University Press, New York and Weidenfeld & Nicolson, London, 1996)에서는 4부와 5부에서 양자 이론과 일반 상대성 이론의 기본 아이디어를 소개한다.

브라이언 그린의 *The Elegant Universe*(Norton, 1999)는 끈 이론의 기본 개념과 그것이 현재 당면해 있는 문제들에 대한 매우 훌륭한 개론서다. 로저 펜로즈의 책들, 특히

Emperor's New Mind(Oxford University Press, 1989)는 양자 중력과 양자 블랙홀에 대한 훌륭한 개론서며 그 자신의 관점이 강조되어 있다. (브라이언 그린의 책은 『엘러건트 유니버스』(승산, 2004), 펜로즈의 책은 『황제의 새마음』(이화여대출판부, 1996)으로 번역·출간되었다. ― 옮긴이)

학술적 참고 문헌

1991년 이후 이론 물리학과 관련 있는 토픽들에 관한 학술 문헌 전체를 http://xxx.lanl.gov/에 있는 전자 문서 보관소에서 구할 수 있다. 일반적으로 이 사이트에서 발표하려면 보통 직업적인 소속이 있어야 하지만, 보관되어 있는 논문을 내려받거나 읽는 것은 누구나 할 수 있다. 이 책과 관련된 논문들은 대부분 hep-th와 gr-qc라는 보관소에서 찾을 수 있다. 아래에 언급된 사람들을 검색하면 설명한 발전에 기초가 되는 논문들의 목록을 얻게 될 것이다.

양자 중력에 사용되는 개념들과 수학적 발전에 대한 매우 훌륭한 정보원은 존 바에즈의 웹사이트인, This Week's Finds in Mathematical Physics며 주소는 http://math.ucr.edu/home/baez/TWF.html다. 그는 일반 상대성 이론에 대한 훌륭한 온라인 개설서를 http://math.ucr.edu/home/baez/gr/gr.html 에 가지고 있다. 양자 중력의 역사와 그 기본 논점들에 관한 일반적 소개를 원하는 독자에게는 다음 논문이 유용할 것이다. Carlo Rovelli, 'Notes for a brief history of quantum gravity', gr-qc/0006061, Carlo Rovelli, 'Quantum Spacetime - what do we know?', gr-qc/9903045, 그리고 Lee Smolin, 'The new universe around the next corner', 《*Physics World*》(1999년 12월호) 등이다.

다음에 소개하는 기본적 참고 문헌들은 대부분 xxx.lanl.gov 보관소에 있는 것들이다. 더 완전한 참고 문헌 목록은 위에서 언급한 웹사이트에서 찾을 수 있다.

2장

우주 내부의 관측자의 논리에 대한 논의는 F. Markopoulou, 'The internal description of a causal set : What the universe looks like from the inside', gr-qc/9811053, *Commun. Math. Phys.* 211 (200) 559~583에 기초한 것이다.

3장

모순 없는 우주 해석은 R.B. Griffiths, *Journal of Statistical Physics* 36 (1984) 219, R. Omnes, *Journal of Statistical Physics* 53 (1988) 893, M. Gell-Mann and J.B. Hartle in *Complexity, Entropy, and the Physics of Information*, SFI Studies in the Science of Complexity, Vol. VIII, edited by W. Zurek (Addison Wesley, Reading, MA, 1990)에 설명되어 있다. 켄트와 도우커의 비평은 Fay Dowker and Adrian Kent, 'On the consistent histories approach to quantum mechanics', *Journal of Statistical Physics*, 82 (1996) 1575에 있다. 겔만과 하틀은 'Equivalent sets of histories and multiple quasiclassical realms', gr-qc/9404013, J. B. Hartle, gr-qc/9808070에 논평을 실었다. 모순 없는 역사의 형식을 토포스 이론으로 재형식화한 것은 그 관계론적 측면을 강조하는데 C.J. Isham and J. Butterfield, 'Some possible roles for topos theory in quantum theory and quantum gravity', gr-qc/9910005에 있다. 양자 우주론에 대한 다른 접근은 L. Crane, *Journal of Mathematical Physics* 36 (1995) 6180, L. Crane, in *Knots and Quantum Gravity*, edited by J. Baez (Oxford University Press, New York, 1994), L. Crane, 'Categorical physics', hep-th/9301061, F. Markopoulou, 'Quantum causal histories', hep-th/9904009, *Class. Quan. Grav.* 17 (2000) 2059~2072, F. Markopoulou, 'An insider's guide to quantum causal histories', hep-th/9912137, *Nucl. Phys. Proc. Suppl.* 88 (2000) 308~313, C. Rovelli, 'Relational quantum mechanics', quant-ph/9609002, *International Journal of Theoretical Physics* 35 (1996) 1637, L. Smolin, 'The Bekenstein bound, topological field theory and pluralistic quantum cosmology', gr-qc/950806에서 찾을 수 있다.

4장

양자 이론의 과정 형식화는 데이비드 핀켈슈타인에 의해서 개발되었는데, 그의 연구가 이 장을 쓰는 데 주된 영감을 주었다. David Ritz Finkelstein, *Quantum Relativity: A Synthesis of the ideas of Einstein and Heisenberg* (Springer-Verlag, 1996). 라파엘 소르킨 또한 양자 중력에서의 인과율의 역할에 대해 선도적 연구를 했다.

5~8장

이것은 모두 고전 일반 상대성 이론과 양자 장론의 표준적인 내용이다. 훌륭한 개론서는 N.D. Birrel and P.C.W. Davies, *Quantum Fields in Curved Spacetime* (Cambridge University Press, 1982), Robert M. Wald, *Quantum Field Theory in Curved Spacetime and Black Hole Thermodynamics*(University of Chicago Press, 1994)이다.

9장과 10장

고리 양자 중력에 관해서 반쯤은 대중적이고 반쯤은 전문적인 몇 가지 해설이 있다. Carlo Rovelli, 'Loop quantum gravity', gr-qc/9710008, Carlo Rovelli, 'Quantum spacetime: what do we know?', gr-qc/9903045, L. Smolin in *Quantum Gravity and Cosmology*, edited by Juan Perez-Mercader *et al.* (World Scientific, 1992), L. Smolin, 'The future of spin networks', in *The Geometric Universe* (1997), edited by S.A. Huggett *et al.* (Oxford University Press, 1998), gr-qc/9702030. Rodolfo Gambini, Jorge Pullin, *Loops, Knots, Gauge Theories and Quantum Gravity*(Cambridge University Press, 1996)은 이 주제에 관한 그들의 접근 방법을 설명한다.

고리 양자 중력에 관한 수학적으로 엄밀한 접근은 Abhay Ashtekar, Jerzy Lewandowski, Donald Marolf, Jose Mourao and Thomas Thiemann, 'Quantization of diffeomorphism invariant theories of connections with local degrees of freedom', *Journal of Mathematical Physcis* 36 (1995) 6456, gr-qc/9504018, Abhay Ashtekar, Jerzy Lewandowski, 'Quantum field theory of geometry', hep-th/9603083, T. Thiemann, 'Quantum spin dynamics I and II', gr-qc/9606089, gr-qc/9606090, *Classical and Quantum Gravity* 15 (1998) 839, 875. 에 있다.

Ashtekar-Sen 형식의 원 참고 문헌은 A. Sen, *Physics Letters* B119 (1982) 89, *International Journal of Theoretical Physics* 21 (1982) 1, A. Ashtekar, *Physical Review Letters* 57 (1986) 2244, A. Ashtekar, *Physical Review D* 36 (1987) 1587.

11장

이것은 모두 끈 이론의 표준적 내용이며, Brian Greene, *The Elegant Universe* (Norton, 1999)는 뛰어난 개론서다. 최고의 교과서는 J. Polchinksi, *String Theory* (Cambridge University Press, 1988)이다.

12장

홀로그래픽 원리의 원래 참고 문헌은 Gerard 't Hooft, 'Dimensional reduction in quantum gravity', gr-qc/9310006, in *Salamfestschrift*, edited by A. Alo, J. Ellis, S. Randjbar-Daemi (World Scientific, 1993), Leonard Susskind, 'The world as a hologram', hep-th/9409089, Journal of Mathematical Physics 36 (1995) 6377. 홀로그래픽 원리와 긴밀하게 연관된 아이디어는 일찍이 L. Crane in 'Categorical physics', hep-th/9301061 and hep-th/9308126 in *Knots and Quantum Gravity*, edited by J. Baez (Oxford University Press, 1994), L. Crane 'Clocks and categories: is quantum gravity algebraic?' *Journal of Mathematical Physics* 36 (1995) 6180, gr-qc/9504038 에 발표되었다.

베켄슈타인 한계는 J.D. Bekenstein, *Lettere Nuovo Cimento* 4 (1972) 737, *Physical Review* D7 (1973), 2333, *Physical Review* D9 (1974) 3292에서 제안되었다. 베켄슈타인의 한계와 열역학 법칙으로부터 일반 상대성 이론을 유도하는 테드 제이콥슨의 논문은 'Thermodynamics of spacetime: the Einstein equation of state', gr-qc/9504004, *Physical Review Letters* 75 (1995) 1260이다. 고리 양자 중력에서의 베켄슈타인의 한계의 유도는 L. Smolin, 'Linking topological quantum field theory and nonperturbative quantum gravity', gr-qc/9505028, *Journal of Mathematical Physics* 36 (1995) 6417이다. 홀로그래픽 원리의 매우 유망한 다른 형태는 Rafael Bousso, 'A covariant entropy conjecture', hep-th/9905177, Journal of High Energy Physics, 9907 (1999) 0004, R. Bousso, 'Holography in general space-times', hep-th/9906022, *Journal of High Energy Physics* 9906 (1999) 028에서 제안되었다. 관련된 정리는 E. Flanagan, D. Marolf and R. Wald, hep-th/9908070에서 증명되었다. 마르코풀루와 나는 배경에 무관한 형태를 'Holography in a quantum spacetime', hep-th/9910146에서 제안했다. 'The strong and weak holographic principles', hep-th/0003056에서 나는 그 원리의 다른 형태들에 대한 찬성과 반대의 논거를 개관했다.

13장

고리 양자 중력과 끈 이론 사이의 연관성에 대한 시각은 L. Smolin, 'Strings as perturbations of evolving spin networks', hep-th/9801022, L. Smolin, 'A candidate for a background independent formulation of M theory', hep-th/9903166, L. Smolin, 'The cubic matrix model and a duality between strings and loops', hep-th/006137에 기초하고 있다.

블랙홀에 관해서는 끈 이론과 고리 양자 중력 양쪽에 많은 참고 문헌이 있다. 끈 이론 논문의 예는 A. Strominger and C. Vafa, *Physics Letters* B379 (1996) 99, hep-th/9601029, C.V. Johnson, R.R. Khuri and R.C. Myers, *Physics Letters* B378 (1996) 78, hep-th/9603061, J.M. Maldacena and A. Strominger, *Physical Review Letters* 77 (1996) 428, hep-th/9603060, C.G. Callan and J.M. Maldacena, Nuclear Physics B472 (1996) 591, hep-th/9602043, G.T. Horowitz and A. Strominger, Physical Review Letters 77 (1996) 2368, hep-th/9602051이다.

고리 양자 중력에서의 블랙홀에 대한 논문의 예는 Carlo Rovelli, 'Black hole entropy from loop quantum gravity', gr-qc/9603063, *Physical Review Letters* 77 (1996) 3288, Marcelo Barreira, Mauro Carfora and Carlo Rovelli, 'Physics with nonperturbative quantum gravity: radiation from a quantum black hole', gr-qc/9603064, *General Relativity and Gravity* 28 (1996) 1293, Kirill Krasnov, 'On quantum statistical mechanics of a Schwarzschild black hole', gr-qc/9605047, *General Relativity and Gravity* 30 (1998) 53, Kirill Krasnov, 'Quantum geometry and thermal radiation from black holes', gr-qc/9710006, *Classical and Quantum Gravity* 16 (1999) 563, A. Ashtekar, J. Baez and K. Krasnov, 'Quantum geomtry of isolated horizons and black hole entropy', gr-qc/0005126, A. Ashtekar, J. Baez, A. Corichi and K. Krasnov, 'Quantum geometry and black hole entropy', gr-qc/9710007, *Physical Review Letters* 80 (1998) 904 등이 있다.

비가환 기하학은 Alain Connes, *Non-commutative Geometry* (Academic Press, 1994)에 소개되어 있다.

14장

여기에 설명한 내용은 대부분 나의 책인 *Life of The Cosmos*와 관련되어 있다. 공간에 대한 논의는 S. Kauffman and L. Smolin, 'Combinatorial dynamics in quantum gravity', hep-th/9809161에서 발췌하였다.

찾아보기

가
가상 입자 281
가속하는 관측자 152~157, 165
가장 단순한 사건 23
간극의 신 353, 355~356, 359
갈릴레오, 갈릴레이 194, 273, 326~328, 331, 345~346, 387
감마선 폭발 385~387
감비니, 로돌프 245~247
감춰진 대칭성 291
강한 인간 원리 353~354, 359
강한 홀로그래피 원리 314~316
객관성 139
거대 블랙홀 380
겔만, 머리 93~95
격자 213~223
격자 중력 이론 223
계량 텐서 255
고다마 히데오 397
고리 양자 중력 이론 35~37, 60, 97, 190, 197~200, 242, 288, 302, 311, 329, 332, 334, 341, 345~346, 363, 375~376, 388, 391, 397~398, 400~401
　-블랙홀 연구 341~344
　-연구 규모 373~374
고리의 네트워크 333, 346
고전 과학 110
고전 논리학 64~65
곡률 텐서 268
공간 47~53
공간 원자 197, 179
공간의 양자화 198
과거 빛 원뿔 118~120
과정 109~111
과학의 진보 20
관계론적 관점 53, 179
관계론적 우주 112
관계적 양자 이론 98
관성 법칙 377
관성계 26, 61~72, 99~101, 149, 137~138
관측자 의존성 68~69, 73, 138
관측자의 선택 80

그로스만 268
급팽창 395~396
급팽창 이론 390
기여적 원인 113
끈 길이 332~333
끈 이론 35~37, 190, 199, 209, 226, 233, 254, 263, 271~273, 281, 287, 291, 293, 302, 314, 322, 332~333, 339, 340, 345~346, 350, 373~375, 400~401
　-고리 양자 중력 이론과의 갈등 321~330
　-고리 양자 중력 이론과의 통합 가능성 330~346
　-무모순성 339
　-배경 의존성 271, 289~291
　-블랙홀 형성 339~340
　-연구 규모 373~374
　-통일 이론으로서 348~349
끈 조각 297, 304

나
논리학 64~65
뉴턴, 아이작 23, 26, 50~51, 53, 58, 110, 182, 222, 266, 273, 331, 343, 346, 362, 363, 377, 328

다
다스, 아쇼크 219
다윈, 찰스 52
다중 우주 355
대칭성 291

대폭발 27, 130, 355, 378, 381
데이비스, 폴 171
데저, 스탠리 29, 224
데카르트, 르네 327, 387
도모나가 신이치로 275
도우커, 페이 92~93, 95
도킨스, 리처드 52
드윗, 브라이스 219~220, 234
등가 원리 154, 156, 319

라
라이프니츠, 고트프리트 빌헬름 53, 221
레반도프스키, 예르주 342
렌텔른, 폴 232~233, 237
로벨리, 카를로 86, 97~98, 239~246, 251, 314, 342
롤, 리네이트 252, 261
리스, 마틴 355~356

마
마게호, 호아오 389~340
마굴리스, 린 52
마르코폴루칼라마라, 포티니 70, 314, 396
마흐, 에른스트 53
매듭 이론 238
맥락 의존성 95~99
맥스웰, 제임스 클러크 185
멤브레인 339
모로비츠, 해럴드 360
무작위 운동 157, 162, 169, 182

무작위도 161
문턱값 382~385
물리학 혁명 20, 23, 375
물리학의 완성 347
미래 빛 원뿔 118~120
미분 동형 사상 구속 조건 236
미즈너, 찰스 87

바

바딘, 존 201
바렛, 존 260
바부어, 줄리안 220~223, 243
바에즈, 존 259, 261, 343
반사성 이론 71
배경 독립성 59~60, 290
배경 의존성 60, 291
배타 원리 286
백, 퍼 360
뱅크스, 톰 395~397
베르토티, 브루노 221
베켄슈타인, 제이콥 163, 194, 170~171, 175, 342
  -베켄슈타인 법칙 164~165, 171
  -베켄슈타인 한계 194~195, 304, 306~313, 316
보스 입자(보손) 285~286
보어, 닐스 23, 74~76
보요발트, 마르틴 398
볼츠만, 루트비히 183~185
부소, 라파엘 396

불확정성 원리 79~80, 157, 194, 298, 304, 319, 336, 342
브레인 339~340
브뤼크만, 베른트 245
블랙홀 133~145, 147~149, 152, 163~165, 169, 187~189, 224~225, 312, 337~341, 344~346, 358~359, 366, 380, 385
  -블랙홀 복사 171~172
  -블랙홀의 엔트로피 168, 170, 187, 190~191, 225, 312, 337~338, 340, 343, 345
  -블랙홀의 온도 171, 187, 191, 337, 343
  -블랙홀 증발 172~173
  -지평선의 넓이 169~170, 173, 187~188, 337, 341
  -컴퓨터 비유 314
블레이저 385
비가역성 169
비가환 기하학 254, 335~335, 376
비통일성 91
비트겐슈타인, 루트비히 184
빛 원뿔 118~123, 134~135, 141

사

사건 111~119
상대 상태 해석 89, 91
상대성 원리 210
상전이 201, 355, 357
상태 77~85
상태의 연속체 81

색전하 207
서스킨드, 레너드 314, 341
섭동 이론 276~279
셴, 아미타바 86, 231~232, 234, 241, 335
솅커, 스티븐 218
소로스, 조지 71
소킨, 라파엘 38
수, 쇼팽 398
숨겨진 영역 137~138, 150, 159, 163
슈뢰딩거, 에어빈 23, 74
슈리퍼, 존 201
슈워츠만, 매들린 133
슈윙거, 줄리언 275
스태첼, 존 222
스트로민저, 앤드루 397
스핀 거품 259, 398
스핀 네트워크 248~260, 264, 302, 309, 330~331, 334, 364~365
시공간 거품 259
실재 97

아
아나그나스토풀로스, 코스타스 261
아리스토텔레스 64, 71, 325
아멜로카멜리아, 조반니 263~264, 379
아멜리노카멜리아, 조반니 379
아슈테카르, 아브하이 86, 343
아이샴, 크리스 95~98, 240~241, 252
아이샴, 크리스토퍼 38
이인슈타인 387

아인슈타인 23, 26, 35, 40, 50, 53, 74~75, 139, 154, 156, 184, 186~187, 194, 211, 221~223, 229, 231, 266~271, 283, 319, 330, 337, 363, 382, 388, 391, 397
 -아인슈타인 방정식 121, 292
 -일반 상대성 이론 발명 과정 267~271
아인슈타인-포돌스키-로젠 실험 82, 159
알브레히트, 앤드루 390
앰비욘, 얀 261
아슈테카르, 아브하이 232~234, 241
약한 인간 원리 356, 359
약한 홀로그래피 원리 317
양성자(우주선) 381~383
양자 186
양자 구속 방정식 86
양자 블랙홀 338
양자 색역학(QCD) 205, 208~209, 214, 216, 227, 232, 245~246, 282
양자 요동 158, 261
양자 우주론 85~101
양자 전기 역학(QED) 275~279, 282
양자 효과 24
양자화 198, 204, 207, 304, 335
에너지 보존 법칙 281
에렌페스트, 폴 185~186
에버렛, 프랜시스 87
에버렛, 휴 89, 91
에테르 이론 211
엔트로피 161 163, 169, 180~183, 186~189, 312~313, 337, 341

-정보의 척도 161~162, 174~175, 182, 188
M 이론 294, 299, 329, 331, 351, 358
여분의 차원 289~291
역사 105, 138
열역학 180
열역학 제0법칙 180
열역학 제1법칙 180
열역학 제2법칙 169, 174, 180, 310, 313, 396
영점 운동 158
온도 155, 181
우주 46~47
우주 배경 복사 381
우주 상수 391~395, 397
우주론 연구자들을 위한 논리학 69
우주론의 제1원리 48
우주론적 논리학 99
우주의 기하학 49
운루, 빌 155~156, 163, 175
　　-운루 법칙 164~165, 171
워홀, 앤디 106
원자론 177~180
윌슨, 케네스 212~215, 217~218, 223~224, 233, 236, 264
　　-윌슨의 고리 215~216
유클리드 기하학 51, 143, 363~364
음파 274
응집 물질 물리학 200
이야기 104~106, 114, 199

이중 슬릿 실험 82
이중성 원리 210
이중성의 가설 210~212, 217, 287, 293, 294
인간 원리 352~359
인간 원리적 관측 352
인간 원리적 문제 353
인과 관계 112, 114
　　-정보 전달 116
인과율 106~107, 112, 114, 377
인과적 과거 114
인과적 과정 137
인과적 관계 255, 377
인과적 구조 120~121, 135, 400
인과적 미래 114
인플레이션 367
일반 상대성 이론 24~27, 35, 50, 53, 55, 57, 59~60, 117, 135, 139, 154, 222~223, 229, 232, 234, 255, 293, 306, 312, 329, 330, 337, 397, 400
임계 온도 201

자

자기 조직화 360~362, 368
자기력선 202
　　-자기력선속 202
　　-자기력선속의 불연속성 202~204
　　-자기력선속의 양자화 207
자기장 202~203
자연선택 52, 358~360
　　-우주의 자연선택 358~360

장 54~55
재규격화 282~283
전기장 54
절대 공간 53, 222
절대 시간 53, 222
절대적 관점 50
정보 선택 80
정합적 역사의 형식화 91~92
제이콥슨, 테드 86, 233~234, 237, 311
조밀화 289~291
중력 27
중력 상수 168, 343
 -보정 343
중력자 224, 274~275, 288, 330
중력장 55~56, 147, 344
중력파 224, 255, 274, 292
중성미자 286
중성자별 274, 385
중첩 원리 76~85
지평선 135~137, 139~142, 147~153, 188, 194, 341
직관주의적 논리학 69
진공의 에너지 밀도 391~392
진화하는 관계들의 네트워크 52, 178, 222

차

초고에너지 우주선 384
초대칭성 285, 286~287, 400
초전도 물리학 200
초선노성 200~204

초중력 29~30, 224, 231, 335
 -초중력 이론 224, 335

카

카우프만, 루이스 238
카우프만, 스튜어트 360
케플러, 요하네스 273, 326~328, 331, 345~346
켄트, 에이드리언 92, 95
코리치, 알레얀드로 343
코발스키글리크만, 쥬렉 388~389
콘, 알랭 38, 254, 335~337, 376
콜먼, 시드니 29
쿠퍼, 리언 201
쿤, 토머스 389
쿼크 22, 204~209, 286
크라스노프, 키릴 342
크레인, 루이스 98, 227~228, 231, 233~239, 243, 260, 313

타

토포스 이론 69~71, 98, 376
토프트, 헤라르뒤스 30, 168, 218, 314, 340~341
통계 역학 183
통상적 양자 우주론 85
통일 28
통일 이론 290, 347~350
트리이스, 인도니 245~247
트위스터 이론 254, 376

특수 상대성 이론 382~383, 388, 391
티만, 토마스 330

파
파이어아벤트, 폴 33
파이온 382
파인만, 리처드 163, 252, 267, 275, 277~279, 282
  -파인만 도형 279, 281, 283
펄스 142
페르미 입자(페르미온) 285~286
페르미, 엔리코 286
페스킨, 마이클 218
펜로즈, 로저 248~252, 254, 264, 363~364, 376
펜로즈, 로저 38
포논 274
폴랴코프, 알렉산더 215~218, 234~236, 240, 264
프랙털 시공간 228
플라톤주의 138
플랑크 규모 36~37, 125~127, 135, 168, 197, 199, 228, 237, 264, 302~303, 320, 343, 348, 364
  -플랑크 길이 285, 332
  -플랑크 시간 126
  -플랑크 온도 126~127, 366
  -플랑크 질량 172, 285, 366
플랑크, 막스 186
플랑크 상수 156

피란, 츠비 379
핀켈슈타인, 데이비드 38

하
하이젠베르크, 베르너 23, 74, 76, 157~158, 194, 297
하틀, 제임스 92~95, 238
호킹, 스티븐 169~171, 175, 188, 219
  -호킹 법칙 171~172
  -호킹 복사 172, 341
홀로그래피 원리 306~319, 335, 375
휠러, 존 163, 234, 259, 266
휠러-드윗 방정식 85~86, 236

옮긴이 김낙우

서울 대학교를 졸업하고 같은 대학교 대학원에서 입자 물리학으로 석사 학위와 박사 학위를 받았다. 영국 런던 대학 퀸 메리 칼리지 연구원, 독일 막스 플랑크 중력 연구소 연구원을 거쳐 현재 경희 대학교 물리학과 교수로 재직하고 있다. 중력파, 초중력, 초끈 이론 등에 대한 논문을 여럿 발표했다. 번역서로는 『우주의 풍경』이 있다.

사이언스 마스터스 13

양자 중력의 세 가지 길 | 리 스몰린이 들려주는 물리학 혁명의 최전선

1판 1쇄 펴냄 2007년 9월 25일
1판 4쇄 펴냄 2021년 11월 15일

지은이 리 스몰린
옮긴이 김낙우
펴낸이 박상준
펴낸곳 (주)사이언스북스

출판등록 1997. 3. 24.(제16-1444호)
주소 (06027) 서울시 강남구 도산대로1길 62
대표전화 515-2000 팩시밀리 515-2007
편집부 517-4263 팩시밀리 514-2329
www.sciencebooks.co.kr

한국어판 ⓒ (주)사이언스북스, 2007. Printed in Seoul, Korea.

ISBN 979-89-8371-940-9 (세트)
ISBN 978-89-8371-953-9 04400
